“十三五”国家重点图书

湖北省学术著作
Hubei Special Funds for 出版专项资金
Academic Publications

海洋测绘丛书

水下地形测量

阳凡林 暴景阳 胡兴树 编著

Oceanic
Surveying And Mapping

U0250070

WUHAN UNIVERSITY PRESS
武汉大学出版社

图书在版编目(CIP)数据

水下地形测量/阳凡林,暴景阳,胡兴树编著. —武汉:武汉大学出版社,
2017.1(2023.5 重印)
海洋测绘丛书
ISBN 978-7-307-18841-9

Ⅰ.水… Ⅱ.①阳… ②暴… ③胡… Ⅲ. 水下地形测量 Ⅳ.P229.1

中国版本图书馆 CIP 数据核字(2016)第 274975 号

审图号:GS(2023)997 号

责任编辑:王金龙　　　责任校对:李孟潇　　　版式设计:马　佳

出版发行:**武汉大学出版社** 　(430072　武昌　珞珈山)
(电子邮箱:cbs22@ whu.edu.cn 网址:www.wdp.com.cn)
印刷:湖北恒泰印务有限公司
开本:787×1092　1/16　印张:21　字数:496 千字　　插页:1
版次:2017 年 1 月第 1 版　　**2023 年 5 月第 3 次印刷**
ISBN 978-7-307-18841-9　　　定价:45.00 元

序

现代科技发展水平，已经具备了大规模开发利用海洋的基本条件；21世纪，是人类开发和利用海洋的世纪。在《全国海洋经济发展规划》中，全国海洋经济增长目标是：到2020年海洋产业增加值占国内生产总值的20%以上，并逐步形成6~8个海洋主体功能区域板块；未来10年，我国将大力培育海洋新兴和高端产业。

我国海洋战略的进程持续深入。为进一步深化中国与东盟以及亚非各国的合作关系，优化外部环境，2013年10月，习近平总书记提出建设"21世纪海上丝绸之路"。李克强总理在2014年政府工作报告中指出，抓紧规划建设"丝绸之路经济带"和"21世纪海上丝绸之路"；在2015年3月国务院常务会议上强调，要顺应"互联网+"的发展趋势，促进新一代信息技术与现代制造业、生产性服务业等的融合创新。海洋测绘地理信息技术，将培育海洋地理信息产业新的增长点，作为"互联网+"体系的重要组成部分，正在加速对接"一带一路"，为"一带一路"工程助力。

海洋测绘是提供海岸带、海底地形、海底底质、海面地形、海洋导航、海底地壳等海洋地理环境动态数据的主要手段，是研究、开发和利用海洋的基础性、过程性和保障性工作；是国家海洋经济发展的需要、海洋权益维护的需要、海洋环境保护的需要、海洋防灾减灾的需要、海洋科学研究的需要。

我国是海洋大国，海洋国土面积约300万平方千米，大陆海岸线约1.8万千米，岛屿1万多个；海洋测绘历史欠账很多，未来海洋基础测绘工作任务繁重，对海洋测绘技术有巨大的需求。我国大陆水域辽阔，1平方千米以上的湖泊有2700多个，面积9万多平方千米；截至2008年年底，全国有8.6万个水库；流域面积大于100平方千米的河流有5万余条，国内河航道通航里程达12万千米以上；随着我国地理国情监测工作的全面展开，对于海洋测绘科技的需求日趋显著。

与发达国家相比，我国海洋测绘技术存在一定的不足：（1）海洋测绘人才培养没有建制，科技研究机构稀少，各类研究人才匮乏；（2）海洋测绘基础设施比较薄弱，新型测绘技术广泛应用缓慢；（3）水下定位与导航精度不能满足深海资源开发的需要；（4）海洋专题制图技术落后；（5）海洋测绘软硬件装备依赖进口；（6）海洋测绘标准与检测体系不健全。

特别是海洋测绘科技著作严重缺乏，阻碍了我国海洋测绘科技水平的整体提升，加重了海洋测绘科学研究和工程技术人员在掌握专门系统知识方面的困难，从而延缓了海洋开发进程。海洋测绘科学著作的严重缺乏，对海洋测绘科学水平发展和高层次人才培养进程的影响已形成了恶性循环，改变这种不利现状已到了刻不容缓的地步。

与发达国家相比，我国海洋测绘方面的工作起步较晚；相对于陆地测绘来说，我国海

1

洋测绘技术比较落后，缺少专业、系统的教育丛书，大多数相关书籍要么缺乏，要么已出版 20 年以上，远不能满足海洋测绘专门技术发展的需要。海洋测绘技术综合性强，它与陆地测绘学密切相关，还与水声学、物理海洋学、导航学、海洋制图、水文学、地质、地球物理、计算机、通信、电子等多学科交叉，学科内涵深厚、外延广阔，必须系统研究、阐述和总结，才能一窥全貌。

就海洋测绘著作的现状和社会需求，山东科技大学联合从事海洋测绘教育、科研和工程技术领域的专家学者，共同编著这套《海洋测绘丛书》。丛书定位为海洋测绘基础性和技术性专业著作，以期作为工程技术参考书、本科生和研究生教学参考书。丛书既有海洋测量基础理论与基础技术，又有海洋工程测量专门技术与方法；从实用性角度出发，丛书还涉及了海岸带测量、海岛礁测量等综合性技术。丛书的研究、编纂和出版，是国内外海洋测绘学科首创，深具学术价值和实用价值。丛书的出版，将提升我国海洋测绘发展水平，提高海洋测绘人才培养能力；为海洋资源利用、规划和监测提供强有力的基础性支撑，将有力促进国家海权掌控技术的发展；具有重大的社会效益和经济效益。

《海洋测绘丛书》学术委员会

2016 年 10 月 1 日

前　言

　　水下地形测量学是海洋测量学的一个重要分支，主要是对海洋、江河、湖泊、水库、港湾、海岸带和岛礁周边水底点的平面位置和高程进行测定并绘制水下地形图的一门应用科学。水下地形测量是人类开发和利用海洋、江河、湖泊的"先头兵"，是一项基础而又极其重要的工作，其作用非常广泛，既为地球科学研究提供基础信息，也为各种不同的海洋工程开发和海洋军事活动提供服务，还为海图和海洋地理信息应用提供基础数据。

　　水深信息的获取，除了直接测量以外，还可以采用遥感、重力反演的方式，但其精度目前还无法达到相关规范要求。因此，本书主要介绍直接进行水下地形测量的技术方法，包括船载声学测量和机载激光测量两种。因为光波、电磁波在水中衰减很快，只有声波测距是水下测距最有效的方式，水下测距通常采用信号单程旅行时间乘以信号传播速度来计算得到。测深方式有两种：一种是计算垂直距离，即水深；另一种是通过斜距和入射角来计算得到水深，从而衍生出两类声学设备——单波束测深仪和多波束测深仪。由于声学信号本身特性的限制，采用船载测深手段，测量速率低，难以进行灵活、快速的大面积测量。而机载 LiDAR 测深技术利用机载激光发射系统发射激光信号，对海面进行扫描测量，通过接收系统探测海面和海底的激光回波信号，从而确定海底地形和海水深度，在大面积测量中效率高，但其水下作用距离有限，受水质的影响严重，因此在目前的水下地形测量中应用并不普遍。

　　实际测深过程中，测量载体并不处于一个平衡的状态，水面动态变化，介质传播速度受到海水中各种因素的影响而发生变化，测量载体存在姿态变化、起伏变化等问题，所以在测量过程中需要使用其他辅助传感器得到测量瞬间载体的位置、方位和姿态等信息。除此之外，瞬时水深还受到潮汐变化的影响，还需在水深测量过程中同步验潮，最后在数据处理过程中消除潮汐或水位变化的影响，将测点的水深或高程值归算到稳态的垂直基准面上，再进行数字水底高程模型、水下地形图和各类海图等产品的加工。

　　本书力求阐述水下地形测量的基本理论和方法，了解水下地形信息的参考系，叙述船载声学测深和机载 LiDAR 测深技术的几何和物理原理、误差来源以及数据处理方法，介绍水下地形项目组织实施过程，提供较完整的水下地形测量知识体系，促进我国水下地形测量技术的发展。

　　全书共分 11 章，由山东科技大学、海军大连舰艇学院和海南测绘地理信息局的阳凡林、暴景阳和胡兴树等共同编著完成，其中第 1 章、第 2 章由阳凡林、暴景阳撰写，第 3 章、第 5 章由暴景阳撰写，第 4 章由暴景阳、阳凡林撰写，第 6~9 章由阳凡林撰写，第 10 章由胡兴树、王春晓、艾波撰写，第 11 章由胡兴树、王春晓撰写。

　　在编著本书的过程中，作者参考了国内外相关学者的大量文献，宿殿鹏、冯成凯、柳义成、辛明真、孙月文、卜宪海、王明伟、闫循鹏、孟俊霞、赵春霞、马丹等研究生提供素材并参与编辑，在此一并表示诚挚感谢。

水下地形测量属于多学科交叉技术，其理论和方法与作用手段密切相关，技术也随相关学科的发展而发展。由于作者水平有限，书中疏漏和不足之处在所难免，敬请专家和读者批评指正。

作者

2016 年 5 月

目　录

第1章 绪 论

1.1 水下地形测量的基本原理和概念

陆地上的地形测量是通过对各地形要素与测站或传感器之间相对关系的确定而实现的，这个相对关系(相对坐标差与高差或距离与角度)就是根据各地形要素与测站或传感器的距离、角度或方位计算的，有了这些相对关系和属性信息，即可绘制成地形图。为了表示各地形点的绝对位置，必须已知测站或传感器测量瞬间的位置(移动测量时还需知道姿态信息)。水下地形测量(Underwater Topographic Survey)与陆地地形测量原理类似，主要区别在于测距设备的不同，前者一般用声学设备进行测距，后者一般采用光学、电磁波等信号设备实现测距。这是因为光波、电磁波在水中衰减很快，而声波在水中能远距离地传播。

给出一个定义，水下地形测量就是利用测量仪器来确定水底点三维坐标的实用性测量工作。它是海洋测量学的一个重要分支，其任务是完成海洋或江河湖泊的水下地形图测绘工作(陈然，2009)。有鉴于此，如无特别说明，本书后续章节不再区分海底地形测量和水下地形测量。水下地形测量为各种海洋活动提供基础地理信息，其重要性不言而喻，既服务于水域交通运输、港口建设、海上钻井、海域划界和海上军演等经济与军事活动，还为地球形状研究、海底构造和空间特征提供基础性信息。

水下地形测量手段众多，但本质上是相同的，需要同时得到每个水底点的平面位置和高程，通过测量布满测区的无数多个水底点(类似于陆地地形测量的碎部点)就可得到水下地形图，反映水底起伏形态。水下测距通常采用信号单程旅行时间乘以信号传播速度来计算得到。目前声波测距是水下测距最有效的方式，GNSS(Global Navigation Satellite System，全球导航卫星系统)定位导航是水上准确、高效的定位导航方式，"GNSS+测深仪"这种手段在进行水下地形测量中使用广泛，其基本原理是测量载体在 GNSS 导航仪的辅助下，获取测区内测点的瞬时平面坐标，同时利用测深设备获得相应位置处的水深值。测深方式有两种，一种是计算垂直距离，即水深，另一种是通过斜距和入射角来计算得到水深，从而衍生出两类声学设备——单波束测深仪和多波束测深仪。除声波测距以外，还可采用激光测距方式，相对于前者来说，后者精度高，但水下作用距离有限。

实际作业时，水面是动态变化的，测量载体并不处于一个平衡的状态，声速受到海水中各种因素的影响而发生变化，测量船存在航向变化、姿态变化、吃水变化等问题，所以在测量过程中需要通过其他辅助设备获取测量瞬间测船的位置、方位和姿态等信息，如声速剖面仪、电罗经、姿态仪、GNSS 接收机等。除此之外，瞬时水深还受到潮汐变化的影响,需要在水深测量过程中同步验潮,再在数据处理过程中消除潮汐或水位变化的影响,将测点的水深或高程值归算到稳态的垂直基准面上,最后进行数字水底高程模型、水下地形图和各类海图等产品的加工。

　　早期在没有 GNSS 定位导航时,水下地形测量技术落后,测量船定位主要采用光学定位和无线电定位技术,很大程度上依赖于人工图板作业,精度差,效率也非常低。随着 GNSS 定位技术、水声技术和电子计算机技术的发展和大数据时代的到来,全自动化的数字水下地形测量已是现代水下地形测量的主要形式,能够自动采集数据、自动存储数据,具有自动化程度高、速度快、准确程度高等特点,如单波束测深仪、多波束测深系统、机载雷达测深系统等。

1.2　水下地形测量的内容和作用

　　海洋测量技术的产生和发展,首先源于人类海上活动的需求。早期的航海活动,对航线上的水深和影响航行的相关水文气象要素提出了迫切的需求,催生了海道测量萌芽。如1405—1433 年,郑和七下西洋,依靠简单的测量器具,开始了上述要素的测量,结合对近岸陆地导航参照物和地形的写意式表示,编制了郑和航海图,基本保证了船队的海上出行需要。葡萄牙人于 1487—1488 年到达非洲最南端的好望角,西班牙人哥伦布于 1492 年跨越大西洋,踏上美洲的土地,麦哲伦在 1519—1572 年真正完成了环球航行。这一系列标志性的古代航海活动不断强化着对相关地理和海洋要素的需求,也通过开展零星的海上测量和调查活动,推动着海洋测量技术的发展。对海洋测量发展进步起到最大推动作用的是英国的海洋考察活动。1768—1779 年,在 Cook 船长的带领下,英国科考队进行了三次远洋考察。1768 年的第一次考察,船队到达了新西兰和澳大利亚,测量了新西兰沿岸的水深,发现了澳大利亚东部的大堡礁;1778—1779 年的第三次科考,在太平洋海域发现诸多岛礁。此后,主要的海洋强国相继组织了海上考察,设计和制造了各种观测和分析的仪器。1925—1927 年,德国科考船“流星”号在南大西洋测量和记录了海底地形。

　　水下地形测量技术发展至今,出现了船载、机载、星载等多种平台下的现代化技术手段,但不管采用何种技术手段,水下地形测量的内容主要包括定位测量、水深测量和水位控制三部分。

1. 定位测量

　　所谓定位测量是指测深过程中对载体瞬时位置的确定,对于目前常用的船载测量方式,水上定位就是实时获取测船的平面位置。

　　早期载体的定位手段主要有光学定位和陆基无线电定位,存在精度差、操作繁琐等问题,难以满足现代工程实际需求,大部分方法几乎停用。近年来,随着技术的革新与飞速发展,特别是 GNSS 技术的突飞猛进与水声定位技术的发展,海洋定位技术取得了突破性的进展,测量载体也不再是单一的测量船,新增了飞机、无人机和水下机器人(Autonomous Underwater Vehicle,AUV)等。目前广泛使用的定位技术有 GNSS 差分定位、精密单点定位(Precise Point Positioning,PPP)和水声定位等。下面简要介绍各种海洋定位导航手段与方法。

海上光学定位与陆上定位的原理和方法相同，以交会法为主，即通常所用的前方交会法、后方交会法等，在 20 世纪六七十年代广泛应用。

无线电定位包括陆基无线电定位和空基无线电定位两种。陆基无线电定位由 20 世纪初发展起来，系统的主要部分是地面导航台，该方法具有作用距离远和全天候连续定位等特点，作用距离可由几十千米到上千千米，其基本原理主要是测量距离定位和测量距离差定位，通过在陆上设立若干个无线电发(反)射台(称为岸台)，测量无线电波传播的距离或距离差来确定运动的船台相对于岸台的位置。如海用微波测距仪是沿岸海区海上定位的主要仪器之一，作用距离为几十公里，测距精度为 1~2m；更远距离的定位则采用各种不同原理的无线电定位系统，其精度也有所不同，如罗兰 C、奥米加等(梁开龙，1995)。

卫星导航定位技术是空基无线电定位最具代表性的技术之一，兴起于 20 世纪 70 年代，是目前海上定位使用最广泛、最有效的技术手段。GPS 单点定位由于受到的影响因素众多，如卫星星历误差、电离层折射误差和多路径效应等，其定位精度在 5~20m，不适合高精度定位导航需求，因此 GPS 差分技术应运而生，并在实际工程中广泛应用。我国沿海早期 GPS 差分形式有信标差分和 GPS RTK 技术。信标差分是指我国的沿海无线电指向标——差分全球定位系统(Radio Beacon-Differential Global Position System，RBN-DGPS)，是中国海事局于 1995—2000 年组织建立的覆盖我国沿海海域并由 20 个航海无线电指向标构成的助航系统，其原理本质上是利用无线电信标播发伪距差分(RTD)改正信息从而实现实时动态差分定位，其定位精度在 1m 左右。GPS RTK 称为载波相位实时动态差分定位技术，定位精度在厘米级，但这种技术的作用距离有限，一般为 15km 左右，故常用于近岸水下地形测量作业中。卫星导航技术发展的广度和深度均在增加，目前全球除 GPS 外，还有中国的北斗、俄罗斯的 GLONASS、欧盟的伽利略等卫星导航系统，由一支独大的 GPS 发展成为群星璀璨的 GNSS，差分技术也由单基站差分发展到网络 RTK 技术，单点定位技术也出现了精密单点定位技术。网络 RTK 技术是利用多个基准站构成一个基准站网，然后借助广域差分 GNSS 和具有多个基准站的局域差分 GNSS 中的基本原理和方法来消除或减弱各种 GNSS 测量误差对流动站的影响，从而达到增加流动站与基准站间的距离和提高定位精度的目的。与常规 RTK 相比，该方法具有覆盖面广、定位精度高、可靠性强、可实时提供厘米级定位等优点；而精密单点定位技术则利用精密卫星轨道和卫星钟差数据，对单台 GNSS 接收机所采集的相位观测值进行定位解算，其实时定位精度可达到分米甚至厘米级(李征航等，2005)。由于其不受基准站距离的限制，在海洋测绘中有巨大的应用潜力。

水声定位也是一种在海洋测量中常见的定位技术。18 世纪初，法国及瑞士科学家首次精确地测量了水中声速，使得水声定位技术开始应用。在第一次世界大战中，水声定位技术在军事领域崭露头角。第二次世界大战及战后年代，水声定位技术作为重要的军事定位手段受到了各国的重视并得以全面发展，各项理论和技术逐渐成熟。其基本原理是利用声学信号的发射和接收进行测距或测向来确定水下声标(或应答器)与固定在船体下或水中载体中的换能器之间的相对位置关系，确定其中任意一项(换能器或应答器)的绝对位置后，即可获取另一项的绝对坐标。常见的水声定位技术有长基线(Long Baseline，LBL)、短基线(Short Baseline，SBL)和超短基线(Ultra Short Baseline，USBL)定位技术。通常采用

GNSS 与水声定位的组合方式为水下目标进行定位，例如潜水员水下作业和水下考古，ROV(水下遥控机器人)和 AUV(水下自治机器人)水下定位导航。

2. 水深测量

水下地形测量的发展与其测深手段的不断完善是紧密相关的。早期测深是靠测深杆和测深锤(图 1-1)完成的，效率低下。1913 年，美国科学家 R. A. Fessenden 发明了回声测深仪，其探测距离可达 3.7km；1918 年，法国物理学家 Paul Langevin 利用压电效应原理发明了夹心式发射换能器，它由晶体和钢组成，实现了对水下远距离目标的探测，第一次收到了潜艇的回波，开创了近代水声学并发明了声呐。进入 20 世纪 70 年代，多波束测深系统兴起，并随着数字化计算机技术的飞速发展，逐渐出现了高精度、高效率、自动化、数字化的现代多波束测深系统，测深模式实现了从点到线、从线到面的飞跃。下面简要介绍各种测深的手段和方法。

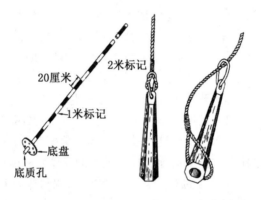

图 1-1　测深杆与测深锤

单波束测深属于"线"状测量。当测量船在水上航行时，船上的测深仪可测得一条连续的剖面线(即地形断面)。根据频段个数，单波束测深仪分为单频测深仪和双频测深仪。单频测深仪仅发射一个频段的信号，仪器轻便，而双频测深仪可发射高频、低频信号，利用其特点可测量出水面至水底表面与硬地层面的距离差，从而获得水底淤泥层的厚度(图1-2)。

就单频单波束测深而言，假设换能器吃水为 d，声波在水中的传播速度为 c、传播时间为 t，则测得的水深值为：

$$H = \frac{1}{2} \cdot c \cdot t + d \qquad (1.1)$$

同理，通过双频测深仪测得的两个水深值 H 和 D 便可求出淤泥等软质层的厚度：

$$L = D - H \qquad (1.2)$$

多波束测深属于"面"状测量。它能一次给出与航迹线相垂直的平面内成百上千个测深点的水深值，所以它能准确、高效地测量出沿航迹线一定宽度(3~12 倍水深)内水下目标的大小、形状和高低变化(赵建虎，2007)。与单波束相比，其系统组成和水深数据处理过程更为复杂。除多波束测深仪本身外，还需外部辅助设备包括姿态仪、电罗经、表层

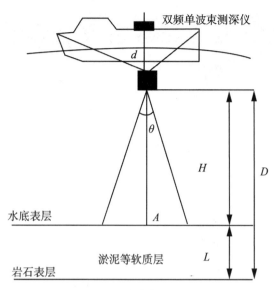

图 1-2 双频单波束测深原理图

声速仪、声速剖面仪和 GNSS 定位仪等(图 1-3)来提供瞬时的位置、姿态、航向、声速等信息。

侧扫声呐常用于水下地貌的调查,提供水底表面声学图像,一般不提供水深测量的功能。但近年来,出现了一种高分辨率测深侧扫声呐,在得到水底地貌图像的同时,也可得到水深信息(赵建虎,2007)。

此外,机载激光测深系统也可用于水下地形测量,具有低成本、高效率的特点。机载激光测深是机载激光雷达测量技术在海洋测绘方面的应用之一,其基本原理是利用红绿激光在海水中的传播特性来计算海水的深度(图 1-4)。该技术兴起于 20 世纪 80 年代,以美国和德国为首,1993 年德国研制出首个商用机载雷达测深系统 TopScan,推动了机载雷达测量技术在各行业的普及与应用。机载激光测深技术对大范围、沿岸岛礁海区、不可进入地区、水草覆盖区域地形的快速获取具有明显优势,缺陷在于对水质要求较高,且探测深度有限。目前,该系统常用于浅海海底地形的探测或海岸侵蚀的动态监测(张小红,2003)。

3. 水位控制

瞬时水深受水位变化的影响,必须移除其影响以得到稳态的水深。水位控制就是通过在测区周围布设合适的水位站,采用满足精度要求的技术手段观测水位的变化(沿海称为验潮),采用合适的水位改正(或潮位改正、潮汐改正)模型计算每个点测深瞬间的水位值。沿海通常建有长期验潮站,根据工程需要,还可自行建立短期水位站或临时水位站。水位站布设的密度应能控制全测区的水位变化。常用的水位观测方法主要有自动观测、人工观测和 GNSS 测高确定水面高程等方法。

自动观测指采用仪器自动记录水位数据,这样的仪器一般称为验潮仪或水位计,长期

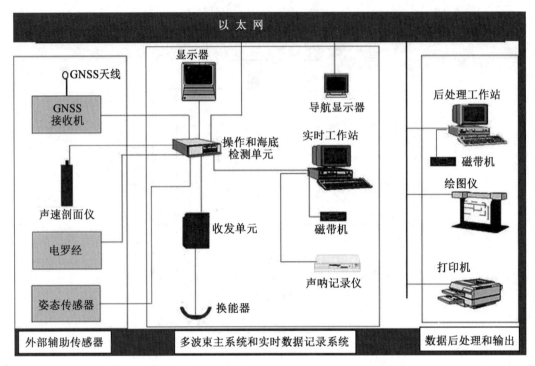

图 1-3　多波束测深系统组成示意图(多波束技术组，1999)

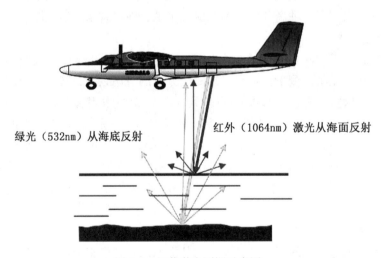

图 1-4　机载激光测深示意图

验潮站通常采用自动观测的模式。考虑到成本问题，且工程上对验潮时间需求比较短的特点，实际测量时可选择人工观测，采用设立水尺或标尺进行人工读数的方式。GNSS 测高确定水面高程是一种精度高、效率快的方法，也归属于自动观测，其利用了 GNSS 高精度测量的优势，如 GPS RTK 技术实现近岸厘米级水面高程数据的获取。

水深测量是一个过程，对水深数据在不同垂直基准面上的归化可得到不同的产品，以满足不同部门的需要，主要有水下地形图、海图两种表达方式。水下地形图的形式一般要求测点归化到高程基准上，而海图通常要求测点归化到深度基准面上。深度基准面的确定既要考虑船舶航行的安全，又要考虑航道或水域水深资源的利用效率。不同的国家或地区根据其海洋潮汐性质或者习惯采用不同的深度基准面确定方法，甚至同一国家的不同历史时期都可能采用不同的算法来计算和维持深度基准面的数值。深度基准面只有标定到平均海面或其他固定参考系才有意义。一般来说，潮差越大，深度基准面与平均海面的差距值越大，其位置越低。国际上常用的深度基准面有最低天文潮面、平均大潮低潮面、最低大潮低潮面、平均低潮面、理论最低潮面等，我国则采用理论最低潮面作为深度基准面。通过确定陆地高程基准和深度基准面的高度差，就可实现测深数据在不同基准之间的转换，海洋测深基本空间结构如图 1-5 所示。

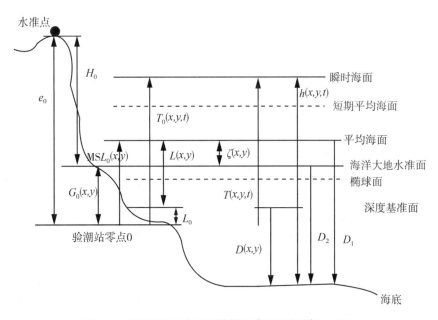

图 1-5　海洋测深基本空间结构示意图(刘雁春，2003)

水下地形测量作为人类开发和利用海洋、江河、湖泊的"先头兵"，是一项基础而又极其重要的工作，其作用也非常广泛：

(1) 为研究地球的形状、水下地质构造、大洋勘探等地球科学的研究提供基础信息；

(2) 为各种不同的海洋工程开发提供服务，如港口建设、海洋资源勘探与开发、海底管道、航运与航道、渔业捕捞、水下考古等；

(3) 为编制海图、绘制水下地形图以及构建水下三维可视化模型提供基础数据；

(4) 为建设海洋强国和加强国防建设提供重要保障。

1.3 水下地形测量与相关科学技术的关系

海底地形测量是地球表面精细形态测量的有机组成部分，是陆地地形测量的延伸，本身属于测量科学与技术范畴，更是海洋测绘的核心内容之一，因此，与测绘科学技术相关分支存在天然的联系。水下地形测量的实施受到水动力环境、物理要素的影响与制约，也密切关联于海洋技术。水下地形测量关注水底精细几何形态的测定、描述与表达，也关注水底沉积底质类型等地质现象。水下地形测量成果的主要服务方向是水上活动，特别是航海活动，同时水下地形测量的实施也离不开航海技术的支持。水下地形测量的技术进步得益于仪器科学、传感器技术和计算机技术等通用技术的发展。水下地形测量理论和技术体现着多学科知识交叉融合、多技术综合的特点。

1.3.1 与测绘科学技术学科、行业的关系

1. 与大地测量的关系

海底地形测量关注的以海洋为主体的全球水域占据地球表面积的最大比例，就地球形状和外部重力场研究目标而言，海洋区域无疑也是本源意义上的大地测量所不应回避的研究区域。从大地测量学家的视点看，海底地形测量被当作大地测量的重要组成部分，或一种特定形式。事实上，根据 Helmert 对大地测量学概念的经典描述看，关于地球形状的认识与探索涵盖对海底地形的观测。

从海底测量工作的实施层面看，所获取的一切参数必须有明确的位置信息，而大范围的海底地形测量又必须考虑地球表面的弯曲形态，因此，坐标的测定历来是大地测量技术在海洋测量中的典型应用。海上一切信息要素的测定都需要大地测量所提供的位置基准和位置服务技术。空间大地测量技术的兴起与广泛应用极大地推动了海底地形测量理论和技术的发展，精确的卫星导航定位技术提供了更高精度、更快捷的定位保障，成为当今现代大地测量技术对包括海底地形测量在内的海洋测量的典型支持方式之一。

由水准网维持的高程基准框架连接于特定的长期验潮站，水准原点的高程主要根据验潮站长期水位观测数据计算确定。而验潮站构成海底测量垂直基准的基本维持框架，确定多验潮站垂直基准与国家高程基准之间的关系。海洋大地水准面、平均海面以及海面地形确定成果为海底地形测量提供垂直基准支撑。

海底地形测量数据质量的评估依据于误差理论和测量平差的多种方法，测量平差理论是海底地形测量技术设计、成果误差修正与评定的重要手段。

精确的海底地形信息是研究地球形状和外部重力场、海底大地控制点选址的重要基础资料。

2. 与海道测量的关系

海道测量是水域测绘工作的统称，萌芽于上古时代人们水利、渔业等生产生活需求，兴起于大航海时代的海上探险、军事活动与交通航运。因此，传统的海道测量指为保证水域交通安全所开展的一切测量、调查及海图编制及航海信息资料保障服务工作。之后，海洋空间地理信息采集与处理和地理信息产品开发与服务又细化为海道测量和海图制图两个

专业。

现代意义的海道测量包括水域及毗邻陆地地形测量和助航标志、碍航物探测、底质调查、相关水文要素的测量与调查，以及扩展至海洋重力测量、海洋磁力测量、海洋地震测量等地球物理探测等一切保证航海安全、海洋综合利用与开发、军事活动保障的信息采集与分析处理工作，形成多技术交叉、多目标服务的国际性通用行业（刘雁春，2006）。而海底地形测量任务则重点关注水下地形的精细测绘，在海道测量中，常称为水深测量或由水深测量代替。因此，从工作内容看，海底地形测量包含于海道测量。21 世纪初，国际海道测量组织所预测的海道测量重点发展方向便是海底地形测量。

以卫星导航定位技术、多波束水深测量技术为代表的海道测量技术发展，正在推动着海底地形测量作为测绘领域的一个相对独立的科学技术分支的形成与发展。比起常规的水深测量，海底地形测量的主要特点体现在：关注的对象是海底精细几何信息和地物、地貌的自然属性信息的测定与科学化描述与表达，为各种应用提供最基本和详尽的空间地理信息资料，因此，它的基本理念是面向地球，以数据为中心，而不是面向传统海道测量的水深测量工作、面向于特定的航海图应用类型的信息产品。在技术指标上，除了关心数据获取与处理的精度外，还强调对海底探测与刻画的分辨率。当然，信息获取的技术将与水深测量一脉相承，在海面船载测量技术的基础上，拓展浅水域的机载激光扫描测量技术。另外，为保证深海海底的精细探测，扩展采用水下自主航行器的贴近式观测技术。信息测定和表示的基准也将与陆地地形测量相一致或可转换。

1.3.2 与海洋科学、航海技术的关系

海道测量和海洋学有着共同的起源。水深测量、航海图编制是海洋科学的最基本开端。

鉴于水下地形测量的主要实施区域是海洋，即海底地形测量，海洋环境因素及海洋学过程将影响海底地形信息的获取，有关海洋要素特别是动力、水文要素、海洋底质要素，是海底地形测量必须研究和关注的内容。

潮汐是典型的海洋动力学过程，是海面动态起伏变化的最主要原因，海底精细几何形态的测定与描述必须依据非时变的参考面，因此，需要利用海洋潮汐的观测数据进行潮汐构成成分的分析计算、确定相关的垂直基准，并对测定的海底地形信息实施动态水位归算。

声波是海底地形探测的主要信号源，声波的传播受到温度、盐度、密度(或压力)的显著影响，温、盐、密数据观测及与声现象的综合分析处理是海底地形测量的重要内容之一，这些水文参数的测量也与海洋水文调查技术一脉相承。

海底浅表层的沉积物特性是海底地形的重要属性信息，不仅需要观测和描述，而且涉及成因的有关地质学分析，以及应用海流、潮流等海洋动力学理论对海底沙波等地貌形态的移动过程作出科学解释和预测。

海洋技术的发展支撑着包括海底地形在内的海道测量技术的进步，而海底地形信息是数字化海洋建设、各种海洋学模式构建的基础资料。

航海曾经是海底地形测量、海道测量的最基本服务目标，仍然是当今的主要服务方

向，海道测量的基本技术规定具有航海保证的深刻烙印。以海图为代表的海道测量成果是航海活动的基本空间信息基准和参照。精细的海底地形不仅为水面船只提供更细致的水域可航性、锚泊位置指示，而且将更有力保障水下潜器的导航定位服务。

1.3.3 与基础科学、通用工程技术的关系

与测绘科学与技术的其他分支一样，数学方法和数学计算是水下地形测量数据处理、空间分析的基础，测量成果的质量需要应用基本的数学统计学原理和测量误差(不确定度)理论进行可靠的质量评判。

海底地形的声、光、电探测依赖于基本的物理学原理，声传播的绝热过程和能量关系也密切联系着物理效应。声波、潮波等与海底地形密切相关的探测信号与动态改正量需要波动理论解释和计算。影响声传播的盐度决定于海水的构成成分，是一种典型的化学量，并经常用化学方法测定，海水对声波的弛豫吸收也是一种化学过程。

平台技术、仪器和仪表技术、传感器技术对海底地形测量发展发挥着重要的牵引作用，海底地形测量理论和技术体系的形成和发展主要得益于相关的工作技术所提供的新型探测能力的进步。而电工、电子学技术、通信技术不仅与平台技术和传感器技术密切相关，而且是海上动态测量实施的重要依托技术。计算机和信息技术则是海底地形测量自动化、数字化的关键支撑条件。

1.4 本书的体系结构

本书的目的是全面系统地阐述水下地形测量学，特别是海底地形测量学的基本概念、基本原理、工程组织方法。全书力求按照分支学科的理论体系，科学组织水下地形测量的系统知识，有效整合传统技术与现代发展，构建相对完备的水下地形测量理论和技术框架。

第 1 章简要介绍和分析水下地形测量的基本概念、基本内容、基本特点、服务目标，奠定水下地形测量学的基本架构，对全书内容的了解和理解发挥基本的引领作用。第 2 章阐述海洋大地测量学相关的知识，旨在为水下地形信息的获取、处理、应用和服务提供空间位置、姿态、垂直参考系及动态变化归算等信息基准支持。

第 3 章和第 4 章涵盖水下地形测量的信号源和位置测定等支撑技术。鉴于对水下地形即水底界面几何和物理属性信息探测所依据的声、光手段，特别是应用这些物理信号实施水下地形测量的基础性重要作用，第 3 章以水声学和水声技术基本知识为主，介绍和阐述海底地形声、光现象及测距应用的基本知识，附带说明与这些现象相联系的海洋学内容。海上测量，特别是利用水面和水下载体实施的海底地形测量，必须首先解决载体位置获取，并在位置信息支持下按预定测线实施海底地形属性信息采集问题，将测量载体的精确定位单列为第 4 章。

第 5~8 章全面阐述水底探测的原理与技术。第 5 章和第 6 章分别论述水下地形单波束和多波束探测的两种基本技术模式，分析这两种与技术发展相对应的主要测量模式对水底地形探测完善性、探测数据协调性的处理等理论和技术。第 7 章分析和研究水底声学成

像技术以及水底底质这一重要水底地形属性信息的测定原理与方法。第 8 章介绍和分析依据机载平台的水下地形激光扫描测量技术。

第 9 章和第 10 章集中分析水下地形测量的误差源及观测量归算方法，现代大地测量与导航技术支持下的水下地形测量新模式，以及海底地形的数字化、可视化表达技术。

第 11 章以工程化的视点阐述水下地形测量的项目设计、组织实施、成果质量评估、技术总结等作业流程，将水下地形测量原理和技术推向项目级别的工程实践。

第2章　水下地形信息的参考系

类似于陆地地形测量，水下地形测量同样是将一系列测深点的空间地理信息在一个确定的参照系中表示，例如确定的平面坐标系和垂直基准，如果从三维坐标系的概念来看，它们均属于三维坐标系统分量。坐标是用于在一个给定维数的空间中相对于参考系来确定点的位置的一组数。坐标系则是在给定维数的空间中用坐标来表示点的一种方法，它是测量参考系的核心数学元素。在水下地形测量应用中，由于各个传感器有各自的相对坐标系，仅仅依靠各自的观测量在相对坐标系的关系还无法确定测深点的位置，还必须将位置基准、姿态以及水下观测量和各传感器坐标系联系起来，才能准确地确定点的位置。也就是说，只有在统一的坐标参考系下，才能定义和确定水下观测量的坐标。

本章主要介绍水下地形测量中测量载体坐标系与位置、姿态、水下观测量的关系以及测深传感器相对坐标系与地理绝对坐标系之间的转换问题，涉及的坐标系统，包括测深传感器坐标系、姿态仪坐标系、载体坐标系、当地水平坐标系、局部坐标系和大地坐标系等，并简要介绍海洋垂直基准体系和转换关系的确定等概念。

2.1　水下地形测量中常用的坐标系统

近些年，随着水下地形测量技术的不断发展，多波束测深技术和机载激光雷达（LiDAR）测深技术已逐渐成熟，前者甚至已成为常见的水下地形测量技术之一。相对于单波束测深，多波束和机载 LiDAR 测深的辅助传感器更多，这些传感器的观测量大多是依据自身的坐标系来度量的。由于水下地形测量的最终成果需要在统一的参考系下表达，因此测深点的位置归算便成为水下地形测量数据处理中的一个关键问题。

单波束测深结构比较简单，一般并未安装姿态仪，因此测深点的平面位置认为与测船上的 GNSS 天线的平面位置相同；多波束和机载 LiDAR 测深相对来说更为复杂，虽然一种是依据声波测量，一种是依据激光测量，但测深点的位置归算原理类似，单波束测深可看做是其特例。下面以船载多波束测深为例，详细介绍测深点位置与观测量的关系及在不同坐标系下的表达。

2.1.1　测深传感器坐标系

测深是通过测距来计算的，为了将测距转换为深度，需要将测距观测量改化为测深传感器坐标系下的垂直分量，其水平分量是测深平面位置归化的第一步（杨绍海，2011）。对于多波束换能器而言，换能器坐标系（图2-1）定义为：以换能器阵列中心为坐标原点，在换能器阵列平面内，水平向前沿船首向为 X_T 轴（仪器标定首向，安装时应平行船首方向），水平向右为 Y_T 轴，Z_T 轴垂直向下，符合右手法则，在船静止时 X_TOY_T 平面应为理想的水平面（肖付民，2001）。

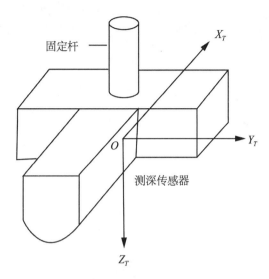

固定杆

X_T

Y_T

O

测深传感器

Z_T

图 2-1　换能器坐标系

2.1.2　姿态仪坐标系

将测距观测量归化到测深传感器坐标系下，还不是真正的水深和平面位置，因为测船是在运动状态下测量的，其瞬时姿态的变化将改变测深传感器坐标系相对于大地坐标系的瞬时指向。姿态仪一般用于测定船舶瞬时姿态，包括横摇、纵摇和上下升沉。早期用电罗经得到航向，目前普遍使用光纤罗经或高精度惯导系统同时得到这 4 个观测量，由于上下升沉是真实垂直方向的位移，不改变坐标轴指向，因此这里不加区别地认为姿态仪的观测量是指横摇、纵摇和航向。横摇（Roll）是指沿船舶纵轴线方向旋转的左右摇摆；纵摇（Pitch）是指沿船舶横轴线方向旋转的船首和船尾摇晃；偏航（Yaw）是指船舶在行驶过程中偏离正确航向的夹角。姿态仪三维坐标系定义如下：姿态仪沿船首方向为 X_A 轴，向右为 Y_A 轴，向下为 Z_A 轴，符合右手法则，并对横摇角、纵摇角的正负号定义为：横摇右舷向下为正，纵摇船首抬高为正。对于偏航，从上至下看，顺时针旋转为正（图 2-2）。

以往水下地形测量中的定位通常采用 GPS 接收机，姿态测量依靠姿态仪。随着惯性测量技术和卫星导航系统的发展与完善，GNSS 与 IMU（Inertial Measurement Unit，惯性测量单元）组合导航系统的应用越来越广泛。GNSS 与 IMU 组合导航系统简称 POS（Position Orient System）系统，其核心思想是：利用动态差分 GNSS 或精密单点定位（Precise Point Positioning，PPP）技术和 IMU 直接测定载体的位置和姿态，并经过卡尔曼滤波，获取高精度的位置和姿态信息（Vondrák，2000；秦永元，2006）。由于其属于两者的组合，其坐标系的定义与姿态仪坐标系相同。

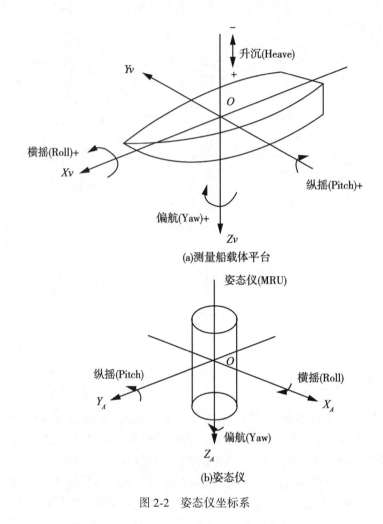

(a)测量船载体平台

(b)姿态仪

图 2-2　姿态仪坐标系

2.1.3　载体坐标系

载体坐标系主要用来表示测船上测深传感器、姿态仪、GNSS 天线及其他传感器的相对位置关系，其坐标原点可以任意选取，一般选择在测船几何中心或 GNSS 接收机天线相位中心。载体坐标系(图 2-3)定义为：纵轴 U 方向为船首方向，从船尾指向船首；横轴 V 为过原点 O 指向右舷；W 方向与 UOV 平面垂直向下，与 U、V 轴组成右手坐标系。在图 2-3 中，α、β、γ 为纵摇、横摇、偏航角，为分别绕 V 轴、U 轴、W 轴旋转形成的角度。各种传感器相对测量船的位置可利用全站仪等一般测量手段求得。每个观测量都可以用相对于测量载体坐标系的三维矢量来表示。

2.1.4　局部坐标系

对于多波束测深系统而言，由于声线在海水中的实际轨迹是弯曲的，直接将波束位置

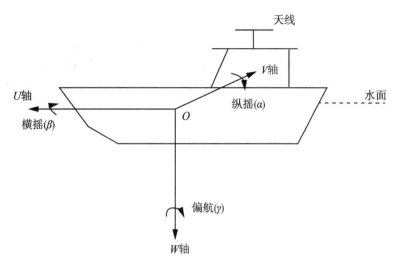

图 2-3　测量载体坐标系

在换能器坐标系下表达后再进行各种坐标变换，这样计算出的波束绝对位置含有较大的误差。为了便于声速改正，通常的做法是综合波束发射角、换能器安装偏角及瞬时姿态等信息，计算出实际的波束入射角，进行声线跟踪，直接将波束脚印表达在局部坐标系下。局部坐标系的原点与载体坐标系一致，X_p 轴、Y_p 轴在水平面内，Z_p 轴垂直向下，其中，X_p 轴指向船首，Y_p 轴垂直于 X_p 轴指向右舷，符合右手法则(图 2-4)。

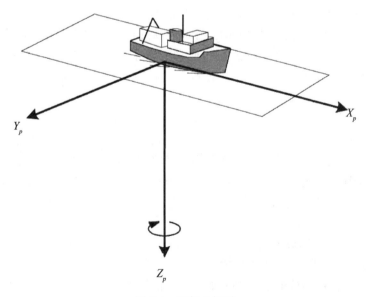

图 2-4　局部坐标系

2.1.5   当地水平坐标系

当地水平坐标系(图 2-5)是三维空间直角坐标系，也是一种站心直角坐标系。三个坐标轴的方向分别为参考椭球的子午圈、卯酉圈和法线方向，按坐标轴选取顺序和指向的不同有东北天(ENU)和北东地(NED)等多种形式，由于前者使用更多，本书采用东北天的形式，定义为：E 轴、N 轴、U 轴分别指向东、北和沿椭球法线方向，原点一般位于 GNSS 天线相位中心，而载体坐标系的原点可选择与其重合以消除坐标原点差的变化(张小红，2007)。

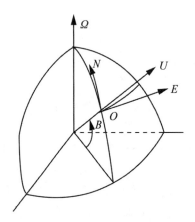

图 2-5   当地水平坐标系

局部坐标系与当地水平坐标系的区别仅在于水平面内纵轴、横轴指向不同，前者纵轴指向瞬时航向，后者纵轴指向真北方向。在一种特殊情况下，当载体沿正北方向平稳运行时，此时的载体坐标系、局部坐标系与当地水平坐标系的水平轴重合，垂直轴重合或相反，当然这只是一种理想的情况，因为载体不可能保持恒定方向平稳运行。

2.1.6   大地坐标系

前面叙述的几种坐标系均属于相对坐标系，只能表示该坐标系内部的一个或少量几个观测量，无法正确表示较大范围测区所有测深点的位置相对关系，必须建立一种适用于更大范围甚至整个地球的绝对坐标系，这样大地坐标系就应运而生。大地坐标系规定以椭球赤道为基圈，以起始子午线(过格林尼治的子午线)为主圈。对于任意一点 P，其大地坐标为 $(B，L，H)$ (孔祥元，2006)。

在图 2-6 中，O 为椭球中心，NS 为椭球的旋转轴，N 为北极，S 为南极，P 点为地面或空中任意一点，PP' 为 P 点的法线方向。包含 P 点法线方向与旋转轴 NS 的平面称为过 P 点的大地子午面，过格林尼治平均天文台旋转轴与 NS 的平面称为起始大地子午面，子午面与椭球面的交线称为子午圈或子午线。

大地纬度 B 是指 P 点的椭球面法线与椭球赤道面的夹角。由赤道起算，从 0° 到 90°，向北为正，向南为负。

大地经度 L 是指过 P 点的椭球子午面与格林尼治的起始子午面之间的夹角。由起始子午面起算，向东为正，向西为负。

大地高 H 是指由 P 点沿椭球面法线至椭球面的距离。

除可用大地坐标系表示地球上一点的位置外，空间直角坐标系也可实现类似功能，某点的大地坐标和空间直角坐标是一一对应的，可自由转换，参见相关文献，此处不再赘述。

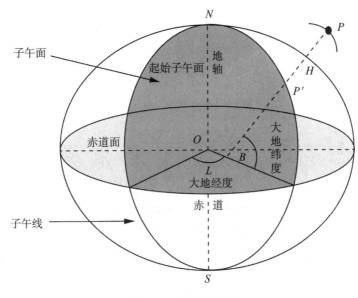

图 2-6　大地坐标系

2.1.7　高斯平面直角坐标系

由于在椭球面上进行各种测量计算非常复杂和繁琐，另外，在椭球面上表示点、线位置的经度、纬度、大地高等大地坐标元素，对于大比例尺地形图的表示与应用也很不方便。因此，为了便于测量计算和地形测图，需要将椭球面上的元素化算到平面上，并在平面直角坐标系中进行坐标计算。这就需要通过投影将椭球面上的测量元素归算到投影平面上。

海图通常采用正轴等角圆柱投影即墨卡托投影(Mercator Projection)，中纬度地区的一些国家采用横轴等角割圆锥投影即兰勃特投影(Lambert Projection)，而地形图更多采用横轴等角椭圆柱投影即高斯-克吕格投影(简称高斯投影，Gauss Projection)(孔祥元，2006)。

在高斯投影平面上，以中央子午线与赤道的交点 O 作为坐标原点，以中央子午线的投影为纵坐标轴，即 x 轴；以赤道的投影为横坐标轴，即 y 轴，这就形成了高斯平面直角坐标系(图 2-7)，中央子午线和赤道的投影都是直线。为了防止过大的投影变形，进行了分带投影，一般分为 3°带和 6°带投影(图 2-8)。

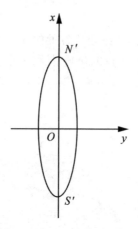

图 2-7 高斯平面直角坐标系

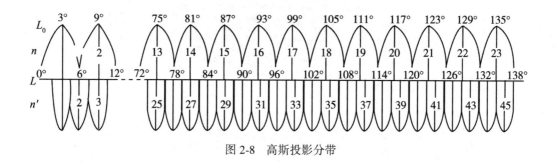

图 2-8 高斯投影分带

2.2 测深点的位置归算

由于水下地形测量过程中采用多个传感器，存在多个观测量，测深点的位置归算将涉及多个参考坐标系的归算问题。不管是采用船载或机载平台测量，归算原理类似，一般需要研究观测量在测深传感器坐标系、载体坐标系、局部坐标系，乃至当地水平坐标系、大地坐标系、高斯平面直角坐标系下的归算问题(付孙钟，2003)。

根据测量标定得到的换能器之间的安装参数，通过坐标转换可以实现水下观测量在统一坐标系内的解算(李鑫，2012)(图 2-9)。下面以船载载体平台为例，介绍测深点位置归算过程和方法。

2.2.1 测深传感器坐标系到载体坐标系的转换

两个坐标系的转换关键需要确定其 3 个角元素和 3 个原点平移参数(叶修松，2010)。在理想安装情况下，测深传感器坐标系应与载体坐标系三轴平行，由于不平行而造成的轴与轴之间的偏差即为安装误差，可以通过测深传感器安装校准的方法求得校准参数，即横摇偏差角、纵摇偏差角、船首向偏差角，分别用 φ、ω 和 κ 表示，这就是 3 个角元素；而

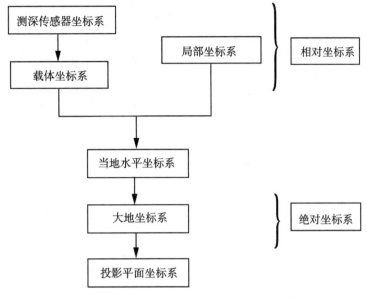

图 2-9 坐标转换流程图

平移参数则是测深传感器坐标系与载体坐标系之间的原点差,即测深传感器坐标系的原点在载体坐标系中的坐标值 $(l_x, l_y, l_z)^T$,可以在仪器安装后通过全站仪测量、钢尺量取或间接推算得出(李家彪,1999)。考虑到转换方向,则

$$X_V = X_l + R_V \cdot X_T \tag{2.1}$$

式中,X_T 为测深传感器坐标系下的坐标;X_V 为载体坐标系下的坐标;X_l 为平移参数;R_V 为旋转矩阵。

$$
\begin{aligned}
R_V &= R_x(\varphi) \cdot R_y(-\omega) \cdot R_z(\kappa) \\
&= \begin{bmatrix}
\cos\omega\cos\kappa & -\cos\omega\sin\kappa & \sin\omega \\
\sin\varphi\sin\omega\cos\kappa + \cos\varphi\sin\kappa & -\sin\varphi\sin\omega\sin\kappa + \cos\omega\cos\kappa & -\sin\varphi\cos\omega \\
-\cos\varphi\sin\omega\cos\kappa + \sin\varphi\sin\kappa & \cos\varphi\sin\omega\sin\kappa + \sin\varphi\cos\kappa & \cos\varphi\cos\omega
\end{bmatrix}
\end{aligned}
\tag{2.2}
$$

2.2.2 载体坐标系到当地水平坐标系的转换

载体坐标系到当地水平坐标系的转换同样需要确定其 3 个角元素和 3 个原点平移参数,其中 3 个角元素主要是测船的瞬时姿态变化。为研究问题的方便,设载体坐标系的原点与当地水平坐标系的原点重合,这样不考虑平移参数。根据船首向、船位和姿态参数计算载体坐标系和当地水平坐标系之间的转换关系,并直接将载体坐标系下的水底观测量坐标转化为地理坐标(赵建虎,2007):

$$X_L = X_V^G + R(r, p, h) \cdot X_V \tag{2.3}$$

式中,X_L 代表测点的当地水平坐标(或地方坐标、地理坐标);X_V^G、X_V 分别代表 GNSS 天线位置和水下观测量在载体坐标系下的坐标;$R(r, p, h)$ 为载体坐标系与当地水平坐标系之间的旋转关系，其中航向 h、横摇 r 和纵摇 p 是三个欧拉角，由姿态仪实时测得（时振伟，2014）。欧拉角变化过程写成矩阵的形式：

$$R(r, p, h) = R_x(r) \cdot R_y(-p) \cdot R_z(h) = \begin{bmatrix} R_{11} & R_{12} & R_{13} \\ R_{21} & R_{22} & R_{23} \\ R_{31} & R_{32} & R_{33} \end{bmatrix}$$

$$= \begin{bmatrix} \cos p \cos h & -\cos p \sin h & \sin p \\ \sin r \sin p \cos h + \cos r \sin h & -\sin r \sin p \sin h + \cos r \cos h & -\sin r \cos p \\ -\cos r \sin p \cos h + \sin r \sin h & \cos r \sin p \sin h + \sin r \cos h & \cos r \cos p \end{bmatrix}$$

$$(2.4)$$

其中，$R_x(r)$、$R_y(p)$、$R_z(h)$ 分别如下：

$$R_x(r) = \begin{bmatrix} 1 & 0 & 0 \\ 0 & \cos r & -\sin r \\ 0 & \sin r & \cos r \end{bmatrix} \tag{2.5}$$

$$R_y(-p) = \begin{bmatrix} \cos p & 0 & \sin p \\ 0 & 1 & 0 \\ -\sin p & 0 & \cos p \end{bmatrix} \tag{2.6}$$

$$R_z(h) = \begin{bmatrix} \cos h & -\sin h & 0 \\ \sin h & \cos h & 0 \\ 0 & 0 & 1 \end{bmatrix} \tag{2.7}$$

对于多波束测深系统而言，须考虑声线弯曲的影响，前已述及，不宜采用将波束脚印首先表达在测深传感器坐标系、再变换到载体坐标系、然后到当地水平坐标系下的模式，而应该通过波束发射角、安装角、姿态角等信息计算实际的波束三维入射角，根据声速剖面进行声线跟踪，直接计算测点在局部坐标系下的侧向距和航向距，然后再变换到当地水平坐标系。

通过原点平移（GNSS 位置）、二维坐标旋转（航向角 h），即可实现局部坐标系与当地水平坐标系的转换。两者垂直方向的坐标绝对值是相同的，平面坐标转换关系为：

$$\begin{bmatrix} x \\ y \end{bmatrix}_L = \begin{bmatrix} x_0 \\ y_0 \end{bmatrix}_G + \begin{bmatrix} \cos h & -\sin h \\ \sin h & \cos h \end{bmatrix} \cdot \begin{bmatrix} x \\ y \end{bmatrix}_P \tag{2.8}$$

式中，下标 L、G、P 分别表示波束脚印的当地水平坐标、GNSS 天线位置和波束脚印在局部坐标系下的坐标；h 为航向角。

值得注意的是，这里定义当地水平坐标系垂直轴的方向是沿椭球法线方向向上，因此在坐标转换后应将垂直坐标取反号。

2.2.3　当地水平坐标系到大地坐标系的转换

当地水平坐标系经过旋转平移可转换到大地坐标系中。首先将当地水平坐标系绕 E 轴逆时针旋转 $90° - B$，然后绕 U 轴顺时针旋转 $90° + L$，此时当地水平坐标系与地球空间直角坐标系平行（张会霞，2012），如图 2-10 所示。

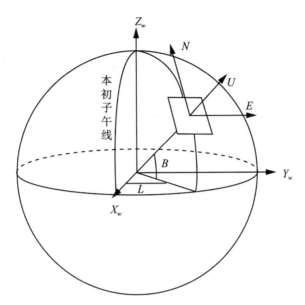

图 2-10   当地水平坐标系到大地坐标系的转换示意图

设水下观测量在空间直角坐标系下的坐标值为 $(X_W, Y_W, Z_W)^T$，则有以下关系式：

$$X_S = R_W \cdot X_L + \Delta X \tag{2.9}$$

$$\begin{bmatrix} X_W \\ Y_W \\ Z_W \end{bmatrix} = R_W \begin{bmatrix} x_L \\ y_L \\ z_L \end{bmatrix} + \begin{bmatrix} \Delta x \\ \Delta y \\ \Delta z \end{bmatrix} \tag{2.10}$$

式中，X_L 为当地水平坐标系下的坐标；X_S 为空间直角坐标系下的坐标；R_W 为关于大地经度和纬度的旋转矩阵；$(\Delta x, \Delta y, \Delta z)^T$ 为平移量，是 GNSS 天线相位中心的空间直角坐标。其中，

$$R_W = R_B \cdot R_L \tag{2.11}$$

$$R_B = \begin{bmatrix} \cos(90° - B) & 0 & -\sin(-90° - B) \\ 0 & 1 & 0 \\ \sin(90° - B) & 0 & \cos(90° - B) \end{bmatrix} \tag{2.12}$$

$$R_L = \begin{bmatrix} \cos(90° + L) & \sin(90° + L) & 0 \\ -\sin(90° + L) & \cos(90° + L) & 0 \\ 0 & 0 & 1 \end{bmatrix} \tag{2.13}$$

空间直角坐标与大地坐标可相互转换，参见文献[122]。

以上各种坐标转换关系可用图 2-11 来描述。当测深点在大地坐标系或空间直角坐标系中表示后，即可实现其到高斯平面直角坐标系的严格转换，具体参见有关的测量学文献。

21

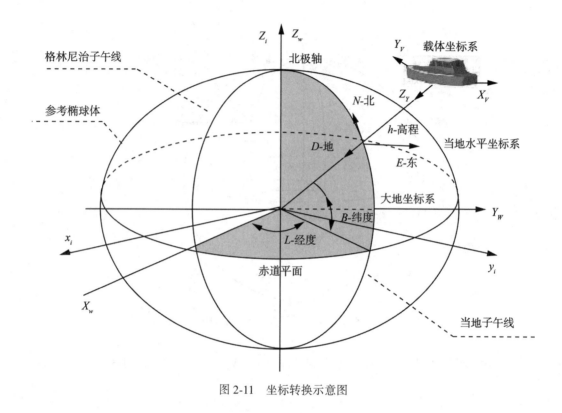

图 2-11　坐标转换示意图

2.2.4　当地水平坐标系到高斯平面直角坐标系的近似转换

当地水平坐标系属于一种站心坐标系，它所在的平面即为地球椭球面上某点的切平面，东、北方向均包含在该平面内，天顶方向与该平面垂直；而高斯平面直角坐标系则是将地球椭球面按照经差划分为不同的投影带，将中央子午线的投影作为纵轴，将赤道的投影作为横轴，展开成一个由 n 个投影带构成的投影平面。通常水下地形测量在一个相对小的范围进行，在局部范围内，考虑到两平面纵轴夹角的近似值为子午线收敛角，以及局部平面投影长度的差异，则一点的当地水平坐标可以不经过大地坐标，直接近似转换到高斯平面上。

高斯平面直角坐标的纵轴指向坐标北，而当地水平坐标系纵轴指向真北，两者之间的夹角即为子午线收敛角 γ，坐标纵线东偏为正，西偏为负。因此，从当地水平坐标系直接转换到高斯平面直角坐标系时，坐标轴的旋转角即为子午线收敛角 γ 的负值。

在实际水下地形测量中，子午线收敛角 γ 的近似公式可按下式计算：

$$\gamma = \Delta L \cdot \sin B \tag{2.14}$$

式中，ΔL 是某测点与中央子午线的经差；B 为该点纬度。

当地水平坐标系向高斯投影坐标系近似转换时，除考虑子午线收敛角外，还应对观测长度进行距离改化。考虑到水下地形测量的精度要求，距离改化时忽略大地水准面差距，并把海面高度看做 0。

距离改化分为两步，第一步是将距离(当地水平坐标系下的坐标分量，假设其原点为 0)归化到椭球面上(浅水环境下可忽略)，第二步是将椭球面上的长度 S 投影到高斯平面上，其公式分别为式(2.15)和式(2.16)：

$$S = \frac{R_A \cdot \sqrt{X_P^2 + Y_P^2}}{R_A + Z_P} \qquad (2.15)$$

式中，S 为归算到椭球面上的长度；X_P、Y_P、Z_P 为当地水平坐标系下的坐标；R_A 为基线方向的法截弧曲率半径。

$$D = m \cdot S = \left(1 + \frac{y^2}{2R_m^2}\right) \cdot S \qquad (2.16)$$

式中，D 为投影到高斯平面上的长度；m 为高斯投影长度变形比；y 取 GNSS 测点的高斯投影横坐标；R_m 表示按 GNSS 测点的大地纬度计算的椭球平均曲率半径。

表 2-1 和表 2-2 分别给出了不同纬度和经差情况下的投影长度变形比以及子午线收敛角的取值。

表 2-1　　　　　　　**不同纬度和经差情况下的高斯投影长度变形比**

纬度	经差			
	0°	0.5°	1.5°	3°
15°	1.00000	1.00004	1.00032	1.00128
30°	1.00000	1.00003	1.00026	1.00103
45°	1.00000	1.00002	1.00017	1.00069
60°	1.00000	1.00001	1.00009	1.00034

表 2-2　　　　　　　**不同纬度和经差情况下的子午线收敛角**

纬度	经差			
	0°	0.5°	1.5°	3°
15°	0°	0.12941°	0.38823°	0.77646°
30°	0°	0.25000°	0.75000°	1.50000°
45°	0°	0.35355°	1.06066°	2.12132°
60°	0°	0.43301°	1.29904°	2.59808°

计算出子午线收敛角 γ 和改正的投影距离后，任意点 P_i 的当地水平坐标 (x_L, y_L) 与它在高斯平面上的坐标 (x_i, y_i) 之间的近似转换关系可表示为：

$$X_i = R_i \cdot \Delta X_L + X_0 \qquad (2.17)$$

$$\begin{bmatrix} x_i \\ y_i \end{bmatrix} = \begin{bmatrix} \cos\gamma & \sin\gamma \\ -\sin\gamma & \cos\gamma \end{bmatrix} \cdot \begin{bmatrix} \Delta x_L \\ \Delta y_L \end{bmatrix} + \begin{bmatrix} x_0 \\ y_0 \end{bmatrix} \qquad (2.18)$$

式中，X_i 为高斯平面坐标；ΔX_L 为距离改化后的当地水平坐标；X_0 为坐标原点偏移量；R_i 为旋转矩阵。

下面通过具体的数据分析近似转换的精度。假定位于不同纬度的 4 个区域，采用多波束测深，GNSS 天线相位中心与载体坐标系原点重合，按高斯 6° 带投影，取中央经线为 117°E，测区位置与中央子午线的经差分别为 0°、0.5°、1.5°、3°，纬度分别为 15°N、30°N、45°N、60°N。取水深分别为 50m、100m、500m、3000m、5000m 共 5 种情况加以分析。其中，50m、100m 水深环境下多波束扫宽为 4 倍，500m 时扫宽为 3 倍，3000m 时扫宽为 2 倍，5000m 时扫宽为 1.5 倍。不考虑海水声速的变化，假定海面是平静的，测船没有姿态变化，并沿正北方向航行，此时载体坐标系与当地水平坐标系重合，则 5 种水深情况下最右部波束侧向距分别为 100m、200m、750m、3000m 和 3750m，如不计各个区域导航点位置，对应的当地水平坐标系下的坐标分别为 $B_1(0, 100, 50)$、$B_2(0, 200, 100)$、$B_3(0, 750, 500)$、$B_4(0, 3000, 3000)$、$B_5(0, 3750, 5000)$。分别按照式(2.18)计算各波束的高斯平面直角坐标 (x_i, y_i)，其中，在近似计算时，又根据是否加入距离改化 D 分两种情况进行考虑，然后以严密公式的坐标转换为基准值，比较近似计算与其的差值(见表 2-3、表 2-4、表 2-5、表 2-6)。

表 2-3　　　　　　　　严密转换与近似转换精度比对表(纬度为 15°N)

波　束		经　差										
		0°			0.5°			1.5°			3°		
		ΔX	ΔY	ΔP	ΔX	ΔY	ΔP	ΔX	ΔY	ΔP	ΔX	ΔY	ΔP
B_1	—	0.00	0.00	0.00	0.00	0.00	0.00	0.03	0.00	0.03	0.13	0.00	0.13
	D	0.00	0.00	0.00	0.00	0.00	0.00	0.00	0.00	0.00	0.00	0.00	0.00
B_2	—	0.00	0.00	0.00	0.01	0.00	0.01	0.07	0.00	0.07	0.26	-0.01	0.26
	D	0.00	0.00	0.00	0.00	0.00	0.00	0.00	0.00	0.00	0.00	0.00	0.00
B_3	—	0.06	0.00	0.06	0.08	0.00	0.08	0.30	0.00	0.30	1.02	-0.02	1.02
	D	0.03	0.00	0.03	0.03	0.00	0.03	0.03	0.00	0.03	0.03	-0.01	0.04
B_4	—	1.42	0.00	1.42	1.52	-0.01	1.52	2.38	-0.04	2.38	5.28	-0.14	5.28
	D	0.71	0.00	0.71	0.71	-0.01	0.71	0.72	-0.03	0.72	0.73	-0.08	0.74
B_5	—	2.95	0.00	2.95	3.09	-0.02	3.09	4.16	-0.06	4.16	7.79	-0.21	7.79
	D	1.48	0.00	1.48	1.48	-0.01	1.48	1.49	-0.04	1.49	1.51	-0.12	1.52

(注：表中 D 代表考虑距离改化，—代表不考虑距离改化，各项的单位为 m。)

表 2-4   **严密转换与近似转换精度比对表(纬度为 30°N)**

波束		经 差											
		0°			0.5°			1.5°			3°		
		ΔX	ΔY	ΔP	ΔX	ΔY	ΔP	ΔX	ΔY	ΔP	ΔX	ΔY	ΔP
B_1	—	0.00	0.00	0.00	0.00	0.00	0.00	0.03	0.00	0.03	0.10	0.00	0.10
	D	0.00	0.00	0.00	0.00	0.00	0.00	0.00	0.00	0.00	0.00	0.00	0.00
B_2	—	0.00	0.00	0.00	0.01	0.00	0.01	0.05	0.00	0.05	0.21	−0.01	0.21
	D	0.00	0.00	0.00	0.00	0.00	0.00	0.00	0.00	0.00	0.00	0.00	0.00
B_3	—	0.06	0.00	0.06	0.08	0.00	0.08	0.25	−0.01	0.25	0.83	−0.02	0.83
	D	0.03	0.00	0.03	0.03	0.00	0.03	0.03	0.00	0.03	0.03	−0.04	0.05
B_4	—	1.41	0.00	1.41	1.50	−0.01	1.50	2.19	−0.05	2.19	4.51	−0.21	4.52
	D	0.71	0.00	0.71	0.71	−0.01	0.71	0.71	−0.03	0.71	0.72	−0.11	0.72
B_5	—	2.95	0.00	2.95	3.06	−0.02	3.06	3.92	−0.08	3.92	6.82	−0.30	6.83
	D	1.48	0.00	1.48	1.48	−0.02	1.48	1.48	−0.05	1.48	1.49	−0.16	1.50

(注:表中 D 代表考虑距离改化,—代表不考虑距离改化,各项的单位为 m。)

表 2-5   **严密转换与近似转换精度比对表(纬度为 45°N)**

波束		经 差											
		0°			0.5°			1.5°			3°		
		ΔX	ΔY	ΔP	ΔX	ΔY	ΔP	ΔX	ΔY	ΔP	ΔX	ΔY	ΔP
B_1	—	0.00	0.00	0.00	0.00	0.00	0.00	0.02	0.00	0.02	0.07	0.00	0.07
	D	0.00	0.00	0.00	0.00	0.00	0.00	0.00	0.00	0.00	0.00	0.00	0.00
B_2	—	0.00	0.00	0.00	0.01	0.00	0.01	0.04	0.00	0.04	0.14	−0.01	0.14
	D	0.00	0.00	0.00	0.00	0.00	0.00	0.00	0.00	0.00	0.00	0.00	0.00
B_3	—	0.06	0.00	0.06	0.07	0.00	0.07	0.19	−0.01	0.19	0.57	−0.04	0.57
	D	0.03	0.00	0.03	0.03	0.00	0.03	0.03	0.00	0.03	0.03	−0.02	0.03
B_4	—	1.41	0.00	1.41	1.47	−0.01	1.47	1.92	−0.06	1.93	3.47	−0.21	3.47
	D	0.70	0.00	0.70	0.70	−0.01	0.70	0.70	−0.03	0.70	0.70	−0.10	0.71
B_5	—	2.94	0.00	2.94	3.01	−0.03	3.01	3.58	−0.09	3.59	5.51	−0.31	5.52
	D	1.47	0.00	1.47	1.47	−0.02	1.47	1.47	−0.06	1.47	1.47	−0.16	1.47

(注:表中 D 代表考虑距离改化,—代表不考虑距离改化,各项的单位为 m。)

表 2-6 严密转换与近似转换精度比对表(纬度为 60°N)

波束		经差												
		0°			0.5°			1.5°			3°			
		ΔX	ΔY	ΔP	ΔX	ΔY	ΔP	ΔX	ΔY	ΔP	ΔX	ΔY	ΔP
B_1	—	0.00	0.00	0.00	0.00	0.00	0.00	0.01	0.00	0.01	0.03	0.00	0.03
	D	0.00	0.00	0.00	0.00	0.00	0.00	0.00	0.00	0.00	0.00	0.00	0.00
B_2	—	0.00	0.00	0.00	0.00	0.00	0.00	0.02	0.00	0.02	0.07	−0.01	0.07
	D	0.00	0.00	0.00	0.00	0.00	0.00	0.00	0.00	0.00	0.00	0.00	0.00
B_3	—	0.06	0.00	0.06	0.06	0.00	0.06	0.12	0.00	0.12	0.31	−0.02	0.32
	D	0.03	0.00	0.03	0.03	0.00	0.03	0.03	0.00	0.03	0.03	−0.01	0.03
B_4	—	1.41	0.00	1.41	1.43	−0.01	1.43	1.66	−0.05	1.66	2.43	−0.16	2.44
	D	0.70	0.00	0.70	0.70	−0.01	0.70	0.70	−0.03	0.70	0.69	−0.08	0.70
B_5	—	2.93	0.00	2.93	2.97	−0.03	2.97	3.25	−0.09	3.26	4.21	−0.26	4.22
	D	1.46	0.00	1.46	1.46	−0.02	1.46	1.46	−0.05	1.46	1.45	−0.13	1.46

(注：表中 D 代表考虑距离改化，—代表不考虑距离改化，各项的单位为 m。)

通过上述分析，可得出如下结论：

(1)子午线收敛角与测点至中央子午线经差和纬度有关，距中央子午线经差越大，纬度越高，子午线收敛角越大。一般来说，应考虑子午线收敛角对坐标变换的影响。

(2)当进行距离改化后，ΔX 和 ΔY 均明显减小，特别在深水环境下；在同一水深处，ΔX 随纬度增大而逐渐减小，ΔY 随纬度增大而略微减小，基本可忽略不计；在同一纬度范围内，ΔX 和 ΔY 均随侧向距增大而增大。

(3)经过计算当水深小于 500m 时，近似转换模型(含距离改化)与精确转换模型差值在毫米范围内，当不对测量距离进行改化时，坐标差值最大在分米范围内。

由近似公式得到的结果与精确模型的结果相差微小，满足水深测量的平面精度要求，在一定程度上减小了计算量。

2.2.5　水下观测量在垂直方向上的表示

陆地高程、海底高程与海洋水深都需要从固定的参考面起算，这些参考面可统称为垂直基准，包括高程基准和深度基准(周立，2013)。

在测量实践中，高程的起算面通常取为某一特定验潮站长期观测水位的平均值——长期平均海面，即定义该面的高程为零，因此具有作为参考面的意义。在我国，高程起算面选定为 1953—1979 年青岛大港验潮站验潮资料 19 年平均海面的滑动平均值，称为"1985 国家高程基准"。

由于受潮汐、海浪和海流等的影响，瞬时海面的位置会随时间发生变化，因此，同一测深点在不同时间测得的瞬时深度值是不一样的。为此，必须规定一个固定的水面作为深度的参考面，把不同时间测得的深度都换算到这一参考面上去，这就是深度基准面(赵建虎，2007）。

为了计算水底点的高程或水深，必须将垂直观测量转化为稳态的水深或高程。一般通过水面高程，消除换能器吃水、上下升沉、潮位的影响后，减去瞬时水深即可得到水底点高程：

$$H_p = h_t - H - h_d + h_v \tag{2.19}$$

式中，H_p 为水底点高程；H 为测量的瞬时水深；h_d 为换能器吃水；h_v 为换能器上下升沉；h_t 为潮高。注意在以高程表示水底点地形时，潮高起算面通常从高程基准面起算。

如果稳态基准面为深度基准面，瞬时水深消除各种影响后，即可得到以深度基准面起算的图载水深：

$$H_w = H + h_d - h_t - h_v \tag{2.20}$$

式中，H_w 为图载水深；h_t 仍为潮高；当以水深表示各点垂直变化情况时，潮高起算面通常从深度基准面起算。

2.3　垂直基准体系与转换

测定水下地形通常是通过测定水面到水底的垂直距离来实现。而水面，特别是海面，在各种环境与动力因素作用下，处于不断的高低起伏变化状态，因此所测定的水深为瞬时深度或瞬时水层厚度。只有将瞬时深度归算至一个特定的非时变参考面，不同时刻测定的水底地形数据才有可比性，或水底地形可以实现可再现观测。也可对水底地形测量成果的表示与应用提供方便，经过向特定参考面归算，水底地形可以直接以稳态深度场的形式，或通过瞬时变化信息恢复的方式，服务不同类型与不同需求的用户。在江、河、湖等较小范围内陆水域，水底地形通常与周边陆地地形采用的高程基准一致。而在海洋上，用于水面动态变化信息归算的参考面有多种选择，不同类型的参考面及其相互转换关系构成海底地形测量垂直基准体系。本节仅论述海底地形测量的垂直基准及在不同基准下动态水深归算的基本思想。

2.3.1　海洋垂直基准

理论上，海底地形测量及其所采用的垂直基准应与陆地地形的基准一致，即高程基准，但陆海区域地形测量方式的差异产生了陆海地形基准的差别化。在传统陆地地形测量中，所采用的高程基准由大地测量所提供的水准网作为表征框架，通过水准测量技术可实现向整个测图区域的高程基准延展，在测站点上利用观测高差的相对测量方式，实现地形碎部点的高程测定。而在海洋上，由于不具备与陆地测量类似的水准观测条件，海底地形观测点的高程也就无法直接确定，而通常采用动态瞬时水深绝对测量和海面高度变化监测的并行技术模式，通过海面变化量监测信息实施瞬时水深向特定垂直基准的归算，获得规定基准中的海底地形点垂向数据。

1. 瞬时深度及与平均深度的关系

传统的海底地形测量以测量船作为海面观测平台，以测深杆或水砣(一端系有重锤的测深索)直接测定海面到海底的距离，或利用声学设备测定测深仪水声换能器(海洋测深的主要传感器)至海底的垂直距离,通过换能器的吃水改正,归算为瞬时海面到海底的距离,即瞬时深度。当今机载激光海底地形测量技术也取得快速进展,通过测定激光发射器发射的两种特定频率的激光束分别自瞬时海面和海底光波返回的时间差获取瞬时深度信息。水下载体成为今后海底地形测量的新型平台,以与水面平台类似的方式,测定载体传感器所在点到海底的深度,而测深传感器以上直至海面的水层厚度,可根据压力传感器或声学传感器测定。这三类技术对海底地形垂向坐标(瞬时水深)的测定原理如图 2-12 所示。

以海面、空中和水下观测平台开展水深测量囊括了海底地形测量的基本样式,但共同点是测定瞬时海面至海底的距离,获得瞬时深度。

海面处于不断变化的动态状态,引起变化的原因主要是海洋潮汐和气象以及除潮汐、海流之外的海洋动力学因素的驱动过程。

海洋潮汐是典型的海洋表面长波波动,主要诱因是月球和天体的引(潮)力作用,并受到海陆地形分布等地理条件制约下的海洋动力学作用,尽管就波动而言,在海洋上呈现出复杂的波动传播特征,在特定地点则反映为海面振动现象,而且这种振动可视为多种频率的简谐项的叠加,每一振动项具有周期性变化规律,进而多频振动和波动分别存在其平衡面,特定地点振动的平衡面即海洋表面平衡态的采样。若在任一地点均实施海面动态变化观测,则通过足够长时间的平均,在滤除这些振动和波动的时变成分后,得到的平均海面即是对平衡态理想海洋面的逼近。

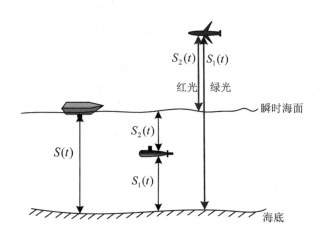

图 2-12　海底地形观测技术示意图

气象和有关海洋动力学过程造成的海面变化在短时间尺度内具有规律性,在一定的空间尺度上具有近似一致性或相似性。在足够长的时间尺度上,这种动态变化表现为随机性特点,且通常无法实现可靠的模型化表示,但通过平均可以实现正负抵消。

变化海面是由长期海面变化平均得到的,可有效消除潮汐作用和其他因素(即非潮汐因素)作用。将海面变化从海底地形测量获得的瞬时深度中剥离出来,就可得到以海洋平衡面为参考的深度,即平均深度。因此,规定平均海面的高度(或深度)数值为零,则构成海面高度变化和平均深度的公共参考面。根据海洋潮汐相关理论,海洋表面时变部分可写为：

$$h(t) = \sum_{i=1}^{I_{\max}} H_i \cos(\sigma_i t + \theta) + r(t) \tag{2.21}$$

式中，t 为时间标记，自参考时刻（$t_0 = 0$）起算；$h(t)$ 为自平均海面起算的海面高度；i 为海面简谐振动项（在潮汐学中称分潮）的序号；$I_{\max}$ 为表示潮汐变化所采用的分潮数；H 为分潮的振动幅度，σ 为分潮相角变化的角速率；θ 为参考时刻的分潮相角；$r(t)$ 为非潮汐海面变化量，即气象和有关海洋动力因素对海面变化的贡献。

根据式（2.21）对海面变化成分的表达，不难发现，鉴于求和号部分各简谐振动（分潮）的周期性，以及非潮汐水位在长时间尺度表现的随机性特点，海面高度 $h(t)$ 在长时间平均意义上为零，即潮高表示的参考面。

平均海面及在该面作为参考面的基础上的海面随时间变化、瞬时测深值的相互关系如图 2-13 所示。

据图 2-13 易知，在瞬时测深值 $S(t)$ 中扣除海面变化量 $h(t)$，即得平均深度 $\bar{S}$，表示为：

$$\bar{S} = S(t) - h(t) \tag{2.22}$$

海底地形测量所测定和表示的主要是海底地貌，即海底起伏要素，需要与测点的二维基面上的位置坐标相联系。因此，将式（2.22）各量标注对应的位置信息，则形成以平均深度场、瞬时深度场和海面变化场的表示形式：

$$\bar{S}(X, Y) = S(X, Y, t) - h(X, Y, t) \tag{2.23}$$

式中，(X, Y) 为海底地形观测点的二维位置坐标，通常采用某种形式的平面投影坐标，或以地理坐标 (B, L) 代替。

以平均海面为参考场表示海底地形，保证了归算的平均深度场具有相同物理意义（海洋平衡面）和几何意义（连续曲面）的参考基准，且平均海面可根据水位观测技术测定或确定。

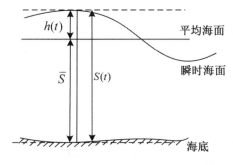

图 2-13　瞬时海面、平均海面与对应深度关系示意图

2. 高程基准中的海底地形

海底地形(地貌)信息所用的参考基准与陆地地形一致时,海底地形可视为陆地地形向海洋区域的自然延伸。然而,因为海洋上高程基准的水准传递困难,以高程基准为参考表征海底地形仍然是海域基本地理信息获取和表达的一种理想化模式,很少应用于海洋测绘实践。

尽管高程基准通常通过验潮站的多年平均海面确定(即定义某验潮站的平均海面高程为零),但作为高程基准面,必然与地球重力场的特征面相联系,实质上高程基准面是过定义点平均海面的大地水准面或似大地水准面。以一个验潮站定义的高程基准属于区域性(国家或地区)高程基准,在规定高程基准为正高系统时,高程基准实际为过所依据验潮站平均海面的重力等位面。而当高程基准属于正常高系统时,高程基准为过验潮站平均海面的区域似大地水准面向陆海区域的延伸。但理论研究表明,在海洋上正高系统和正常高系统的高程基准面仅存在毫米级的差异,在应用中可忽略不计。有时高程基准可称为特定的平均海面,如我国曾采用的"1956黄海平均海面",但其含义仍是过特定验潮站平均海面的局域(似)大地水准面。

实际观测和科学研究都表明,不同地点的平均海面高程存在差异,即在高程系统的表达中,平均海面具有一定量值的起伏,平均海面相对高程基准的这一起伏形态称为海面地形。在特定地点,以海面地形高度 ζ 表示。在中国沿海,海面地形呈现出南高北低的总体趋势,量值的变化范围约为 60cm。而在全球海洋,以全球大地水准面为参照,海面地形的起伏量值范围为 $-1\sim1\mathrm{m}$。

鉴于海面地形是平均海面与高程基准之间的差异,由常规海底地形观测技术下获得平均深度后,即可将参考基准由平均深度换算为高程基准,由此,海底点高程仅需实施如下转换:

$$H(X,\ Y)=\zeta(X,\ Y)\ -\ \bar{S}(X,\ Y) \tag{2.24}$$

也就是说,海面地形是高程基准与平均海面之间的转换量,而海面地形的表示应与平均海面在对应的高程系统或大地水准面相匹配。用作陆海地形的统一描述,海面地形应表示在国家高程基准体系中。

3. 深度基准及与高程基准的联系

海底地形测量在传统意义上由水深测量技术代替,目的主要是保证航海安全,所选择的垂直基准通常是海图深度基准面,简称深度基准面。

深度基准面是一种保守深度参考面,根据当地的潮差,参照平均海面定义。国际海道测量组织最早将深度基准面定性为一个接近当地最低潮位的面,潮位很少落在该面以下。由于不同海区潮汐作用不同,非潮汐水位的影响程度各异,因此不同国家或地区经常将这样的深度基准面选定为一个特征低潮面。选定的基本原则一般有两条:其一,深度基准面要有足够的航海保证率,使得正常情况下潮位在该面以上变化,因此,实际的瞬时深度大于依据该面所归算的水深,即深于海图所载深度,根据海图水深即可依吃水深度判断船舶是否能够安全通行。其二,深度基准面不应确定过低,特别是航道不会因为海图表示的水深过浅而影响航道的利用率。在我国,深度基准面的航海保证率具体规定为95%,具体的保证率指标为在适当长的水位实测时段内，所有低潮高于深度基准面的百分比，即其含义为低潮保证率。接近但不强求百分之百的低潮保证率指标，有效地平衡了深度基准面确定所应满足的保障率与利用率的双重原则。尽管我国和世界其他沿海国一样，并非根据保证率指标，通过验潮站实测水位数据的低潮百分比统计确定深度基准面，而是将保证率作为基准面确定的可行性检测指标之一，但为深度基准面的确定方法提供了基本依据。

世界各沿海国关于深度基准面的具体确定方法多达 20 余种，中国在 1956 年以前在不同海区曾采用不同的确定方法，但最常用的是略最低低潮面计算方法，即取本验潮站处 4 个最大分潮振幅的叠加作为深度基准面的数值。1956 年以后，统一采用理论最低潮面作为深度基准面。严格的做法是求得 4 个主要半日分潮、4 个主要全日分潮、3 个主要浅水分潮(因浅水摩擦作用而产生的浅水域高频海面振动)和 2 个长周期分潮，共 13 个分潮在耦合作用下所达到的最低值。若不计其他强度较小的分潮以及非潮汐因素的海面变化作用，这种方法确定的深度基准面为潮汐作用所及的最低位置，低潮保证率应达到 100%。而顾及海面的其他变化因素，则为低潮保证率留出适当的富余量，与深度基准面确定的基本原则相容(暴景阳，2013)。

当然，自 1995 年开始，国际海道测量组织推荐各会员国采用最低天文潮面作为深度基准面，即根据对潮汐观测数据的分析结果得到的主要分潮规律参数(调和常数)，通过足够长时间(19 年)潮汐预报的最低潮位值作为深度基准数值。同样，这种方法也是在不考虑非潮汐作用情况下得到的最低潮面，与低潮保证率原则相协调，且实际数据的分析计算表明，在中国沿海，用同样分潮数所确定的理论最低潮面和最低天文潮面在数值上仅存在厘米级(小于 5cm)的差异(暴景阳，2006)。最低天文潮面已被越来越多的国家作为海图深度基准面。

深度基准面是通过平均海面标定于验潮站观测设施上，为测区任一点提供相对基准面的瞬时海面时空内插数据，用于瞬时测深数据归算，将深度表示在深度基准面上。

根据前述，深度基准面是相对平均海面表示的，以在平均海面下的距离 L 表示。深度基准面与潮汐振动幅度、平均海面之间的关系如图 2-14 所示。

因为深度基准面位于平均海面之下 L(L 取正值)处，而平均海面在高程基准面之上 ζ(可正可负)处，故深度基准面的高程为：

$$H_{CD} = \zeta - L \qquad\qquad (2.25)$$

式(2.25)也反映了海底地形点在深度基准和高程基准之间的转换关系。在实践中，通常将 $L - \zeta$ 定义为 L_0，在海岸带地形测量数据和水深测量数据相互校核时用于对水域数据的校正。显然，$H_{CD} = -L_0$。

4. 验潮站对垂直基准的维持作用

海洋测绘中，特别是沿岸测绘实践中，垂直基准是由验潮站的相关信息确定、表示和维持的。

不论是采用何种现场观测技术(在海洋测绘中，当今采用自记水位计观测方式居多)，每一验潮站所测定的水位均以本站的零点为观测和记录的参考，对于岸基站，这一零点可统一换算至校核水尺的零点，故可称每站的水位记录零点为水尺零点。因此，水尺零点即是水位数据的基准，这种基准根据观测地点和观测仪器的布设，具有明显的随机性。

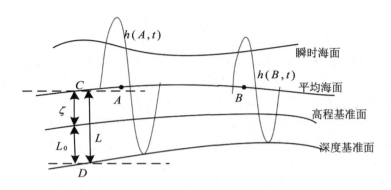

图 2-14　深度基准面与潮汐振动幅度的关系示意图

为监测水尺零点的变化，对于岸基验潮站，通常需要在验潮站附近布设水准点，通过水准点和验潮水尺(或等效设备)之间的定期水准联测可以确定水尺零点的高程，对水尺的沉降变化进行监测和对水位记录进行必要订正。经过订正后，水尺零点的高程为：

$$H_0 = H_{M_k} - h_{0-Mk} \qquad (2.26)$$

式中，H_{M_k} 为水准点高程；h_{0-Mk} 为水尺零点与水准点之间的高差。

当然，上式中的水准点与国家高等级水准网之间应开展水准联测，从而保证各验潮站的水尺零点联系于国家高程基准，达到基准维持的目的。

水准观测结果无法反映陆海垂直运动，因此，为了研究海面趋势性上升等科学问题，这种传统的验潮站基准维持是不够的，当今国际上通常在水准点处实施精密 GNSS 观测，以求得水准点的大地高。若记水准点的大地高为 h_{Mk} ，则有水尺零点的大地高(暴景阳，2016)：

$$h_0 = h_{Mk} - h_{0-Mk} \qquad (2.27)$$

在长期验潮站，实施这种精密大地联测，有助于分析和研究绝对海平面变化，以用于有关生存环境的研究。同时，在大地测量意义上，可用于分析和评判用卫星测高技术测定平均海面的精度。

通过验潮站一定观测时间的水位观测，可以确定自水位零点起算的平均水位。将某一时刻 t 的水位描述为 $h(t)$ ，取等间隔的水位观测序列，考虑到海面涨落的周期性特点，当对适当长时间的水位取平均，或滤除潮汐和其他干扰因素影响后，即得到平均水位，不妨将平均水位记为 $\bar{h}$ 。平均计算所用时间越长，得到的平均水位会越加稳定。因为这种平均水位在海洋中各点具有相同的含义，即潮汐振动的平衡位置。它往往被当作水位的基本参照基准。无论是海上站，还是沿岸站，这样的平均水位都具有重要意义(暴景阳，2009)。在海洋测绘应用中，平均水位通常也称平均海面。

用于海洋测绘的多个验潮站构成水位观测网，各站的平均水位实际上是协调确定的。即由长期验潮站的平均水位作为控制数据，一种做法是认为相同时段的同步观测水位平均值与长期平均值的差异相等，从而归算短期和临时验潮站的平均水位。这样，不仅在平均海面意义上实现验潮站网的基准统一，还可用于海中各站水位零点变化的检测与修复。另外，对于海岛验潮站，还可用于传递高程基准。

通过适当长时间的观测数据，可确定各站平均水位，并可将自水尺零点归算的观测水位化算为以平均海面为参考的水位：

$$h_{\mathrm{msl}}(t) = h(t) - \bar{h} \qquad (2.28)$$

进一步确定深度基准面与平均海面的垂直差异 L 值后，可以得到深度基准在水位零点上的表示值(深度基准对应的刻度值) h_L：

$$h_L = \bar{h} - L \qquad (2.29)$$

以及任一时刻的水位在本站深度基准面上的表达：

$$h_L(t) = h(t) - h_L = L + h_{\mathrm{msl}}(t) \qquad (2.30)$$

这样，就实现了水位在本站深度基准中的表示和维持，直接对应于传统海洋测绘的水位观测与改正服务。

根据水准联测信息，验潮站处平均海面的高程，即可得到海面地形值为：

$$h_{\mathrm{msl}} = \xi = H_0 + \bar{h} \qquad (2.31)$$

验潮站处，多种垂直基准间的相互关系如图 2-15 所示。

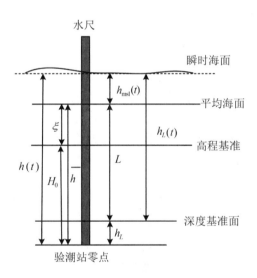

图 2-15 验潮站的垂直基准关系示意图

在海上，潮汐以波动形式传播，即海上任一点在任一时刻的海面高度决定于潮波状态。因为潮波是多种频率分潮波的叠加，故分别以平均海面和深度基准面为参考的瞬时水位，分别简记为 $h_{\mathrm{msl}}(t)$ 和 $h_L(t)$，水位内插则是考虑波的传播特性的时空内插。

当验潮站 A、B 的水位均以平均海面为参考面时，潮波以纯波动形式传播，A、B 连线上任一点 P 的水位高度为：

$$h_{\mathrm{msl}}(P, t) = \frac{S_{PB}}{S_{AB}} h_{\mathrm{msl}}(A, t - \tau_{AP}) + \frac{S_{AP}}{S_{AB}} h_{\mathrm{msl}}(B, t + \tau_{PB}) \qquad (2.32)$$

式中，S 表示下标所指示两点间的距离；τ 为下标所指示两点间潮波传播的时间，即时差。

而当验潮站 A、B 的水位以各自深度基准面为参考面时，P 点的水位高度为：

$$
\begin{aligned}
h_L(P,\ t) &= \frac{S_{PB}}{S_{AB}} h_L(A,\ t - \tau_{AP}) + \frac{S_{AP}}{S_{AB}} h_L(B,\ t + \tau_{PB}) \\
&= \frac{S_{PB}}{S_{AB}} L(A) + \frac{S_{AP}}{S_{AB}} L(B) + \frac{S_{PB}}{S_{AB}} h_{\mathrm{msl}}(A,\ t - \tau_{AP}) + \frac{S_{AP}}{S_{AB}} h_{\mathrm{msl}}(B,\ t + \tau_{PB}) \\
&= L(P) + h_{\mathrm{msl}}(P,\ t)
\end{aligned}
\tag{2.33}
$$

式(2.33)描述了根据验潮站水位观测数据实施测区水位时空内插的基本原理。由此可见，在这种时空内插模式下，测区内各点的基准一般与验潮站的基准不同，但仍是由验潮站控制的，且满足线性空间内插关系。公式表达的是传统水位曲线内插技术的数学模型，国际上称连续分带法，国内称时差法。只要确定验潮站水位的时差，以及内插点与验潮站的空间配置，即可恢复所需点的水位。但在传统水位控制技术中，通常是根据两站的最大潮差，按限差指标要求(通常 10cm)，在验潮站连线上设定若干离散的虚拟观测点 P_i，内插出这些离散点的水位变化曲线。每一内插点及实际观测站的水位代替周边一定范围的海面变化，提供多站水位序列(曲线)，在这种情况下，站间的深度基准必然反映为阶梯形态，此为传统分带法。换言之，传统分带法的基准是由验潮站控制和维持，在空间区域上，按适当小的垂直分辨率进行了离散分割。当然，不同验潮站采用的基准不处于统一体系，或处于统一体系，但基准的低潮面含义不相匹配时，基准的偏差同样在控制区域内进行了分配。

比较式(2.32)和式(2.33)还可发现，式(2.32)是式(2.33)的特例，即当验潮站的水位均以本站平均海面为参考面时，在验潮站控制的连线上实际实现了平均海面的连续恢复，经水位改正后的平均深度含义具有一致性。而在长期验潮站的控制下，短期和临时验潮站的平均水位可以得到高精度确定，所依据的原理是在一定的空间范围内，同步的短期平均海面与多年平均海面的差异(短期距平)具有良好的一致性。各站的平均海面可通过同步观测信息统一纳入多年平均海面表征体系。

验潮站间的水位内插还存在另一种表示模型，当以平均海面为参考面表示水位时，内插点 P 的水位变化过程描述为：

$$
h_{\mathrm{msl}}(P,\ t) = \gamma_{AP} h_{\mathrm{msl}}(A,\ t - \tau_{AP})
\tag{2.34}
$$

而当采用其他类型垂直基准，比如深度基准时为：

$$
h_L(P,\ t) = \varepsilon_{AP} + \gamma_{AP} h_L(A,\ t - \tau_{AP})
\tag{2.35}
$$

式(2.34)和式(2.35)中，γ_{AP}、τ_{AP} 分别代表内插点与参考验潮站的潮差比和潮时差参数，而 ε_{AP} 为基准偏差参数。这些参数需要通过 A、B 验潮站的水位过程配准，并对配准参数进行空间内插确定。所内插的水位以及改正的水深点的垂直基准对应地为参照站 A 采用的基准框架。

当水位观测数据均以国家高程基准为参考面时，水位相应地可记为：

$$
H(t) = h_{\mathrm{msl}}(t) - \zeta
\tag{2.36}
$$

只有海面地形在一定区域范围内具有线性变化特征时，才可以用 $H(t)$ 替换 $h_L(t)$，利用式(2.33)将水下地形垂直分量归算为高程,实现陆海基准在水位归算层面的统一。

对于一定区域的测区范围,需将两站的水位估算模式扩展为三站模式(多站时,对区域范围做三角剖分)。归算及海底地形数据的基准仍与验潮站观测数据所采用的参考面相同。

2.3.2 海洋垂直基准的转换与统一

传统海洋测绘以深度基准为最基本的参考面,采用即建即用的基准服务模式。在现代大地测量技术与海洋测绘成果积累的支持下,有必要建构系统化的垂直基准与转换技术体系,形成海洋测绘垂直基准基础设施。

平均海面是理想化的海洋平衡面在实际观测数据支持下的近似,或者是可以直接观测和描述的客观实体。但由验潮站(包括海底水位计)所观测的平均水位仅是由多个独立垂直基准(水尺零点)表征的非统一基准下的离散平均海面高采样值。尽管根据前述,可以通过验潮站的基准确定信息,将水位表达在平均海面或其他基准面等参考面体系,但这种归算和转换的范围只限于验潮站(网)所控制的一定区域内(暴景阳,2001)。

卫星测高技术以及海面浮标观测技术能够在大地坐标系中测定海面相对地球椭球面的高度,进而通过平均,将全球或区域平均海面表征为相对地球椭球面的起伏。这样,地球椭球面就构成了更高一层级的基准面,即大地高系统的高程起算面,且具有光滑和可严密数学表达的特性。利用地球椭球面与海洋测绘有关垂直参考面的关系,对海洋测绘各垂直参考面就赋予了大地测量学含义。其中,卫星测高技术提供了平均海面高分辨率表示的基础观测信息,可构建平均海面高模型,它是与经纬度等二维坐标相联系的平均海面高度数据集,可记为 $h_{msl}(B, L)$。而海上 GNSS 浮标观测的平均海面可作为平均海面高模型的外部精度检核、校准数据。

在以地球椭球面为底层参考面的表征体系(FIG, 2006)下,同样存在着大地水准面的表达方式,将随地点变化的大地水准面高表示为 $N(B, L)$。大地水准面高的确定通常是根据物理大地测量学的基本原理,以各种现场观测的或卫星测高数据反演的重力异常(或垂线偏差)为输入量,通过积分求解。当然大地水准面具有全球唯一性,但在应用中,总是通过地面观测数据的控制,建构起与国家高程基准相容的区域似大地水准面,作为局域高程基准的模型维持方式,且在海洋区域,这种区域大地水准面和似大地水准面可不作区分。因此,这种区域似大地水准面即是陆海统一的高程参考面(暴景阳,许军,崔杨,2013)。

在国家高程基准体系中,平均海面与大地水准面之间的差异即海面地形,因此,海面地形模型可表示为:

$$\zeta(B, L) = h_{mss}(B, L) - N(B, L) \tag{2.37}$$

海面地形与海洋定常流系、海水温度、盐度分布的水平差异存在密切关系,因此,也可以通过海洋学方法计算确定,或者通过海洋学方法与大地测量方法联合确定。

在平均海面高模型的支持下，可将深度基准面表示在大地高程系统中，即

$$h_L(B, L) = h_{mss}(B, L) - L(B, L) \tag{2.38}$$

深度基准面所表达的相对椭球面起伏模型，称为深度基准面与地球椭球面的垂直偏差模型（分离模型）。

深度基准面作为与潮差密切相关的信息，可以根据全球或区域潮汐模型计算确定，而潮汐模型根据验潮站数据和卫星测高数据分析获得的调和常数，融合（同化）于海洋动力学方程的构建（暴景阳，许军，2013）。

将以平均海面为参考面的水位归算至国家高程基准，水位表示的基准差异为海面地形，即

$$H(B, L, t) = h_{msl}(B, L, t) - \zeta(B, L) \tag{2.39}$$

相应地，海底地形点的垂直分量（属性值）由平均深度变换为高程：

$$H_{floor}(B, L) = \zeta(B, L) - \bar{S}(B, L) \tag{2.40}$$

在此，$H_{floor}(B, L)$ 和 $\bar{S}(B, L)$ 分别表示海底地形点高程和平均深度。

当然，传统水深测量作业模式通常不以平均海面为水位归算和水深表示的基准，尽管这种表示在实践中具有更好的水深可显现性；而是以面向航海图为最终产品的策略，直接以深度基准面为参考面。于是，水深与海底地形点高程的转换关系为：

$$H_{floor}(B, L) = \zeta(B, L) - L(B, L) - \bar{S}(B, L) \tag{2.41}$$

其中，$\zeta(B, L) - L(B, L)$ 为高程基准和深度基准之间的转换量。

需要说明的是，因为大地水准面或似大地水准面决定于地球重力场属性，所以不区分陆地与海洋的垂直参考面。而海洋区域采用的常规深度基准决定于海洋动力学效应，仅应用于海洋区域，因此，所谓高程基准与深度基准转换、高程数据与深度数据转换均是深度基准向高程基准和深度数据向高程数据的单向转换。

在现代技术条件下，高精度 GNSS 三维精密定位信息和水深观测量的综合利用为海底地形点的大地高观测提供了现实可行性，并且正在成为海底地形测量的主流技术。在这类海底地形数据获取和管理模式下，可将海底地形信息转换为任一所需的垂直基准。

海底地形点的大地高转换为国家高程基准中的高程所需实施的变换为：

$$H_{floor}(B, L) = N(B, L) - h_{floor}(B, L) \tag{2.42}$$

而将海底地形点的大地高转换为常规的海图水深，可按以下两种方式实施基准变换：

$$D(B, L) = N(B, L) - L_0(B, L) - h_{floor}(B, L) \tag{2.43}$$

$$D(B, L) = h_{mss}(B, L) - L(B, L) - h_{floor}(B, L) = h_L(B, L) - h_{floor}(B, L) \tag{2.44}$$

利用多种观测技术构建不同垂直基准间的转换模型，以验潮站形成控制框架，形成现代海洋测绘的垂直基准基础设施，对海底地形信息获取、表示和应用服务将发挥日益重要的作用（International Federation of Surveyors，2006）。与传统海道测量所描述的基准与相关归算问题的不同点主要表现在：综合应用地球形状的不同级别近似面，顾及海洋动态变化

机理，以曲面形态扩展至更广阔的海洋范围，整体性表示不同参考面及相互联系。各种参考面与海底表面的关系如图 2-16 所示。

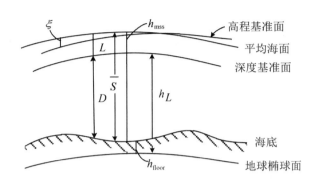

图 2-16　海底地形表面与各种参考面关系示意图

在海洋垂直基准表示和变换中，平均海面发挥着重要作用。从物理意义上来看，它是现实的海洋界面；从测量技术角度来看，它可以高精度测定。而大地水准面、深度基准面以及海面地形确定都将受到其他更多的误差源干扰。

第3章　水声学与水声技术基础

海底地形是海底地貌和地物的总称，海底地貌反映了海底的起伏变化形态，而地物包括人工设施和与周边总体地表起伏存在变化趋势差异的特征物，如暗礁、沟槽等，由于水层阻隔，往往不能对海底地物进行预判和有针对性观测，而只能通过探测技术予以识别。因此，无论是地貌形态，还是特征地物，总是通过某种物理机制的距离测量方式实施探测，即根据测距方式实现海底信息定位，同时水中测距还为相关载体的位置确定提供技术手段。

电磁波在真空和空气中具有优良的传播特性，却不能有效穿透液体。人类在生产和生活实践中发现了声波(含超声波)具有在水中传播的良好特性，因此，自20世纪初以来的100多年，声波探测逐渐取代传统的人工器具测深，成为海底观测的主要手段，也为水下定位与导航、海洋监测等提供了广泛的服务。本章的目的是介绍水声学和水声技术的基本原理，为后续内容奠定必要的理论和技术基础。

3.1　水声学基本原理

3.1.1　声波的基本概念

声波表现为弹性介质中压力场的微小振动，主要指介质微团(姑且理解为质点)沿压力场变化方向向前和向后小幅度运动，介质微团围绕平衡位置往复运动时引起邻域内介质的压缩和舒张，使连续介质形成稠密和稀疏两种空间分布状态，从而在压力场变化方向上介质的压缩与舒张状态相互交替变化，形成压力场变化或介质状态变化的波动式传播，这种波动即声波(含超声波，以下略)。压力的变化产生于振动源，即声源。因此声波产生的条件为振动源和连续弹性介质，二者缺一不可。显然，声波是以纵波的形式传播的，如图3-1所示。

值得说明的是，声波的传播是振动源引起的压力变化场中介质稠密和稀疏状态的传播，而不是介质本身的大范围运动。显然，声波是一种机械波，而且是纵波。

当振源做周期性的振动时，所产生的声波也是周期性的。振源(声源)的振动频率就是声波传播的频率，记为频率f。无论是纵波，还是横波，其波动方程均可描述为：

$$P(x,\ t) = P_m(x)\cos(2\pi f t + \theta) \tag{3.1}$$

式中，x为空间位置，对于声波传播的直线、平面或三维空间，其位置分别为对应维度的坐标；t为时间；$P_m(x)$为x处的声压幅值；θ为与位置x有关的振动相位。

声波的传播速度决定于传播介质的类型及其变化，而与声波的频率无关。当然不同的

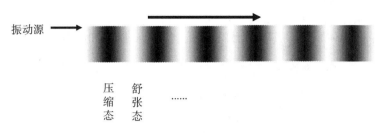

振动源 →

压	舒	
缩	张	……
态	态	

图 3-1 声波产生及传播示意图

声波频率对应于不同的波长 λ，频率为 f 的声波的周期为：

$$T = \frac{1}{f} \tag{3.2}$$

记声波传播速度为 c，则波长与频率和周期的关系为：

$$\lambda = c \cdot T = \frac{c}{f} \tag{3.3}$$

和光波、电磁波一样，声波按频率分类。通常频率介于 $20 \sim 20000\,\text{Hz}$ 的声波为可听声波，而频率低于和高于该频段的声波分别为次声波和超声波。现代声学研究声波频率的范围已达 $10^{-4} \sim 10^{14}\,\text{Hz}$。

声波在其传播的空间区域形成声场，声波传播的方向称为声线，其轨迹称声线轨迹。在声场中某一时刻介质质点振动相位（位移）相同的点构成波振面。在均匀介质中波阵面可呈球形、平面和柱面等形态，分别称为球面波、平面波和柱面波。不同类型波阵面的声波决定于声源的几何和物理结构。当然，在非均匀介质中，在声波传播的过程中波阵面和声线轨迹均存在变形。而在距离声源一定距离外，球面波可近似视为平面波。

瞬时声压的最大值称为峰值声压，对于固定频率的简谐声波，其最大声压为式(3.1)中的声压幅值 $P_m(x)$。而定义一个周期内的平均声压为有效声压 P_e：

$$P_e = \sqrt{\frac{1}{T} \int_0^T P^2(t)\,\mathrm{d}t} \tag{3.4}$$

根据式(3.1)的声波表达式，容易推得：

$$P_e = \frac{P_m}{\sqrt{2}} \tag{3.5}$$

在声波频率和传播速度给定的情况下，式(3.1)可进一步写为：

$$P(x,\,t) = P_m(x)\cos\left[\omega(t - x/c)\right] \tag{3.6}$$

3.1.2 声波方程

声波表达式实际上是声波应满足的物理规律，即数学物理方程的解。根据数学物理方程基本理论，一维波动方程的一般形式为：

$$\frac{\partial^2 p}{\partial x^2} - \frac{1}{c^2}\frac{\partial^2 p}{\partial t^2} = 0 \tag{3.7}$$

该方程可推导如下：

1. 运动方程

在声场中取一小体积元，其横截面积为 S ，长度为 $\mathrm{d}x$ ，如图 3-2 所示。

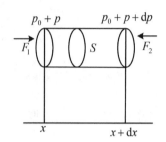

图 3-2　介质单元的声传播结构示意图

声在传播过程中，声压 p 随位置 x 而变化，显然，介质被压缩的部分声压大，而舒张部分的压力小。故体积元(以下简称"体元")左右两侧所受声的作用力不相等，合力使得体积元沿 x 轴由压力大到压力小的方向运动。设体元左侧压强为 $p_0 + p$ ，受力为 $F_1 = (p_0 + p) \cdot S$ ，右侧压强和受力分别为 $p_0 + p + \mathrm{d}p$ 和 $(p_0 + p + \mathrm{d}p) \cdot S$ ，其中声压增量为 $\mathrm{d}p = \dfrac{\partial p}{\mathrm{d}x} \cdot \mathrm{d}x$ ，则体元的综合受力为：

$$\mathrm{d}F = F_1 - F_2 = -\frac{\partial p}{\mathrm{d}x} \cdot S \cdot \mathrm{d}x \tag{3.8}$$

顾及体元质量 $\rho \cdot S \cdot \mathrm{d}x$ （ ρ 为介质密度），加速度描述为 $a = \dfrac{\mathrm{d}v}{\mathrm{d}t}$ （其中， v 为质点振动速度，注意并非声速），则根据牛顿第二运动定律有

$$\rho S\mathrm{d}x \frac{\mathrm{d}v}{\mathrm{d}t} = -\frac{\partial p}{\partial x} S\mathrm{d}x$$

即

$$\rho \frac{\mathrm{d}v}{\mathrm{d}t} + \frac{\partial p}{\partial x} = 0 \tag{3.9}$$

当然，在此体元的加速度应分解为：

$$\frac{\mathrm{d}v}{\mathrm{d}t} = \frac{\partial v}{\partial x}\frac{\mathrm{d}x}{\mathrm{d}t} + \frac{\partial v}{\partial t} = v\frac{\partial v}{\partial x} + \frac{\partial v}{\partial t} \tag{3.10}$$

式(3.10)中，右端第一项的含义是由于介质在压缩和舒张状态下的不均匀性，质点运动速度随距离的变化率，而第二项为声速随时间的变化率。第一项实际为二阶向量，忽略时，运动方程为：

$$\rho \frac{\partial v}{\mathrm{d}t} + \frac{\partial p}{\partial x} = 0 \tag{3.11}$$

2. 连续方程

连续方程实质上是介质质量守恒定律的数学表达式。在流体介质中，单位时间内流入

与流出体积元的质量差为净质量的增加或减少。根据图 3-2，单位时间内自左侧流入介质的质量为 $\rho \cdot v \cdot S$，而从右侧流出的质量为 $\left[\rho \cdot v + \dfrac{\partial(\rho v)}{\partial x}\mathrm{d}x\right] \cdot S$，则介质质量的增量为 $\dfrac{\partial \rho}{\partial t}\mathrm{d}x \cdot S$。因此，

$$\frac{\partial \rho}{\partial t} + \frac{\partial}{\partial x}(\rho v) = 0 \tag{3.12}$$

连续方程描述了介质质点振速 v 与介质密度及其变化量之间的关系。

3. 物态方程

在没有声扰动时，介质内某小体积元的物理状态可以用静态压强 p_0、密度 ρ_0、温度 T_0 描述。当介质存在声波时，介质质点发生了压缩、膨胀的交替变化。这种介质状态的变化可由热力学状态方程描述。对于绝热过程，可认为压强 p 仅是密度 ρ 的函数 $p = p(\rho)$。由声扰动所引起的压强 p 和密度 ρ 的微小增量满足 $\mathrm{d}p = \dfrac{\mathrm{d}p}{\mathrm{d}\rho}\mathrm{d}\rho$，由于 $\mathrm{d}p$ 与 $\mathrm{d}\rho$ 的变化趋势相同，故总有 $\dfrac{\mathrm{d}p}{\mathrm{d}\rho} > 0$，不妨定义

$$\frac{\mathrm{d}p}{\mathrm{d}\rho} = c^2 \tag{3.13}$$

在声学理论中，可以证明该式中的参数 c 为声波在特定介质（密度 ρ）中的传播速度，即声速。

记 $p' = p - p_0$ 为声压相对静态声压 p_0 的变化量，同样 $\rho' = \rho - \rho_0$ 为密度相对静态密度的变化量，则声压可由 Taylor 级数展开表示为：

$$
\begin{aligned}
p' &= p - p_0 \\
&= \left(\frac{\partial p}{\partial \rho}\right)_S (\rho - \rho_0) + \frac{1}{2}\left(\frac{\partial^2 p}{\partial \rho^2}\right)_S (\rho - \rho_0)^2 + \cdots \\
&= c_0^2(\rho - \rho_0) + \frac{1}{2}\left(\frac{\partial c_0^2}{\partial \rho}\right)_S (\rho - \rho_0)^2 + \cdots \\
&= A\frac{\rho - \rho_0}{\rho_0} + \frac{1}{2}B\left(\frac{\rho - \rho_0}{\rho_0}\right)^2 + \cdots
\end{aligned}
\tag{3.14}
$$

式中，下标 S 表示等熵过程；c_0 是小信号（压力和密度的变化与其静态值比较均非常小）的声速；$A = \rho_0 c_0^2$，$B = \rho_0\left(\dfrac{\partial c_0^2}{\partial \rho}\right)_S$。

在忽略二阶以上项时，式（3.14）简化为：

$$\rho' c_0^2 = (\rho - \rho_0)c_0^2 = p \tag{3.15}$$

4. 声波方程

考虑密度变化为小信号变化，在式（3.12）中，将 ρv 改写为 $\rho_0 v$，并将式（3.15）代入式（3.12）中，得：

$$\frac{1}{c_0^2} \frac{\partial p}{\partial t} + \rho_0 \frac{\partial v}{\partial x} = 0 \tag{3.16}$$

进一步对时间变量 t 求导,得:

$$\frac{1}{c_0^2} \frac{\partial^2 p}{\partial t^2} + \rho_0 \frac{\partial^2 v}{\partial x \partial t} = 0 \tag{3.17}$$

式(3.11)进一步对空间变量 x 求导,得:

$$\rho_0 \frac{\partial^2 v}{\partial x \partial t} + \frac{\partial^2 p}{\partial x^2} = 0 \tag{3.18}$$

组合式(3.17)和式(3.18),有:

$$\frac{\partial^2 p}{\partial x^2} - \frac{1}{c_0^2} \frac{\partial p}{\partial t} = 0 \tag{3.19}$$

考虑到密度和压力仅存在小幅变化,从而静态介质中的声速可代换为变化声速,即 c_0^2 可改写为 c^2,则由式(3.7)所描述的声波方程是数学物理方程中所研究的通用形式的波动方程。当然,该方程是在忽略了二阶以上微小量后得到的,为线性声波波动方程,有其赖以成立的前提条件。

将声场的范围由一维空间扩展至三维空间,可得到无限空间中各向同性理想流体介质中的球面波的波动方程:

$$\frac{1}{C^2} \frac{\partial^2 p}{\partial t^2} = \frac{\partial^2 p}{\partial x^2} + \frac{\partial^2 p}{\partial y^2} + \frac{\partial^2 p}{\partial z^2} = \Delta p = \nabla^2 p \tag{3.20}$$

其中,$\Delta(\cdot) = \nabla^2(\cdot)$ 为 Laplace 算子。

5. 声波方程的解

根据数学物理方程基本理论,式(3.19)所表达的一维声波方程的解为:

$$p(x, t) = f_1(x - c_0 t) + f_2(x + c_0 t) \tag{3.21}$$

其中,f_1 和 f_2 是任意函数,而这成为波动方程解的条件是它们具有一阶和二阶导数且连续。将式(3.21)代入式(3.19),不难验证满足该声波方程。由 $f_1(x - c_0 t)$ 可见,当 $x - c_0 t$ 为常数时,函数值 $f_1(x - c_0 t)$ 为不变;特别是当 $x - c_0 t = 0$ 时,表明 $x_0 = 0$ 的函数向 x 方向移动 $c_0 t$,即 $f_1(x - c_0 t)$ 为向 x 正向传播的声波,而第二项则表示反向传播的声波。根据物理意义及应用,一般仅关注正向声波。以后将进一步说明,若将 x 方向作为直角坐标系的一个轴向,这种沿一维的声波即为平面波。

将正向波代入运动方程,则有:

$$\rho_0 \frac{\partial v}{\partial t} = -\frac{\partial p}{\partial x} = -f_1'(x - c_0 t) \tag{3.22}$$

f_1' 为 f_1 对时间 t 的导数,对时间积分得:

$$\rho_0 v = \frac{1}{c_0} f_1(x - c_0 t) = \frac{p_1}{c_0} \tag{3.23}$$

从而,介质运动速率为:

$$v = \frac{p}{\rho_0 c_0} \quad 或 \quad \frac{p}{v} = \rho_0 c_0 = Z_0 \tag{3.24}$$

式中，Z_0 称为介质的特性阻抗，是介质的固有属性，与波形和频率无关；在水中，$c_0 \approx 1500\text{m/s}$，$\rho_0 \approx 1000\text{kg/m}^3$。

根据 Fourier 分析的基本理论，任何时间函数 $f(t)$ 都可分解为简谐项之和，因此，稳定函数（波形）都可通过 Fourier 分量求得其特性，特别是在本书的研究体系中，所考虑的都是固定频率的声波。正向传播的声波通常写为：

$$p(x,\ t) = p_m(x)\cos(\omega t - kx) \tag{3.25}$$

式中的相关参数已在 3.1.1 中描述，只是在此需要进一步明确 $k = \dfrac{\omega}{c_0} = \dfrac{2\pi}{\lambda}$。

为了对声压（以及质点速度）等声场主要场量的分析计算方便，常常采用复数表示法，即将式（3.25）改写为：

$$p(x,\ t) = p_m(x) \cdot \text{Re}\left[e^{j(\omega t - kx)} \right] \tag{3.26}$$

因为所研究的场量为实数，在运算过程中，往往省略取实部符号，其意义仍理解为在计算后，采用实部的推演结果。

研究三维空间中的波动问题，首先要对声波方程（3.20）求解，而方程的求解一般利用球坐标系。

球坐标 $(r,\ \theta,\ \varphi)$ 与空间直角坐标 $(x,\ y,\ z)$ 之间的关系见图 3-3，相互转换式为：

$$\begin{cases} x = r\sin\theta\cos\varphi \\ y = r\sin\theta\sin\varphi \\ z = r\cos\theta \\ r = \sqrt{(x^2 + y^2 + z^2)} \\ \theta = \arctan\dfrac{\sqrt{(x^2 + y^2)}}{z} \\ \varphi = \arctan\dfrac{y}{x} \end{cases} \tag{3.27}$$

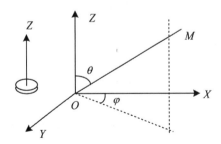

图 3-3　球面坐标系与空间直角坐标系

在球坐标系下，拉普拉斯算子变形为：

$$\Delta = \frac{\partial^2}{\partial r^2} + \frac{2}{r}\frac{\partial}{\partial r} + \frac{1}{r^2\sin\theta}\left[\frac{1}{\sin^2\theta}\frac{\partial^2}{\partial\varphi^2} + \frac{\partial^2}{\partial\theta}\left(\sin\theta\frac{\partial}{\partial\theta}\right) \right] \tag{3.28}$$

这类数学物理方程求解的常用方法之一是分离变量法，其基本思想是将场函数（如声学问题中的声压场 $p(r, \theta, \varphi, t)$）描述为空间变量时变函数的乘积，代入方程，根据初值条件和边值条件求解。

在球坐标系下，将声源置于坐标系的原点，则对于均匀声介质，声源振动产生的声波向空中传递，时间参量仅与距离有关，因此，可将声压分解为如下形式：

$$p(r, \theta, \varphi, t) = R(r, t) \cdot H(\theta) \cdot \Psi(\varphi) \tag{3.29}$$

对于点声源，显然其产生的声场向周边均匀介质辐射与方向无关，因此，拉普拉斯算子中只需解关于 r 的部分 $\Delta = \dfrac{\partial^2}{\partial r^2} + \dfrac{2}{r}\dfrac{\partial}{\partial r}$。

波动方程在分离变量后变为 $\dfrac{\partial^2 p(r,t)}{\partial r^2} + k^2 p(r,t) = 0$。

其中，k^2 是分离变量过程中引入的积分常数，而对于简谐波，$k = \dfrac{\omega}{c_0} = \dfrac{2\pi}{\lambda}$，而方程的形式解为：

$$p(r, t) = R(r, t) = \frac{A}{r}\cos(\omega t - kr) = \frac{A}{r}\mathrm{Re}[e^{i(\omega t - kr)}] \tag{3.30}$$

与平面声波具有等同的形式。

点声源是一种理想化的声源模型，而实际应用中，声源均具有某种对称的几何形状，产生的声波也具有对称性，一般考虑与 φ 无关，即关于 θ 对称，其解的形式即取

$$p(r, \theta, t) = R(r, t) \cdot H(\theta) \tag{3.31}$$

3.1.3   声能、声强级

1. 声强与声能

声强（acoustic intensity）定义为单位时间内通过单位面积的声能量，即单位面积内声压驱动介质运动所做的功：

$$I = \frac{1}{T}\int_0^{\mathrm{T}} pv\,\mathrm{d}t \tag{3.32}$$

顾及自由行波中，$v = \dfrac{p}{\rho_0 c_0}$，则

$$I = \frac{1}{T}\int_0^{\mathrm{T}} \frac{p^2}{\rho_0 c_0}\mathrm{d}t = \frac{1}{\rho_0 c_0} \cdot \frac{1}{T}\int_0^{\mathrm{T}} p_m^2 \cos^2(\omega t - kx)\,\mathrm{d}t = \frac{p_e^2}{\rho_0 c_0} \tag{3.33}$$

它表明声强与（有效）声压的平方成正比。

定义声能密度为 W（单位面积的声能），是单位面积上声波动能和势能的总和，写为：

$$W = \frac{1}{2}\frac{p^2}{\rho_0 c_0^2} + \frac{1}{2}\frac{p^2}{\rho_0 c_0^2} = \frac{p^2}{\rho_0 c_0^2} \tag{3.34}$$

故有

$$I = c_0 W \tag{3.35}$$

2. 声强级

定义某点声强 I 与参考（基准）声强 I_{ref} 比值的常用对数的 10 倍为声强级（acoustic intensity level，IL），单位是分贝，记为 dB。

$$\mathrm{IL} = 10\lg \frac{I}{I_{\mathrm{ref}}} = 10\lg \frac{p_e^2}{p_{\mathrm{ref}}^2} = 20\lg \frac{p_e}{p_{\mathrm{ref}}} \tag{3.36}$$

实际上，分贝是声强级差的单位，声强级差指任意两个声强的如下函数关系：

$$\Delta\mathrm{IL} = 10\lg \frac{I_2}{I_1} \tag{3.37}$$

能量比(同时为强度比)的常用对数为贝尔数，"级"的这一单位是为纪念电话的发明人贝尔而设立的。对级的单位乘以 10 则换算为分贝，故有上述声强级定义。分贝是理论计算和实验测量能够精确的能级差。

对于液体，声压的参考单位通常取为 $p_{\mathrm{ref}} = 1\mu\mathrm{Pa}$。

3.2 声速与声传播

3.2.1 水中声速

根据声学基本理论，声速是声波的波阵面(声压的等相位面)在单位时间内的传播距离，且为声波方程中的参量。它是声传播介质的固有属性，理论上，在液体中，声速决定于介质的弹性模量 k (在有的著作中记为 D)和介质密度 ρ，表达为：

$$c = \sqrt{\frac{k}{\rho}} \tag{3.38}$$

对于纯水，在 20℃的绝热过程中，$\rho = 998\mathrm{kg/m^3}$，$k = 2.18 \times 10^9\mathrm{N/m^2}$，可计算出声速为 $c = 1478.0\mathrm{m/s}$。对于海水而言，在 20℃的绝热过程中，$\rho = 1023.4\mathrm{kg/m^3}$，$k = 2.28 \times 10^9\mathrm{N/m^2}$，得在该特定情况下的声速为 $c = 1492.6\mathrm{m/s}$。

实际的海洋等水体的弹性模量和密度是可变的，变化的原因与所处位置的压力、温度和盐度等因素有关，因此，难以用上述公式准确确定声速，一般采用与几种外界因素(作为参数)相关的经验公式计算，或用相应的技术手段直接观测。具体的经验公式主要有：

伍德公式：

$$c = 1410 + 4.21T - 0.037T^2 + 1.14(S - 35) + 0.0175Z \tag{3.39}$$

马武列尔公式：

$$c = 1400 + 4.4T - 0.0165T^2 + (1.2 - 0.015T)(S - 35) \tag{3.40}$$

代尔-格洛索公式：

$$\begin{aligned} c = {} & 1448.6 + 4.618T - 5.23 \times 10^{-3}T^2 + 2.3 \times 10^{-4}T^3 + 1.25(S - 35) + \\ & + (-1.1 \times 10^{-2}T + 2.7 \times 10^{-3}T^4)(S - 35) \\ & - 2 \times 10^{-7}(1 + 0.577T - 7.2 \times 10^{-3}T^2(S - 35)4 \end{aligned} \tag{3.41}$$

威尔逊公式：

$$c = 1449.22 + \Delta c_T + \Delta c_S + \Delta c_P + \Delta c_{\mathrm{STP}} \tag{3.42}$$

其中：$\Delta c_T = 4.6233T - 5.4585 \times 10^{-2}T^2 + 2.822 \times 10^{-4}T^3 - 5.07 \times 10^{-2}T^4$

$$\Delta c_S = 1.391(S - 35) - 7.8 \times 10^{-2} (S - 35)^2$$

$$\Delta c_P = 0.160518P + 1.0297 \times 10^{-5}P^2 + 3.451 \times 10^{-9}P^3 - 3.503 \times 10^{-12}P^4$$

$$\Delta c_{\mathrm{STP}} = (S - 35)(- 1.197 \times 10^{-3}T + 2.61 \times 10^{-4}P - 0.196P^2 - 2.09 \times 10^{-6}P \cdot T)$$
$$+ P(- 2.796 \times 10^{-4}T + 1.3302 \times 10^{-5}T^2 - 6.644 \times 10^{-8}T^3)$$
$$+ P^2(- 0.2391T + 9.286 \times 10^{-10}T^2) - 1.745 \times 10^{-10}P^3 \cdot T$$

而国际海道测量组织海道测量手册(2005)中引用的声速公式(Kinsleretal, 1982)为:

$$c = 1449.05 + [4.57 - T(0.0521 - 0.00023 \cdot T)]T$$
$$+ [1.333 - (T(0.0126 - 0.00009 \cdot T)](S - 35)$$
$$+ 0.0163Z[1 - 0.0026\cos(2\varphi)] + 0.18 \times 10^{-6}[1 - 0.0026\cos(2\varphi)]^2 \qquad (3.43)$$

陈永奇等(1991)引用的公式为:

$$c = 1449.2 + 4.6T - 0.055T^2 + 0.00029T^3 + (1.34 - 0.010T)(S - 35) + 0.168P$$
$$\qquad (3.44)$$

在以上诸式中,水温 T 的单位是℃;盐度 S 的单位是千分比(‰);压强 P(不能混于声压 p)的单位是标准大气压,即以 1023 帕为基本单位;深度的单位为米(m);而声速的单位为 m/s。

作为经验公式,尽管以上各式对声速关于温度 T、盐度 S 和静水压力 P(在部分公式中等效为深度 Z)的关系描述不同,声速对各参量的偏导数相近,而且对各参量的导数均为正值,反映了声速变化与各参量相同趋势的变化关系。当静水压力(深度)不变时,温度每升高 1℃,声速增量约为 4.5m/s,而盐度变化 1‰,声速变化 4.5m/s。在温度为 0℃,盐度为 35‰的条件下,深度每增加 100m,声速的量约为 1.5m/s。

在海洋中,温度、盐度和静水压力都与深度具有相依关系,呈现出垂向变化梯度,即具有大体的水平一致性。随深度的增大,各参量的垂直变化状态趋于稳定,扰动变化主要出现在表层,且经常出现声速梯度的相反趋势变化。海水中的声速变化范围总体为 1430~1458m/s。

海水中的气泡对海水中声波的影响使得声波的传播速度减小。海水中由于气泡的存在,海水的体积压缩变得容易,即体积压缩系数 β 变大了,同时海水的密度 ρ 变小,由于 β 的变化程度远大于 ρ 的变化程度,从公式

$$c^2 = \frac{1}{\beta_s \rho} = \frac{K_s}{\rho} \qquad (3.45)$$

可知,由于海水中气泡的存在,将使海水中声波传播的声速变小。

3.2.2　声波的折射、反射和绕射

声速在介质中的传播性质采用声波波动方程来描述。波动方程的解有两种理论,一种是简正波理论,另一种是射线理论。简正波理论对于声速的波动现象如频散、影区绕射等解释较好,但计算方法过于繁琐。射线理论是一种近似处理方法,仅是高频条件下波动方程的近似解,但是在许多情况下,能够有效和直观解决海洋中的声传播问题,射线声学中用声线表示声波,类似于在光学中用光线表示光波。在此,结合这两种理论分别解释声信号的折射、散射和绕射规律,其中射线声学理论主要用于解释折射和反射现象。

1. 声波的折射

根据基本的物理学原理，当声波传播至不同介质的界面时会发生折射现象。而水体，特别是海洋水体中，水介质的密度随同压力、温度和盐度具有连续变化，且主要呈现出垂向梯度变化，因此，可以在微分的意义上对水体进行水平分层，而声波在海水中倾斜传播时，同样会具有折射现象。这种现象由斯奈尔(Snell)定律来描述：

$$\frac{\sin\theta_1}{\sin\theta_2} = \frac{c_1}{c_2} \tag{3.46}$$

式中，θ_1 和 θ_2 分别为声波与界面法线的夹角，即入射角和折射角；c_1 和 c_2 为界面两侧的声速。该定律表明，因介质密度和其他参数引起的声速变化引起声线(声传播路径)与介质界面法线方向差异的变化，且这种角度的正弦比等于界面两侧的声速比。

当 $c_1 > c_2$，即 $\frac{\mathrm{d}c}{\mathrm{d}Z} < 0$(定义 Z 向下为正)时，$\theta_1 > \theta_2$，折射后声线向法线靠近；反之相反，即折射后声线远离法线，也就是说折射线总是向声速小的水层靠拢。

声波折射规律的示意图见图3-4。

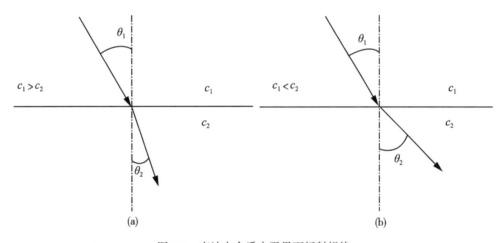

图 3-4   声波在介质水平界面折射规律

在连续介质中，声速随深度的连续变化决定了声线方向的连续变化，从而造成声线传播的弯曲，也称为声波的曲射。根据声速梯度的不同，可以将声波在水中的传播路径，即声线的弯曲情况归结为以下三种典型情形。

(1)等速层中的声传播

声速的梯度 $\frac{\mathrm{d}c}{\mathrm{d}Z} = 0$，此时声速不随深度变化。因此，声波在任意方向直线传播，声线的方向等同于入射角的方向。这种情况下的声速梯度和声线示意图见图3-5。

在绝对的等速层中声波按直线传播，对于水中距离测量是极其理想的状态。当然，绝对的等速层实际是少见的。由于声速的变化主要依赖于水中温度的变化，在充分混合均匀的海洋表层，可形成等温、等盐层，忽略静压力随深度变化对声速的影响，才近似出现这

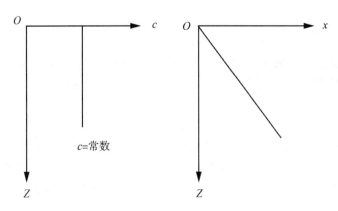

图 3-5　等速层的声速梯度及声线

种情况。等温层的厚度有时可达数十米。

（2）负梯度层的声传播

声速的梯度 $\dfrac{\mathrm{d}c}{\mathrm{d}Z} < 0$ 的水层为负梯度层，根据 Snell 定律，在这样的水层，声波在以一定方向向下传播时，声线形成向垂线方向的弯曲，声速梯度（常梯度）和相应的声线弯曲情况如图 3-6 所示。

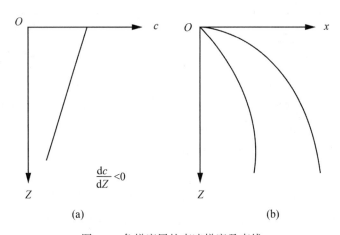

（a）　　　　　　　　　　　　　（b）

图 3-6　负梯度层的声速梯度及声线

由于温度是声速的主要影响因素，且声速会随着温度的降低而减小，因此，在海洋区域，特别是温带和亚热带海域，因为对太阳能吸收程度的不同，海水的温度会随着深度的增加而降低，浅水层（数十米到百米量级的范围内）主要呈现声速的负梯度变化特征。

（3）正梯度层的声传播

声速的梯度 $\dfrac{\mathrm{d}c}{\mathrm{d}Z} > 0$ 的水层为正梯度层，与负梯度层的声波传播规律相反，声波以一定方向向下传播时声线向水平面方向弯曲，此时，声速梯度（常梯度）和相应的声线弯曲情况如图 3-7 所示。

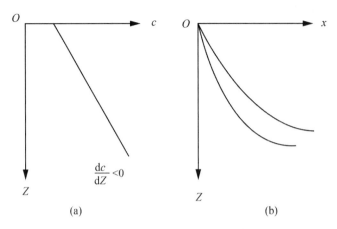

图 3-7　正梯度层的声速梯度及声线

在浅水层，因海气相互作用，冬季往往上层海水温度低。而随着深度的降低，水温略有升高，呈正梯度变化。而当声波达到一定的海洋深度，声速往往发生正梯度变化，这是因为在一定的深水层，温度基本达到守恒状态，对声速的主要影响来源于静压力增大引起的传播速度加快，也会存在正梯度现象。

为探索基本规律，以上分析仅就声速的常梯度变化讨论。在真实海洋及其他水域，由于温度、压力和盐度等影响声速的因素受到各种作用和扰动，使得声速梯度产生复杂的变化，声线会呈现出更为复杂的形态。这种连续的声速与声线变化如图 3-8 所示，在海底地形的多波束测量手段中，必须实施声速的现场精确测量，主要是基于多普勒原理的声速剖面测量，根据声速的变化，进行准确的声线跟踪，确定声线所探测海底点的三维位置。

在极值情况下，声线产生连续变形曲射，在其传播路径上会出现声速正、负梯度交替的现象，且声能损失小，因此形成声道，可传播远达数千公里的距离。但这种现象为海洋中的远程声学通信提供了可能，而不适于本书所关心的海底地形测量应用需求。

2. 声波的散射

就水下地形测量而言，声测距的主要目的是实现对水底点的定位，因此，需要研究和讨论声波在水底和相应特征物界面的反射情况。

对于绝对平坦的水底（海底），声波会在这样的界面上产生镜反射。根据斯奈尔反射定律，以界面法线度量的入射角与反射角相等且对称，镜反射保证平行的入射声线反射为平行的反射声线。一般而言，由于海底物质不同、粒度不同以及不同尺度特征物的存在，使得界面的法线不平行，声波在这类海底则发生漫发射，称为散射。当然，就每条声线而言，仍遵从反射定律。

用几何尺度参数 δ 表示水底的粗糙度，当 $\delta = 0$ 时，出现严格意义上的镜反射。而当 $\delta \ll \lambda$ 时，海底对声波的镜反射能力几乎不受影响，如图 3-9 所示。当 δ 增大至与声波波

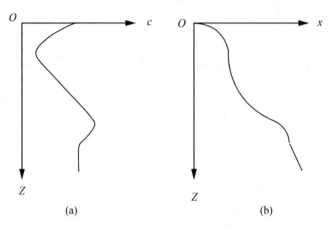

图 3-8 声速和声线的连续变化示意图

长 λ 相比尺度接近时，入射声波的散射程度增强，甚至无法形成一束比较集中的回波波束，如图 3-10 所示。

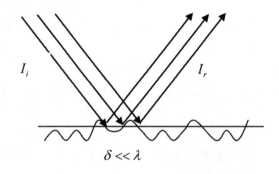

图 3-9 近似的镜反射

其中沿入射波相反方向的散射称为反向散射，反向散射是倾斜测距原理有效实施测量所需的回波。显然，不同的海底底质，海底粗糙程度，入射声波的掠射角及声波的频率都将影响声波的散射。

正是声波的散射现象为海底的声探测提供了接收反射回波的条件。

3. 声波的绕射

声波在传播路径上遇到尺寸有限的障碍物时，在存在反射现象的同时，会产生声波绕过障碍物的现象，即绕射现象。声波的绕射能力取决于障碍物尺寸和声波的波长，即决定于障碍物尺寸与声波波长的比值。如果障碍物的尺寸与声波波长的比值越小，则绕射现象越明显，即障碍物对声波传播的影响越小。刚性球不同半径时的声强反射系数如表 3-1 所示。

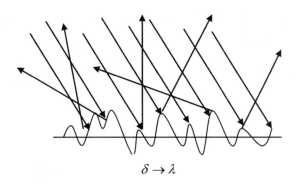

$$\delta \to \lambda$$

图 3-10　声波的散射(漫反射)

表 3-1　　　　　　　　　反射系数与水中目标尺寸的关系

半径 r	$\dfrac{\lambda}{20\pi}$	$\dfrac{\lambda}{4\pi}$	$\dfrac{\lambda}{2\pi}$	$\dfrac{\lambda}{\pi}$	$\dfrac{2\lambda}{\pi}$	$\dfrac{5\lambda}{\pi}$
声强反射系数 r_I	0.005	0.08	0.41	0.66	0.84	0.96

从表 3-1 可见,刚性球尺寸相对波长 λ 越小,声强 r_I 反射系数越小,声波大部分绕其而过,造成水声仪器探测不到小目标。对于固定尺寸障碍物,低频声波,即波长较长的声波容易发生绕射现象;而高频声波则不易绕过。所以,为探测小目标,必须采用高频声波。如探测直径约一米的水雷,工作频率至少在 40kHz 以上,甚至达到 500kHz,相应的波长小于 3.75cm。为了高分辨率地探测海底地形,高分辨率侧扫声呐的工作频率亦达 100kHz。

3.3　水声换能器及声波收发原理

3.3.1　水声换能器

依据水声测距技术开展水下地形测量,声波的发射和接收是依靠水声换能器完成的。水声换能器是实现电能和机械能相互转换的器件。在发射状态,它能将电磁振荡能量转换成机械振动能量,从而推动水介质向外辐射声波,这样的水声换能器称为发射换能器。这类能量类型转换器件感受到的声波能量可以引起器件的机械振动,并将机械振动转换为电、磁振荡信号,通常称其为接收换能器或水听器。当今的水声探测,往往将收、发换能器综合为一个整体,完成声波的收发两种功能。

换能器的换能原理涉及材料科学和机械(机电)工程的相关知识,换能器的能量转换原理基本上依据的是换能器件的磁致伸缩效应、压电效应和电致伸缩效应。

1. 磁致伸缩换能器

磁致伸缩换能器是利用某些铁磁体(例如纯镍、镍钴合金以及铁氧化体等)材料的磁致伸缩效应而制成的。用铁磁体作为线圈的铁芯,当高频电流通过线圈时,随着铁芯中磁场强度周期性的变化铁芯的长度就做周期性的伸缩。这种换能器的频率一般不太高,约几万赫兹,声强可达每平方厘米几十瓦,非常坚固耐用,且能经受高温,如图 3-11 所示。

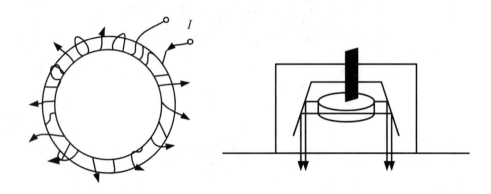

图 3-11　磁致伸缩换能器

2. 压电式换能器

压电式换能器是用压电材料(如石英、酒石酸钾钠、磷酸钾、钛酸钡以及磷酸氢二铵)制成的换能器。压电材料受到周期性的压缩时,就在两对面出现周期性的电压,所以称为压电效应。反之,把周期性电压加在压电材料上,压电材料就做伸缩的机械振动。这种换能器能产生高频超声波,频率从几千赫到几十兆赫,甚至达到 10^{10} Hz,产生的声强也很大,在换能器表面处可达到每平方厘米数十瓦,而且易于聚焦,产生更大声强,如图 3-12 所示。

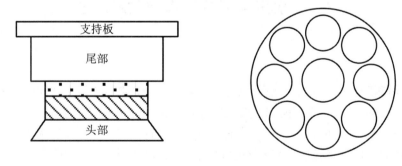

图 3-12　压电式换能器

3. 电致伸缩换能器

电致伸缩换能器利用一种陶瓷材料制成,其工作原理是反压电效应,利用电场的变化使陶瓷(绝缘体)的尺寸做周期性的伸缩,如图 3-13 所示:

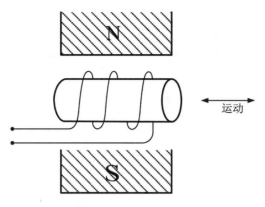

图 3-13　电致伸缩换能器

3.3.2　水声换能器发射声波的指向性

声源是声场产生的重要条件，声源辐射能量形成声场。点声源辐射的声波无方向性。无论依据何种物理原理制作的水声换能器，均设计为一定的形状和尺寸，因此，实际应用的换能器不是也不能视为点声源，但可以将其看作是由无数点声源组合而成。根据波的干涉原理，由多声源发出的声波传播至空间某一点时，将形成波(振动)的合成，合成的效果是在不同的方向上，波的能量不同，可以使声能主要聚集在某一设定的角度范围内，这种现象就是换能器的方向特性，即指向性(Directivity)，它是在海底地形测量中有效和合理使用换能器的重要指标参数。因为通过设计，可使得换能器对所需的探测方向声能增强，从而增强在特定方向的测量距离，同时，接收回波也有一定的方向性，从而提高测定目标方向的准确性。此外，发射和接收均具有方向性，可以避免探测方向之外的噪声干扰，提高探测的抗干扰能力和目标识别的灵敏度。

1. 声波方向性的形成原理

一个无指向性的声脉冲在水中发射后，以球形等幅度远离发射源传播，所以各方向上的声能相等。这种均匀传播称为等方向性传播(Isotropic Expansion)，发射阵也叫等方向性源(Isotropic Source)。当向平静的水面扔入一颗小石头时，就会产生这种类似波形，如图3-14 所示。

因为这种声波是等方向性传播，没有固定的指向性，所以在海底测深时不能使用这种声波，必须利用发射基阵使声波指向特定的方向。在了解指向性之前，首先介绍声波的相长干涉和相消干涉。

当两个相邻的发射器发射相同的各向同性的声信号时，声波将互相重叠或干涉，如图3-15 所示。两个波峰或两个波谷之间的叠加会增强波的能量，这种叠加增强的现象称为相长干涉；波峰与波谷的叠加正好互相抵消，能量为零，这种互相抵消的现象称为相消干涉。一般地，相长干涉发生在距离每个发射器相等的点或者整波长处，而相消干涉发生在

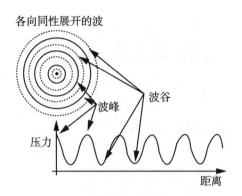

图 3-14　声波的等方向性传播

相距发射器半波长或者整波长加半波长处。显然，水听器需要放置在相长干涉处（阳凡林，2003）。

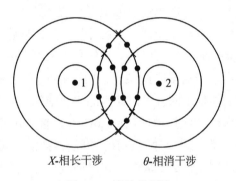

图 3-15　声波的干涉

如换能器声基元间距 d（图 3-15 中 1、2 点的距离）是 $\lambda/2$（半波长），此时，相长干涉发生在 $\theta = 0°$ 和 $\theta = 180°$ 的位置；相消干涉发生在 $\theta = 90°$ 和 $\theta = 270°$ 的位置，如图 3-16 所示。

设有两个产生声压幅值和位相均相等的点声源 S_1、S_2，二者间的距离为 d，连线的中点记为 O。远场空间任一点 M 至 S_1、S_2 和 O 点的距离分别为 r_1、r_2 和 r，如图 3-17 所示。

点声源 S_1 和 S_2 均发射 $p = p_m \cos\omega t$ 的声信号，声压传播到 M 点时的声压 p_1 和 p_2 分别为：

$$p_1 = p_m \cos\omega \left(t - \frac{r_1}{c} \right) = p_m \cos\omega \left(t - k r_1 \right) \qquad (3.47)$$

$$p_2 = p_m \cos\omega \left(t - \frac{r_2}{c} \right) = p_m \cos\omega \left(t - k r_2 \right) \qquad (3.48)$$

其中，$k = \dfrac{\omega}{c} = \dfrac{2\pi}{\lambda}$。

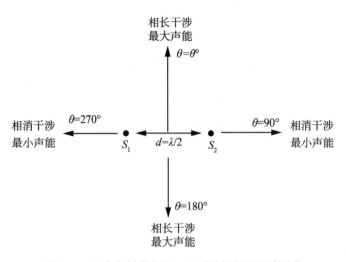

图 3-16　两个发射器相距 $\lambda/2$ 时的相长和相消干涉

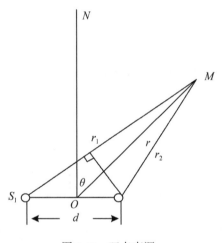

图 3-17　双点声源

根据波的叠加原理，在 M 点的合成声压为：

$$
\begin{aligned}
p &= p_1 + p_2 \\
&= p_m \left[\cos\omega(t - kr_1) + \cos\omega(t - kr_2) \right] \\
&= 2p_m \cos\left(\omega t - k\frac{r_1 + r_2}{2} \right) \cos\left(-k\frac{r_1 - r_2}{2} \right)
\end{aligned}
\tag{3.49}
$$

因为 M 为远场点，$r \gg d$，可近似认为声线 r_1、r_2 近似平行，则有 $\dfrac{r_1 + r_2}{2} \approx r$，$\dfrac{r_1 - r_2}{2}$

$= \dfrac{\Delta r}{2} \approx \dfrac{1}{2} d\sin\theta$，在此 $\Delta r = r_1 - r_2 \approx d\sin\theta$，为所研究点的波程差。因此，$M$ 点的合成声压

可改写为：

$$p = 2p_m\cos\left(\frac{\pi d\sin\theta}{\lambda}\right)\cos(\omega t - kr) = p_{m0}(\theta)\cos(\omega t - kr) \tag{3.50}$$

由此可见，经过声波合成，合成声压的幅值 $p_{m0}(\theta)$ 随角度 θ 而变，即合成声波是空间中的变幅波动。θ 为双点声源的中垂线 ON 与 OM 线的夹角。

当 $\frac{\pi d\sin\theta}{\lambda} = n\pi$，$n = 0$，$1$，$\cdots$，即波程差 $\Delta r \approx d\sin\theta = n\lambda = 2n \cdot \frac{\lambda}{2}$ 时，合成声压取极大值。也就是说当波程差为半波长的偶数倍时，合成声压因波的同相叠加而增强。

当 $\frac{\pi d\sin\theta}{\lambda} = \frac{(2n+1)}{2}\pi$，$n = 0$，$1$，$2\cdots\cdots$，即波程差 $\Delta r \approx d\sin\theta = (2n+1) \cdot \frac{\lambda}{2}$ 时，合成声压取极小值为 $p = 0$。也就是说波程差为半波长的奇数倍时，两声波在合成过程中总因位相相反而相互抵消。

这样，在 $\theta = 0°$ 处，有最大声压幅值 $2p_m$，在其他方向上，$0 < \sin\theta < 1$，合成声压幅值比 $\theta = 0°$ 方向的声压小，从而形成了声波辐射时的方向特性。

2. 均匀线列阵与直线型换能器的方向性

均匀线列阵是由若干个灵敏度均匀、振动、相位一致，振幅相同的换能器基元(如复合棒型换能器)排列在一条直线上形成的。基元的直径远小于波长，所以单个基元是无指向性的基元依间距 d 在直线上等距排列。

换能器产生方向性的原因是非点源换能器上各点所发出的声波到达远离场源空间某点的时间不同，存在相位差(即波程差)，如图 3-18 所示，在空间一点的合成声波幅值将是夹角 θ 的函数。

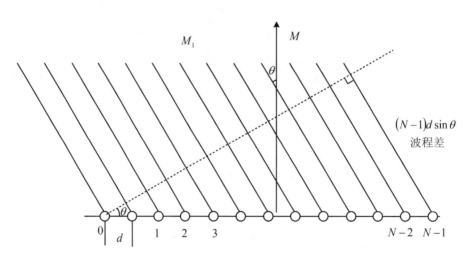

图 3-18　均匀线列阵

对于偏离法线 θ 角方向上的远场 M_1 点，相邻两个基元发射声波的波程差为 $d\sin\theta$，即以 0 号基元为参考，从 1 号到 $N-1$ 号基元发射的声波到 M_1 点波程差分别为 $n \cdot d\sin\theta$，其中 $n = 1$，2，$\cdots$，$N-1$。

各基元发射声波传递至 M_1 时，辐射声压表示为 $p_n = \mathrm{Re}\left[p_m \mathrm{e}^{j(\omega t - kr_0 - nk\sin\theta)}\right]$。整个线列基元阵在 M_1 产生的声压是各基元作用的合成：

$$p(M_1) = \mathrm{Re}\left[\sum_{n=0}^{N-1} p_m \mathrm{e}^{j(\omega t - kr_0 - nkd\sin\theta)}\right] = p_m \mathrm{Re}\left[\mathrm{e}^{j(\omega t - kr_0)} \sum_{n=0}^{N-1} \mathrm{e}^{-jnkd\sin\theta}\right] \tag{3.51}$$

显然，求和部分为等比数列，根据等比数列求和公式有：

$$p(M_1) = p_m \cdot \mathrm{Re}\left[\mathrm{e}^{j(\omega t - kr_0)} \frac{1 - \mathrm{e}^{-jNkd\sin\theta}}{1 - \mathrm{e}^{-jkd\sin\theta}}\right]$$

$$= p_m \cdot \mathrm{Re}\left[\mathrm{e}^{j(\omega t - kr_0)} \frac{\mathrm{e}^{-j\frac{Nkd\sin\theta}{2}}}{\mathrm{e}^{-j\frac{kd\sin\theta}{2}}} \frac{\mathrm{e}^{j\frac{Nkd\sin\theta}{2}} - \mathrm{e}^{-j\frac{Nkd\sin\theta}{2}}}{\mathrm{e}^{j\frac{kd\sin\theta}{2}} - \mathrm{e}^{-j\frac{kd\sin\theta}{2}}}\right]$$

$$= p_m \cdot \mathrm{Re}\left[\mathrm{e}^{j(\omega t - kr_0)} \mathrm{e}^{-j\frac{(N-1)kd\sin\theta}{2}} \frac{\sin\dfrac{Nkd\sin\theta}{2}}{\sin\dfrac{kd\sin\theta}{2}}\right]$$

$$= p_m \cdot \cos(\omega t - kr_1) \cdot \cos\left[\frac{1}{2}(N-1)kd\sin\theta\right] \frac{\sin\left(\dfrac{1}{2}Nkd\sin\theta\right)}{\sin\left(\dfrac{1}{2}kd\sin\theta\right)} \tag{3.52}$$

顾及 $k = \dfrac{\omega}{c} = \dfrac{2\pi}{\lambda}$，线列阵声源在远场的声压主要依赖于目标点与线列阵法线方向的夹角 θ，忽略声能的传播损失，顾及远场条件，将 r_1 改写为距线列阵中点的距离 r，同时顾及 $k = \dfrac{\omega}{c} = \dfrac{2\pi}{\lambda}$，于是合成声压表示为：

$$p(r, \theta) = p_m \cdot \cos(\omega t - kr) \cdot \cos\left[\frac{(N-1)\pi d}{\lambda}\sin\theta\right] \frac{\sin\left(\dfrac{N\pi d\sin\theta}{\lambda}\right)}{\sin\left(\dfrac{\pi d\sin\theta}{\lambda}\right)} \tag{3.53}$$

当 $\theta = 0$ 时，即探测点在线列阵的中垂线方向时，据罗必塔法则，易知

$$p(r, 0) = np_m \cdot \cos(\omega t - kr) \tag{3.54}$$

若基元间距无限减小，即当 $d \to 0$，$N \to \infty$，且 $Nd = L$ 时，则取式(3.39)的极限形式：

$$p(r, \theta) = p_m \cdot \cos(\omega t - kr) \cdot \cos\left[\frac{\pi L}{\lambda}\sin\theta\right] \frac{\sin\left(\dfrac{\pi L\sin\theta}{\lambda}\right)}{\dfrac{\pi\sin\theta}{\lambda}} \tag{3.55}$$

式(3.55)为连续直线(线段)声源的声压合成公式。此式还可以通过对双点源合成声压公式的积分导出。

根据罗必塔法则，同样可以求得：

$$p(r,\ 0) = p_m \cdot \cos(\omega t - kr) \cdot \frac{\sin\left(\dfrac{\pi L \sin\theta}{\lambda}\right)}{\dfrac{\pi \sin\theta}{\lambda}} = L \cdot p_m \cdot \cos(\omega t - kr) \qquad (3.56)$$

3. 均匀线列阵与直线型声源的声波发射指向性参数

不论是均匀线列阵，还是直线型连续声源，在远场的声波为变振幅波动，声压均与声波的辐射角 θ 密切相关。将变化声压的幅值系数记为 $P_{m0}(\theta)$，显然，对于均匀线列阵和直线型声源，声压幅值系数分别为：

$$P_{m0}(\theta) = \cos\left[\frac{(N-1)\pi d}{\lambda}\sin\theta\right]\frac{\sin\left(\dfrac{N\pi d\sin\theta}{\lambda}\right)}{\sin\left(\dfrac{\pi d\sin\theta}{\lambda}\right)} \qquad (3.57)$$

$$P_{m0}(\theta) = \cos\left[\frac{\pi L}{\lambda}\sin\theta\right]\frac{\sin\left(\dfrac{\pi L\sin\theta}{\lambda}\right)}{\dfrac{\pi\sin\theta}{\lambda}} \qquad (3.58)$$

式(3.57)和式(3.58)中，等式右端的余弦项使得声压幅值将随着 θ 由 0° 向 ±90° 变化而减小(绝对值)，故一般予以忽略，则以上二式可分别简化为：

$$P_{m0}(\theta) = \frac{\sin\left(\dfrac{N\pi d\sin\theta}{\lambda}\right)}{\sin\left(\dfrac{\pi d\sin\theta}{\lambda}\right)} \qquad (3.59)$$

$$P_{m0}(\theta) = \frac{\sin\left(\dfrac{\pi L\sin\theta}{\lambda}\right)}{\dfrac{\pi\sin\theta}{\lambda}} \qquad (3.60)$$

合成声压的幅值将在正、负之间振荡变化，因为声压的宏观作用主要于有效声压(瞬时声压对时间的均方根值)，故在实际问题分析中，式(3.59)和式(3.60)总是取绝对值，而将振幅在正负值之间的变化归于声波相位的变化。

前述分析已经发现，振幅系数的最大值将出现在 $\theta = 0$ 的方向。故定义任意方向的振幅与最大振幅方向振幅的比值(绝对值)为声源的方向特性函数，记为 $G(\theta)$，即

$$G(\theta) = \frac{P_{m0}(\theta)}{P_{m0}(0)} \qquad (3.61)$$

据此，可导得均匀线列阵和直线型声源的方向特性函数分别为：

$$G_{均匀线列阵}(\theta) = \left|\frac{\sin\left(\dfrac{\pi N d}{\lambda}\sin\theta\right)}{N\sin\left(\dfrac{\pi d}{\lambda}\sin\theta\right)}\right| \qquad (3.62)$$

$$G_{连续线声源}(\theta) = \left| \frac{\sin\left(\dfrac{\pi L}{\lambda}\sin\theta\right)}{\dfrac{\pi L}{\lambda}\sin\theta} \right| \tag{3.63}$$

方向性指向函数以"1"为最大值,出现在 $\theta = 0$ 的方向上。随着指向角向正、负两个方向增大,通过对声压振幅公式求导,尽管也可得若干极大值点,但在这些方向上,指向性函数值会迅速衰减。对于连续线性声源,这些极大值对应的方向角满足条件:

$$\frac{\pi L}{\lambda}\sin\theta = \frac{1}{2}(2n + 1)\pi \tag{3.64}$$

即

$$\sin\theta = \frac{1}{2}\frac{\lambda}{L}(2n + 1) , \quad \theta = \arcsin\left[\frac{1}{2}\frac{\lambda}{L}(2n + 1)\right] , \quad n = 0, 1, 2, \cdots$$

将 $G(\theta) = 1$ 时,称为主极大,波束能量最强,声波能量形成的波瓣称为主波瓣,而其他极大值称为副极大,产生的波瓣为副波瓣或旁向波瓣(旁瓣)。

根据式(3.63),当 $n = 0$,对应的方向即主极大,$\theta_0 = 0°$,$G(\theta_0) = 1$。而 n 取其他数值时,

$$G(\theta_n) = \frac{1}{\dfrac{\pi L}{\lambda}\sin\theta_n} = \frac{1}{\dfrac{\pi L}{\lambda}\cdot\dfrac{1}{2}\dfrac{\lambda}{L}(2n + 1)} = \frac{1}{\pi\left(n + \dfrac{1}{2}\right)} 。$$

当方向特性函数 $G(\theta) = 0$ 时,称为极小值。极小值对应的 θ 角满足:

$$\frac{\pi L}{\lambda}\sin\theta = n\pi , \quad n = 0, 1, 2, \cdots$$

具体的 θ 角值为:

$$\theta_n(0) = \sin^{-1}n\cdot\frac{\lambda}{L} , \quad n = 0, 1, 2, \cdots$$

由于方向特性函数 $G(\theta)$ 为连续函数,故极大与极小值之间会交替变化,故形成前述的声波波瓣效应。

波瓣中心与相邻的极小值点(零点)的角距定义为方向性锐度角,主极大两侧第一个极小值(对应角点 $\theta = \sin^{-1}\dfrac{\lambda}{L}$)之间的夹角记为 Θ,即

$$\Theta = 2\sin^{-1}\frac{\lambda}{L} \tag{3.65}$$

它的含义是主波瓣的宽度。

因此,当换能器长度 L 的值越大,声波的频率越高(波长越小,决定于换能器本身的振动频率),则方向性锐角越小,声波的指向性越好。

取换能器长度为所发射声波波长的整倍数,即 $L = m\lambda$,相应的方向性锐角度列为表3-2。

表 3-2   方向性锐角度随 L/λ 的变化

L/λ	1	2	3	4	5	6	7	8	9	10
$\Theta°$	180	60	39	29	23	19	16	14	13	12

线型换能器的指向性函数曲线($L/\lambda = 10$)如图 3-19 所示。

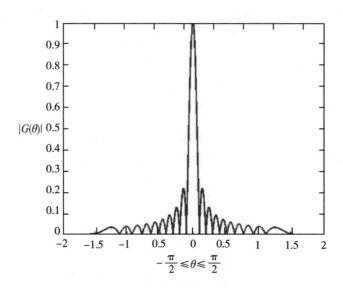

图 3-19　连续线型声源指向性函数曲线

方向性锐角度可用于描述整个主波瓣的形状，而在应用中以一个与声波能量有关的量描述主瓣波束角(beam width of main-lobe)，记为 Θ_W 。具体定义为主瓣内声强为最大声强一半的点所夹的角度，即法线两侧半功率点之间所夹的角度，认为在此角之外的声能量就比较小了。

因为声强与声压幅值的平方成正比，则波束角边缘的声强与极大值声强的比值即声压幅值的平方比值，可直接利用指向性函数，根据波束角定义，有

$$G\left(\frac{1}{2}\Theta_W\right) = \frac{\sin\left(\dfrac{\pi L}{\lambda}\sin\dfrac{1}{2}\Theta_W\right)}{\dfrac{\pi L}{\lambda}\sin\dfrac{1}{2}\Theta_W} = \frac{1}{\sqrt{2}} \qquad (3.66)$$

解此超越方程得：

$$\frac{\pi L}{\lambda}\sin\frac{1}{2}\Theta_W = 1.39(\text{注：多数文献根据幂级数展开法，近似计算得此值为 } 1.24 \text{。})$$

故

$$\Theta_W = 2\arcsin\frac{1.39}{\pi}\cdot\frac{\lambda}{L} = 2\arcsin0.442\cdot\frac{\lambda}{L} \qquad (3.67)$$

仍取换能器长度为所发射声波波长的整倍数，即 $L = m\lambda$ ，相应的主瓣波束角列为表

3-3。

表 3-3

表 3-3　　　　　　　　　　　主瓣波束角随 L/λ 的变化

L/λ	1	2	3	4	5	6	7	8	9	10
$\Theta°$	52.5	25.5	16.9	12.7	10.1	8.4	7.2	6.3	5.6	5.1

而国际上，将主瓣波束角常定义为声强级为 -3dB 的点所夹的角（最大声强为 0dB），如图 3-20 所示。

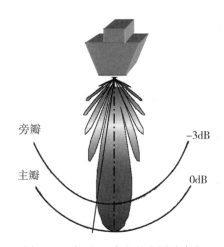

图 3-20　由 -3dB 定义的主瓣波束角

据定义有：

$$G^2\left(\frac{1}{2}\Theta_W\right) = 10^{-0.3} = 0.5012 \tag{3.68}$$

$$G\left(\frac{1}{2}\Theta_W\right) = 0.7079 \tag{3.69}$$

所以，所确定的波束角与根据半功率点计算的结果基本一致。

4. 典型平面形状换能器的发射声波指向性

均匀线列阵声源和均匀连续线型声源均表现为数学意义上的换能器，其声波指向性的分析仅限于沿声源轴向的方向特性，而环绕换能器轴，声波的指向是均匀的。实际换能器均设计为一定的平面或立体尺寸，可以对发射声波进行纵、横两个自由度的方向约束，更加明确发射声波的指向性。本部分主要分析矩形和圆形两种平面形态换能器的指向性及相关参数指标。

将线型换能器扩展至一定宽度，则形成矩形换能器，显然随着宽度增加，在原线型声源的垂直方向，也会限定声压的指向。

将矩形换能器的长度仍记为 L，而短边记为 D，对应的方向分别记为 θ_L 和 θ_D，则其长边和短边方向的方向性指向函数分别为：

$$G_{m0}(\theta_L) = \frac{\sin\left(\frac{\pi L}{\lambda}\sin\theta_L\right)}{\frac{\pi L}{\lambda}\sin\theta_L} \tag{3.70}$$

$$G_{m0}(\theta_D) = \frac{\sin\left(\frac{\pi D}{\lambda}\sin\theta_D\right)}{\frac{\pi D}{\lambda}\sin\theta_D} \tag{3.71}$$

两个方向的方向性锐度角和主瓣波束角分别为：

$$\Theta_L = 2\arcsin\frac{\lambda}{L}\,, \qquad \Theta_{WL} = 2\arcsin 0.442 \cdot \frac{\lambda}{L} \tag{3.72}$$

$$\Theta_D = 2\arcsin\frac{\lambda}{D}\,, \qquad \Theta_{WD} = 2\arcsin 0.442 \cdot \frac{\lambda}{D} \tag{3.73}$$

由以上波束角的计算公式，所得的波束角以弧度为单位。通常需要用以"度"为单位表示。此时，$\Theta_{WL(D)} = \frac{360°}{\pi}\arcsin 0.442 \cdot \frac{\lambda}{L(D)}$。而通常换能器的尺寸远大于声波波长，故对反正弦函数做幂级数展开，并取至一次项，有：

$$\Theta_{WL(D)} = \frac{360°}{\pi} \cdot 0.442 \cdot \frac{\lambda}{L(D)} = 50.65\frac{\lambda}{L(D)} \approx 50\frac{\lambda}{L(D)} \tag{3.74}$$

式(3.74)为估算线型连续声源或矩形换能器沿两个边缘方向波束角的估算公式。

在此以分析国产 SDH-3 型测深仪的有关波束参数为例。该型测深仪的换能器根据磁致伸缩原理工作，其几何尺寸为 $L \cdot D = 16 \times 9 \mathrm{cm}^2$，工作频率为 $f = 29.3\mathrm{kHz}$，设计声速取 $c = 1500\mathrm{m/s}$，从而设计的发射声波波长为 $\lambda = c/f = 5.12\mathrm{cm}$。经计算：

纵向(长边方向)的方向性锐度角为：$\Theta_L = 2\arcsin\dfrac{5.12}{16} = 37°20'$；

波束角为：$\Theta_{L,W} = 2\arcsin\dfrac{0.442 \times 5.12}{16} = 16°16'$；

半面极小值数为：$[16/5.12] = 3$，所以旁瓣数为 2。

横向(短边方向)的方向性锐度角为：$\Theta_D = 2\arcsin\dfrac{5.12}{9} = 69°30'$；

极小值数为 $[9/5.12] = 1$，无旁瓣；

波束角为：$\Theta_{L,W} = 2\arcsin\dfrac{0.442 \times 5.12}{9} = 29°07'$。

半径为 a 的无限障板中的圆形声波辐射器如图 3-21 所示。所谓无限障板是指尺寸比辐射器的尺寸大得多，刚性很强的挡板，辐射器只有一面与介质接触，从而单面辐射声波，且辐射面上各点的振动完全相同。圆形辐射面中心为 O，OZ 为辐射面外法线。

由于圆平面的对称性，显然，在 OZ 方向线上产生最大合成声强。合成声压幅值的极大值为：$p_{m0}(0) = p_m \cdot \pi a^2$。

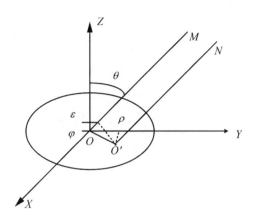

图 3-21　无限障板中的圆形换能器(辐射器)

研究偏离法线 θ 角方向上的任一远场点 M 的声强，不妨设 M 点的球坐标为 $M(r, \theta, 0)$，取圆平面辐射器上的一流动点 Q，极坐标为 (ρ, φ)，即球坐标为 $Q\left(\rho, \dfrac{\pi}{2}, \varphi\right)$。

可近似认为 $OM /\!/ QM$，O 点和 Q 点发射声波至 M 点的波程差为：$\varepsilon = \rho\sin\theta\cos\varphi$。

于是，两束声波在 M 点的相位差为：$\alpha = \dfrac{2\pi\varepsilon}{\lambda} = \dfrac{2\pi\rho\sin\theta\cos\varphi}{\lambda}$。

声压的合成振幅仍以复数形式表示为：

$$p_{m0}(\theta) = p_m \iint\limits_{\sigma} e^{-J\frac{2\pi\rho}{\lambda}\sin\theta\cos\phi}\mathrm{d}\sigma$$

$$= p_m \int_0^a \rho \left[\int_0^{2\pi} e^{-\frac{2\pi\rho}{\lambda}\sin\theta\cos\phi}\mathrm{d}\phi\right]\mathrm{d}\rho \tag{3.75}$$

该式的积分结果由第一类一阶贝塞尔函数表示，即

$$p_{m0}(\theta) = \pi a^2 p_m \frac{2J_1\left(\frac{2\pi a}{\lambda}\sin\theta\right)}{\frac{2\pi a\sin\theta}{\lambda}} = \pi a^2 p_m \frac{2J_1\left(\frac{\pi d}{\lambda}\sin\theta\right)}{\frac{\pi d\sin\theta}{\lambda}} \tag{3.76}$$

式中，d 为圆辐射面的直径。

指向性函数为：

$$G(\theta) = \frac{2J_1(kd\sin\theta)}{\frac{\pi d\sin\theta}{\lambda}} \tag{3.77}$$

指向性函数的图像如图 3-22 所示(IHO，2005)。

当 $\dfrac{\pi d}{\lambda}\sin\theta = 3.8$ 时，$G(\theta)$ 第一次为零，由此得：$\theta = \arcsin\dfrac{1.2\lambda}{d} = \arcsin\dfrac{0.6\lambda}{a}$，所以方向性锐度角为：

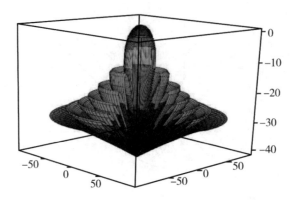

图 3-22　无限障板中的圆形换能器的指向性函数图像

$$\Theta = 2 \arcsin \frac{0.6\lambda}{a} \tag{3.78}$$

而主瓣波束角为：

$$\Theta_W = 2 \arcsin \frac{0.49\lambda}{a} \tag{3.79}$$

5. 换能器的轴向聚集系数

在换能器的轴向方向上，声能将达到最大。然而，换能器发射的声波是具有指向性的。因此定义在原理换能器的某一距离上，主极大方向的声强 I_{max} 与相同功率无方向性的点声源在同一距离上所形成的声强 I_0 之比为该换能器的轴向聚集系数，记为 γ_0，即

$$\gamma_0 = \frac{I_{max}}{I_0} \tag{3.80}$$

它的含义可理解为：在声场中同一距离上，为了获得相同的声强，具有方向性的换能器将比无方向性的点声源发射的功率减少 γ_0 倍。在前述声波振幅和声压推导中，实际上忽略了这一系数，即未顾及声能传播的衰减，如图 3-23 所示（IHO，2005）。

轴向聚集系数和方向性函数均为描述换能器方向性的重要物理量，为此可导出二者的关系：

$$p_{m0}(\theta, \varphi) = p_{m0}(\theta_0, \varphi_0) \cdot G(\theta, \varphi) \tag{3.81}$$

$$I(\theta, \varphi) = I_{max}(\theta_0, \varphi_0) \cdot G^2(\theta, \varphi) \tag{3.82}$$

在距声源中心距离为 r 的球面上，声功率为：

$$\begin{aligned}
W_S &= \iint\limits_{S} I_{max}(\theta_0, \phi_0) \cdot G^2(\theta, \phi) \, \mathrm{d}s \\
&= r^2 I_{max} \int_0^{2\pi} \mathrm{d}\phi \int_0^{\pi} G^2(\theta, \phi) \sin\theta \mathrm{d}\theta \\
&= 4\pi r^2 I_0
\end{aligned} \tag{3.83}$$

故

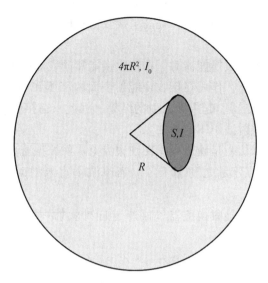

图 3-23　声波指向性与无指向性的比较

$$\gamma_0 = \frac{4\pi}{\int_0^{2\pi} d\varphi \int_0^{\pi} G^2(\theta, \varphi) \sin\theta d\theta} \qquad (3.84)$$

在换能器声轴对称的情况下，例如圆平面换能器的情形，有

$$\gamma_0 = \frac{2}{\int_0^{\pi} G^2(\theta) \sin\theta d\theta}$$

而矩形平面换能器的轴向聚集系数为：

$$\gamma_0 = \frac{4\pi L_1 \cdot L_2}{\lambda^2}$$

对于直线型连续声源，同样有轴向聚集系数：

$$\gamma_0 = \frac{I_{max}}{I_0} = \frac{2L}{\lambda}$$

定义轴向聚集系数常用对数的 10 倍为声波指向性指标，记为 DI，显然，其单位为分贝，即

$$DI = 10 \cdot \lg\gamma_0 \ (dB)$$

发射换能器具有方向特性，可以将声波能量集中在所需要的方向上，从而增加了声波探测的有效作用距离。

3.3.3　换能器对声波的指向性接收

1. 声波的接收原理

入射到接收换能器表面的声波对换能器表面产生了一个声压，在此声压的作用下，换能器表面发生振动，此振动转换成交变电信号，这就是声波的接收。

接收换能器具有方向特性，可以避免方向性角度范围以外的其他方向上的噪声进入到接收机，即压制了其他方向上的噪声，提高了接收信噪比；另外可以利用接收方向特性进行目标方向的定向。

当在声场中放置一个接收换能器时，在接收换能器的表面产生了一个声压，并被转换成交变电信号。一般情况下，作用在接收换能器表面的声压并不等于入射波声压(此声压为自由场声压)，这是换能器引起声波散射的结果。因此，在接收换能器表面的实际声压应该等于入射波声压与散射波声压的叠加。

换能器表面通常可以认为是硬边界。在硬边界上入射波振速在法线方向上的分量与反射波振速在法线方向上的分量之和等于零。当声波垂直入射时，应当有 $v_i + v_r = 0$ 或 $v_i = - v_r$。

声波的反射可以认为是接收换能器以振速 v_r 向外辐射声波，介质对辐射面有一个反作用力：

$$F_r = - v_r \cdot Z_r = v_i Z_r \qquad (3.85)$$

式中，Z_r 为辐射声阻抗。

接收换能器表面受到的合力为入射波在换能器表面的作用力和反射波在换能器表面的作用力之和。记换能器表面积为 S，则入射波在换能器表面的声压为 $p_i S$，从而作用在换能器表面声作用的合力为：

$$F = F_i + F_r = p_i S + v_i Z_r \qquad (3.86)$$

对平面波，因为有 $v_i = \dfrac{p_i}{\rho_0 C_0}$，故

$$F = p_i S + \frac{p_i}{\rho_0 C_0} Z_r \qquad (3.87)$$

接收换能器表面的声压 p 为：

$$p = \frac{F}{S} = p_i \left(1 + \frac{Z_r}{\rho_0 C_0 S} \right) = k p_i \qquad (3.88)$$

式中，$k = 1 + \dfrac{Z_r}{\rho_0 C_0 S} = 1 + \dfrac{(R_r + iX_r)}{\rho_0 C_0 S}$ 为换能器接收声波的畸变系数。

由此可见，接收换能器表面的声压 p 和入射波(自由场)声压 p_i 不仅在数值上不同，在相位上也不同。

接收换能器的表面总声强与入射波声强的比例系数(即畸变系数 k)与换能器的尺寸有关。当换能器表面尺寸与声波波长相比较小时，换能器对声波不是一个显著的障碍，反射作用小，故 $k \approx 1$；当表面尺寸足够大时，换能器对声波是一个显著的障碍，这时换能器表面对声波的反射强度近似与入射波的强度相等，故 $k \approx 2$，$p \approx 2p_i$。

以圆形换能器为例，当接收换能器直径 d 与声波波长相比小于 $\dfrac{1}{4}$ 时，可以认为 $k \approx 1$，而当 $\dfrac{d}{\lambda} \geqslant \dfrac{3}{2}$ 时，$k \approx 2$。k 值与 $\dfrac{d}{\lambda}$ 的关系曲线如图 3-24 所示。

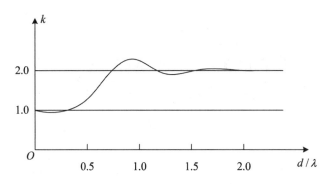

图 3-24 声强放大系数与换能器尺寸参数的关系示意图

2. 脉冲声波接收

在脉冲声压的作用下接收声波时,换能器将由静止状态演变到稳定的振动状态,即换能器接收声波时存在一个振动建立的过渡过程。

当脉冲声波作用到换能器表面时,换能器表面受到简谐策动力 $F = F_m \sin(\omega t + \varphi)$ 的作用,此时换能器物理力学振动系统的振动微分方程可写为:

$$M_M \frac{d^2 \xi}{dt^2} + (R_M + Z_r) \frac{d\xi}{dt} + \frac{1}{C_M} \xi = F_m \sin(\omega t + \varphi) \tag{3.89}$$

解振动微分方程可得换能器表面振动位移的变化规律为:

$$\xi = \xi_m (1 - e^{-\delta t}) \sin(\omega t + \varphi) \tag{3.90}$$

式中,ξ_m 为振动(位移)的稳态振幅;δ 为衰减系数。

衰减系数 δ 与振动系统的品质因数 Q_m,接收换能器振动系统的固有频率 f_0 和接收频率带宽 Δf 有关,描述为:

$$\delta = \frac{\pi f_0}{Q_M} = \pi \Delta f \tag{3.91}$$

当接收脉冲声波结束时,外加策动力 F 消失,由于振动系统的惯性,接收换能器表面振动将按负指数规律衰减:

$$\xi = \xi_m e^{-\delta t} \sin(\omega t + \varphi) \tag{3.92}$$

当接收换能器接收到一个脉宽为 τ 的声波后,接收换能器表面振动将经历振动过程的建立、稳定和衰减三个阶段,如图 3-25 所示。

一般认为振动系统的振动建立时间 τ_1 为振动达到稳态振幅 ξ_m 的 95%,即

$$\frac{\xi_1}{\xi_m} = 0.95 = (1 - e^{-\delta \tau_1}) \tag{3.93}$$

由此得 $\delta \tau_1 = 3.0$,则

$$\tau_1 = \frac{3}{\pi \Delta f}$$

$$\Delta f = \frac{0.95}{\tau_1} \approx \frac{1}{\tau_1} \tag{3.94}$$

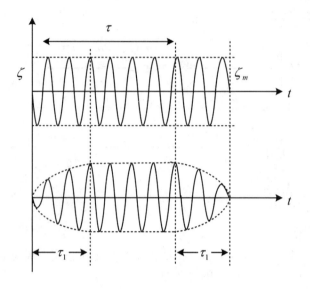

图 3-25　声波的脉冲接收过程

由此可见，接收换能器振动系统的谐振曲线越尖锐，即品质因数越高，通频带越窄，系统的衰减系数越小，振动的过渡过程建立的时间就越长。从减小脉冲波形失真，缩小过渡过程建立的时间角度看，希望接收换能器具有较宽的通频带，但过大的通频带将引入较多的噪声干扰。实践中应合理选择接收换能器的通频带。

3. 接收换能器灵敏度

接收换能器将声能转变为电能，存在一个接收灵敏度问题。接收换能器灵敏度定义为：一个接收换能器在给定的频率下，单位平面波声压（$1\mu\text{Pa} = 1\text{dyn}/\text{cm}^2$）所产生的开路电压，含义为灵敏度声压响应，单位为 $\text{V}/\mu\text{Pa}$，记为 M，从而有：

$$M = \frac{V}{p} \tag{3.95}$$

接收换能器灵敏度通常用分贝表示：

$$M(\text{dB}) = 10\log\frac{V}{p} \tag{3.96}$$

接收换能器灵敏度是频率和声波相对于接收换能器表面入射方向的函数，当频率一定时，接收换能器灵敏度是声波相对于接收换能器表面入射方向的函数，即接收换能器是有方向特性的。

4. 接收换能器的方向特性

接收换能器的方向特性定义为：在自由场中声波沿某一方向入射时的接收灵敏度与声波沿接收换能器的最大接收灵敏度方向入射时的接收灵敏度之比，即

$$G(\varphi, \theta) = \frac{M(\varphi, \theta)}{M(\varphi_0, \theta_0)} = \frac{V(\varphi, \theta)/p}{V(\varphi_0, \theta_0)/p} = \frac{V(\varphi, \theta)}{V(\varphi_0, \theta_0)} \tag{3.97}$$

式中, $M(\varphi, \theta)$ 为声波沿 (φ, θ) 方向入射时接收换能器的自由场响应; $M(\varphi_0, \theta_0)$ 为声波沿最大自由场声场方向的响应, 而 $V(\varphi, \theta)$ 和 $V(\varphi_0, \theta_0)$ 分别为接收声波沿任一方向和最大方向传播至换能器表面所产生的开路电压。自由场相对响应也叫做接收换能器的相对电压响应。

当接收换能器的相对电压响应沿纵轴空间对称时, 在 $\varphi = 0$ 的平面内研究接收换能器的相对电压响应即可, 此时

$$G(\varphi, \theta) = G(\theta) = \frac{V(\theta)}{V(\theta_0)} \tag{3.98}$$

它的图像可以画在极坐标系中, 即指向性图, 还可以用声束图案描述接收换能器的方向特性, 声束图案为:

$$G^2(\varphi, \theta) = \frac{V^2(\varphi, \theta)}{V^2(\varphi_0, \theta_0)} \tag{3.99}$$

声束图案正比于电压平方之比, 故对应于接收换能器输出端的相对电功率。

对于长度为 L 的线型连续接收换能器, 当声压幅值为 p_m 的声波沿偏离线段法线方向 θ 角入射时, 相距换能器中心点 O 为 x 的一小段接收元上所受到的力为:

$$\mathrm{d}F = p_m \mathrm{e}^{i\frac{2\pi}{\lambda}x\sin\theta}\mathrm{d}x \tag{3.100}$$

整条换能器上的平均声压为:

$$p = \frac{p_m}{L}\int_{-\frac{L}{2}}^{\frac{L}{2}} \mathrm{e}^{i\frac{2\pi}{\lambda}x\sin\theta}\mathrm{d}x = p_m \frac{\mathrm{e}^{i\frac{\pi}{\lambda}L\sin\theta} - \mathrm{e}^{-i\frac{\pi}{\lambda}L\sin\theta}}{i\frac{2\pi}{\lambda}L\sin\theta}$$

$$= p_m \frac{\sin\left(\frac{\pi}{\lambda}L\sin\theta\right)}{\frac{\pi}{\lambda}L\sin\theta} \tag{3.101}$$

设连续线型换能器的自由声场电压响应为 M_0, 则声波沿 θ 方向入射时的接收换能器输出端开路电压为:

$$V(\theta) = M_0 p = M_0 p_m \frac{\sin\left(\frac{\pi}{\lambda}L\sin\theta\right)}{\frac{\pi}{\lambda}L\sin\theta} \tag{3.102}$$

当声波沿长条形换能器法线方向入射时, 换能器各部分同时受到声波作用, 声压叠加后获得的最大开路电压为:

$$V_0 = M_0 \frac{p_m}{L}\int_{-\frac{L}{2}}^{\frac{L}{2}} \mathrm{d}x = M_0 p_m \tag{3.103}$$

这样, 连续线型换能器的自由场相对响应为:

$$G(\theta) = \frac{V(\theta)}{V(\theta_0)} = \frac{\sin\left(\frac{\pi}{\lambda}L\sin\theta\right)}{\frac{\pi}{\lambda}L\sin\theta} \tag{3.104}$$

比较连续线型接收换能器的自由场相对响应与相同类型发射换能器的方向性函数，可见从形式上两者完全相同，即具有互易性的换能器在接收和发射时具有相同的指向性。

对于均匀线列阵的自由场相对响应，利用类似的推导过程可以得出：

$$G(\theta) = \frac{V(\theta)}{V(\theta_0)} = \frac{\sin\left(\dfrac{n\pi}{\lambda}d\sin\theta\right)}{n\sin\left(\dfrac{\pi}{\lambda}d\sin\theta\right)} \tag{3.105}$$

式中，n 为均匀线列阵基元个数；d 为均匀线列阵基元间距；θ 为入射波与基阵法线之间的夹角。

均匀线列阵的自由场相对响应与均匀线列阵的发射方向性函数在形式上完全相同。由此可以推论，具有互易性的换能器(收发合一)，无论任何形状，在接收和发射时具有相同的指向性。

产生接收换能器自由场相对响应的原因：换能器具有一定的几何形状，入射声波到达换能器不同位置，具有不同的声程差，所激起的电压也就有相位差，这些相位差随着入射角 θ 而改变，各基元电压迭加的结果，使得声波沿着不同方向入射到换能器会有不同的响应(灵敏度)，因此接收换能器同样具有指向性。

5. 接收换能器指向性指数

接收换能器具有指向性对水声测量具有较大的意义。水声设备可以依靠这种方向性提高从噪声场中提取有用信号的能力，相当于为设备提供了一个空间增益。用接收换能器指向性指数衡量换能器，以其声束图案从噪声场中提取有用信号的能力。

接收换能器指向性，可以理解为一个具有指向性的接收换能器在最大值方向的响应与一个无指向性的接收换能器的响应相同，把这两个接收换能器放在同一个各向同性的噪声场中，比较其输出，就可以清楚地理解接收换能器指向性的物理意义。显然，有指向性的接收换能器的响应(包括接收信噪比)比无指向性的接收换能器的响应要有所降低，因为有指向性的接收换能器对声束图案以外的噪声有所抑制。

定义接收换能器的指向性指数 DI 为：

$$\mathrm{DI} = 10\lg\frac{V^2}{V_0^2} = 10\lg\frac{4\pi}{\displaystyle\int_{4\pi}\left[G(\varphi,\ \theta)\right]^2\mathrm{d}\Omega} \tag{3.106}$$

从式(3.106)可见，接收换能器的指向性指数 DI 就是在各向同性的噪声场中，无指向性接收换能器的均方电压和同一噪声场中具有指向性的接收换能器在最大响应方向上接收换能器的均方电压的比值。展开后得：

$$\begin{aligned}\mathrm{DI} &= 10\lg\frac{4\pi}{\displaystyle\iint_{4\pi}\left[G(\varphi,\ \theta)\right]^2\mathrm{d}\Omega} \\ &= 10\lg\frac{4\pi}{\displaystyle\int_0^{2\pi}\mathrm{d}\varphi\int_0^{\pi}\left[G(\varphi,\ \theta)\right]^2\sin\theta\mathrm{d}\theta}\end{aligned} \tag{3.107}$$

当接收换能器指向性函数具有轴对称结构时，可得：

$$DI = \gamma_0 = 10\lg \frac{2}{\int_0^\pi G^2(\theta)\sin\theta d\theta} \qquad (3.108)$$

也就是说，接收换能器的指向性指数与发射换能器轴向聚集系数具有完全相同的表达式，仅意义不同。当同一个换能器用作发射器时，其发射的声能将被聚集在轴向某一个角度范围内，从而使得换能器轴向声能增大，而无指向性换能器要获得同样的声能，需要发射的声功率比有指向性换能器大 γ_0 倍。当同一个换能器用作水听器时，在各向同性的噪声场中接收信号的信噪比要比无指向性水听器所接收信号的信噪比大 γ_0 倍，相当于噪声被压缩了 γ_0 倍。换能器的指向性为水声探测设备提供了信号处理的"空间增益"。

3.4 声传播能量损失与声呐方程

声波传播能量损失（Transmission Loss，TL）指传播过程中的声波能量（密度）因声场的几何结构和传播过程中的介质吸收等因素引起的能量密度损失。声波被探测体（面）反射过程中存在反射损失（Backscattering Strength，BS）。本节探讨这些声能（声强）损失机理，并考虑声源强度，探测设备仪器的声接收能量要求，论述声波传播和发射等过程的强度变化过程，即声呐方程。

3.4.1 声波传播能量损失

1. 声场几何结构引起能损失

一般而言，声源发出的声波均具有球形波的性质，即以球面为波阵面沿一定立体角向空间传播。球形波声场的几何结构引起的声能损失与声源的距离平方 R^2 成比例，如图 3-26 所示。

在不存在物理或化学原因造成能量吸收的前提下，在不同的波阵面上，声能 Π 为守恒量，即

$$\Pi = I_1 A_1 = I_2 A_2 \qquad (3.109)$$

式中，A 为波阵面的面积，$A_1 = R_1^2\Omega$，$A_2 = R_2^2\Omega$，其中 Ω 为声场波阵面相对声源的立体角。

因此，声强比为（IHO，2005）：

$$\frac{I_1}{I_2} = \left(\frac{R_2}{R_1}\right)^2 \qquad (3.110)$$

若取距声源 $R_1 = 1m$ 处的声强级（声源级）为参考（比较基准），则所考察的波阵面 R_2 处的声强级，即几何传播的能量损失为：

$$TL_S = 10\lg \frac{I}{I_{ref}} = 10\lg \frac{1}{R_2^2} = -20\lg R_2 \qquad (3.111)$$

即在相距声源 r 的波阵面上，与声源级相比，传播损失为：

$$TL_S = -20\lg r \qquad (3.112)$$

而声源级（source level，SL）的分贝数为 $R_1 = 1m$ 处的声强与标准声强 $p_{ref} = 1\mu Pa$ 比值的常用对数的 10 倍。

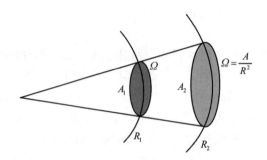

图 3-26　声波能量的几何损失

2. 声能的物理和化学吸收过程

声波传播过程中的能量吸收决定于水的物理和化学性质及声波的频率。介质中的能量吸收包括介质的热传导吸收、黏滞吸收、弛豫吸收、共振吸收等过程。

声波传播是介质的稠密和稀疏交替变化过程，稠密区因介质质点压缩而温度升高，稀疏区因膨胀而温度降低。尽管这种热量的分布宏观上无法察觉，但对微观过程却是不能忽略的。压缩区的热量向周围介质的传播形成热传导过程，反映能量的吸收或损失。

承载声波传播的介质具有黏滞性，即介质质点之间存在黏滞力。声波传播本质上是由近及远地激发机制质点振动的过程。在此过程中，介质产生相对运动，因摩擦而做功，消耗声能形成声能吸收。

介质的弛豫吸收包括结构弛豫和化学弛豫两种吸收过程。在水介质压缩过程中，水分子产生相对位移，造成分子间束缚关系的破坏，使分子中原子配置，即结构发生变化，而这一过程滞后于压力变化(滞后时间称为弛豫时间)，此现象称为结构弛豫。海水中的电解质在声波作用下发生离解和缔合过程，造成对声能的吸收。在海水中典型的化学弛豫来源于硫酸镁，它的弛豫频率是 100kHz，对相应频率的声波吸收现象明显。

在水中，特别是存在大量浮游生物的海水中，对某些频率的声波产生共振吸收而引起声波能量衰减。

声波能量被传播介质的吸收程度通常用吸收系数 α 衡量。在此，首先研究平面声波的衰减规律，然后推广至球面声波情形。

在均匀介质中，声强为 I_0 的平面声波沿传播方向移动 dr 后，声强减弱为 $I_r = I_0 - dI$，如图 3-27 所示。

在声波传播的短距离范围内，声强在介质中的变化可认为是均匀连续的线性关系，有 $dI/dr = -\alpha I$。式中比例系数 α 由介质的物理性质所决定，称为声波的衰减系数或介质吸收系数，负号表示声强随传播距离而减小，故声强与距离变化的规律为：

$$\frac{dI}{I} = -\alpha dr \tag{3.113}$$

将上式自声源级的参考位置(距声源 1m 处)开始积分，即 $\int_{I_{\text{ref}}}^{I_r} \frac{dI}{I} = -\int_0^r \alpha dr$，结果为：

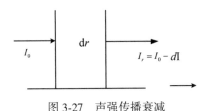

图 3-27 声强传播衰减

$$\ln I_r - \ln I_{\text{ref}} = \ln \frac{I_r}{I_{\text{ref}}} = \frac{\lg \dfrac{I_r}{I_{\text{ref}}}}{\lg e} = -\alpha r \qquad (3.114)$$

以分贝数表示吸收损失:

$$\text{TL}_a = 10\lg \frac{I_r}{I_{\text{ref}}} = -10\lg e \cdot \alpha r = -ar \qquad (3.115)$$

式中, a 为水中物理和化学因素声波吸收率, 一般以 dB/m 或 dB/km 为单位。

而距声源 r 处的声强可写为: $I_r = 10^{-0.1ar} \cdot I_{\text{ref}}$。

3. 声能的综合衰减

综合考虑几何衰减和物理及化学吸收因素的声波衰减, 则

$$\text{TL}_S = 20\lg r + ar (\text{dB}) \qquad (3.116)$$

对于声功率为 W 的声源, 在介质中形成球面波, 介质的吸收系数为 $\alpha(\text{dB/km})$ 时, 同时考虑声传播的几何衰减和物理衰减两个方面的因素, 则在距离声源 r 千米处的声强 I_r 为:

$$I_r = \frac{W}{4\pi r^2} 10^{-0.1ar} \qquad (3.117)$$

当声强单位用 W/cm^2, 声功率单位为 W, 距离 r 的单位用 km, 介质吸收系数 α 的单位为分贝/千米(dB/km)时, 上式变为:

$$I_r = \frac{W}{4\pi r^2 \times 10^{10}} 10^{-0.1ar} (\text{W/cm}^2) \qquad (3.118)$$

声强的吸收系数 a 与介质的特性阻抗有关。例如, 同一频率的声波在空气中的吸收系数比在水中的吸收系数大一千倍左右, 故声波在空气中传播比在水中的传播要衰减得快, 传播的距离要近得多。声强的吸收系数 α 与声波频率的平方 f^2 成正比, 即声波频率越高, 声波传播衰减越大, 故在其他条件相同的情况下, 高频声波比低频声波传播距离要近得多。

海洋工作者斯查尔根和玛石根据开展的 3 万次海上实验, 给出了计算海水声强吸收系数 α 的经验公式为:

$$a = 2.034 \times 10^{-2} \frac{S \cdot f_T f^2}{f_T + f} + 2.931 \times 10^{-2} \frac{f^2}{f_T} (\text{dB/km}) \qquad (3.119)$$

该式描述了没有考虑海水静压力影响的声强吸收系数, 单位是 dB/km, S 为盐度‰。

当声波频率 f 远远离开弛豫频率 f_T 时，α 近似与 f^2 成正比。其中，f_T 为与温度有关的弛豫频率，且 $f_T = 21.9 \times 10^{\left(6-\frac{1520}{T+273}\right)}$，$T$ 为摄氏温度℃。

根据上式，在盐度 35‰ 的标准参考值下，算得在不同温度下不同频率声波声强的海水吸收系数，见表 3-4。

表 3-4　　　　　　　　　　　　　　**海水吸收系数 a ($S=35‰$)**　　　　　　　　　单位：dB/km

温度	频　率							
	5 kHz	10 kHz	20 kHz	30 kHz	40 kHz	50 kHz	100 kHz	200 kHz
0℃	0.3108	1.2186	4.5154	9.0569	14.002	18.784	36.154	58.641
5℃	0.2472	0.9767	3.7183	7.7464	12.488	17.445	38.509	62.141
10℃	0.1988	0.77865	3.0464	6.5117	10.823	15.613	38.674	67.072
15℃	0.1601	0.6372	2.4952	5.4253	9.212	13.612	37.769	71.820
20℃	0.1302	0.5191	2.0473	4.5019	7.757	12.372	35.565	75.468
25℃	0.1066	0.4256	1.6865	3.7358	6.501	9.889	32.481	77.243

另外，声强吸收系数 a 随着海水深度（压力）的增加而增大，海深 z（m）的平均吸收系数 a_H 为：

$$a_H = a(1 - 3.166 \times 10^{-5}z) \quad (\text{dB/km}) \qquad (3.120)$$

一般规律是深度每增加 1000m，声强吸收系数 a 减小 6.7%。

综合上述分析：海水中的声强吸收系数 α 与声波频率 f^2 成正比，当声波频率 f 大于 10kHz 时，海水对声波传播衰减的影响就显现出来，在声波频率范围为 10k～500kHz 时，声强吸收系数 α 的数值可达 1～100dB/km。此外，声强吸收系数的数值还与海水的温度、盐度及深度有关。在各种频率下，声强吸收系数 α 随着深度的增大而减小。不同频率声波随深度的声强吸收系数变化情况见表 3-5。

表 3-5　　　　　　　　　　　**$T=5℃$，海水吸收系数 α ($S=35‰$)**　　　　　　　　单位：dB/km

深度	频　率							
	5kHz	10kHz	20kHz	30kHz	40kHz	50kHz	100kHz	200kHz
0m	0.2472	0.9767	3.7183	7.7464	12.4878	17.445	38.509	62.342
200m	0.2454	0.9698	3.6922	7.6922	12.400	17.322	38.239	61.906
500m	0.2432	0.9610	3.6588	7.6225	12.288	17.166	37.893	61.344
1000m	0.2392	0.9454	3.5993	7.4985	12.088	16.866	37.276	60.347
5000m	0.2079	0.8214	3.1271	6.5147	10.502	14.671	32.386	52.430
10000m	0.1689	0.6670	2.5396	5.2908	8.529	11.914	26.302	42.580

不同温度下的水介质声强吸收系数曲线如图 3-28 所示（IHO，2005）。

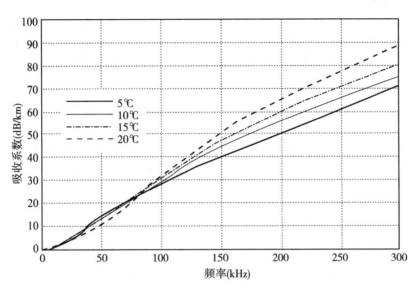

图 3-28　声强吸收系数

　　总体而言，吸收系数随声波频率的变化最为敏感，因此，浅水探测通常采用高频声波，以便用尽量短波长的声波保证对海底或其他目标的高分辨率探测。而随水深的增加，所应用的探测声波频率将随之减低，以尽量减少吸收造成的损失，保证对目标的可探测能力。

4. 海水中气泡对声波传播的影响

　　海水为非均匀介质，在海水中含有各种杂质，如微小气泡、固体悬浮粒子及海洋微生物。特别是海水中所溶解的气泡，对声波传播有一定的影响。一般而言，在海水中生成气泡的原因大致有：海洋表面风浪的搅动将空气气泡带入水中；船舶航行螺旋桨搅动所形成的尾流中产生大量的气泡。除此之外，海洋生物也在海水中产生气泡。

　　由于海水中大量气泡的存在，在波动声压的作用下，气泡内的气体产生周期性的压缩和膨胀（即气泡产生振动），从而形成一个球形发射体向周围海水发射所谓二次声波，即气泡的散射作用。这样，由于气泡的散射作用而消耗了部分声能。当气泡固有振动频率与声波频率相同时，共振气泡的振动幅值最大，声波衰减也最大。

　　在海水深度为 z 米处，气泡半径与固有共振频率的关系式为：

$$f_r = \frac{0.326}{r}\sqrt{1 - 0.1z} \qquad (3.121)$$

式中，r 为气泡半径（cm）；f_r 为气泡固有共振频率（kHz）；z 为海面下深度（m）。从式（3.121）可见，在水深 2m 处，共振频率在 $10\sim100$kHz 范围内的气泡半径为 $0.036\sim0.003$cm。声波频率越高，海水中微小气泡对声波传播的影响越大。

　　在实际工作中，当测量船经过前面船舶航迹的尾流时，或测量船倒车时，或者由于换能器安装位置不当，导致换能器下大量气泡的存在，将直接影响声波的发射和接收，甚至使仪器无法正常工作。

5. 海水中的噪声

除了海测水声设备发射并予以接收的有用回波信号外，在海水介质中的与回波信号无关的声波统称为干扰噪声。干扰噪声与有用的回波信号一起被接收设备所接收，影响有用回波信号的质量，降低信噪比。当信噪比减小到一定值时，设备无法从噪声中检测出回波信号。除了海水中的干扰噪声外，水声测量设备电子线路本身也可形成电路噪声。

海水中噪声主要包括：海洋自然噪声、舰船噪声及海水中的交混回响。

海洋中的自然噪声源主要有物理过程产生的噪声和生物现象噪声。物理过程产生的噪声主要由海洋中的潮汐涨落、海面波浪起伏、海洋湍流、海面降雨、地震扰动等引起。海洋噪声源的频率带宽在几个赫兹至几十千赫兹。在低频范围（200～500Hz）内强度较强，而在高频范围（4000Hz）以上强度较弱。海洋噪声强度由海洋自然环境所决定。海洋生物现象的噪声包括海洋中的鱼类、海洋中的哺乳类所发出的海洋生物噪声。海洋生物噪声的频谱随海洋生物的不同而不同，具有间歇性。

海洋环境中的人为噪声主要包括舰船噪声、近岸工程活动噪声等。

舰船噪声是由于本船或它船航行所造成的噪声，主要有主副机、空调等机械工作时产生的机械振动噪声。机械振动噪声大多集中在低频范围内，其强度、频谱分布随舰船类型及运动状态而异。

螺旋桨噪声也是主要的舰船航行噪声。当螺旋桨转动时，在水中形成的湍流产生航行噪声，特别是螺旋桨叶片附近所产生的负压区使得海水中的空气逃逸出来，产生气泡层，即产生螺旋桨的空化现象。当气泡层破裂时，会发出尖的噪声，构成舰船噪声频谱分布的高频成分。对于流线型较好的舰船，其舰首所激起的破浪声也将产生舰船航行噪声。舰首所激起的破浪噪声及螺旋桨噪声构成了舰船尾流。尾流的厚度约为舰船吃水深度的两倍左右，且随着航速而加厚，长度可达几百米甚至千米以上。舰船尾流对声波有强烈的衰减吸收和散射作用，而且换能器表面吸附的气泡改变了换能器负载声阻，使换能器发射功率下降，致使水声测量设备无法正常工作。当测量舰船进入它船尾流或者本测量船倒车时，都会出现水声测量设备无法正常工作的现象。因此，换能器应有足够的拖曳长度，以避开尾流的影响。

对于船体安装换能器时，换能器应加装导流罩，避免激起水动力噪声，并远离本船机械振动源和船体突出部位或排水排气孔。

海洋噪声是水声测量设备工作的环境参数，是干扰背景，可以认为是各向同性的白噪声，其强度一般无法理论推导，大多是通过海上实际测量实验获得。用噪声水平（Noise Level，NL）衡量其强度，NL 依赖于环境噪声的水平 N_0 和声波的接受宽度 W：

$$NL = N_0 + 10\lg W \quad (dB) \tag{3.122}$$

3.4.2　声波反射（散射）的能量损失

海底将入射声波能量进行重新分配。对于较平坦且粗糙的海底，其反射及散射的能量分配如图 3-29 所示。

水底地形对声波的反射强度（Backscattering Strength，BS）描述为声波反射主方向单位

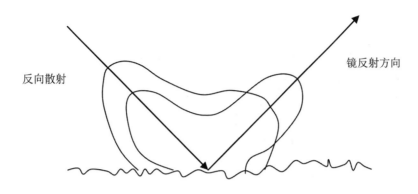

图 3-29　反射对声波能量的重新分配

面积的本征反向散射强度或称为反向散射强度指标(Backscatter Index，SB)，它依赖于水底地形的反射性质和有效的瞬时反射面积 A 。

$$\mathrm{BS} = \mathrm{SB} + 10\lg A \quad （\mathrm{dB}） \tag{3.123}$$

定义单位面积上的散射强度系数 S_S 为离海底散射界面 1m 处的散射声强 I_S 与入射声波声强 I_i 的比值，即

$$S_S = \frac{I_S}{I_i} \tag{3.124}$$

当海底粗糙程度比声波波长小时，单位面积散射强度系数 S_S 会随着声波频率的增加（波长减小）而增强，而且变化较快；当海底粗糙程度比声波波长大时，散射强度 S_S 随着声波频率的变化不明显。

当声强为 I_i 的声波以掠射角 θ 入射到面积为 $\mathrm{d}A$ 的水底时，声波对水底作用的声功率为 $W_i = I_i \cdot \sin\theta \cdot \mathrm{d}A$ 。根据 Lambert 定律，声功率正比于散射角 φ 的正弦向外辐射，从而散射声强为：

$$I_S = \mu I_i \cdot \sin\theta \cdot \sin\varphi \tag{3.125}$$

即

$$\frac{I_S}{I_i} = \mu \cdot \sin\theta \cdot \sin\varphi \tag{3.126}$$

式中，μ 为比例系数。

当散射方向与入射方向相反，即发生反向散射时，$\varphi = \pi + \theta$，则

$$S_S = \frac{I_S}{I_i} = -\mu \cdot \sin^2\theta \tag{3.127}$$

为单位面积上的反向散射强度系数，负号表示方向相反，在研究声强比时可略去。

对于面积为 S_A 的反向散射面，反射的声功率为：$W_s = \mu I_i \cdot \sin^2\theta \cdot S_A$ 。

海底界面散射强度 S_S 与声波频率无关并不是普遍的。有实验指出，散射强度随着声波频率的变化有如下关系：

$$S_s = k \cdot 10\lg f \tag{3.128}$$

式中，f为声波频率；k取决于海底底质，如沙质$k \approx 1.6$。

3.4.3　声呐方程

声呐方程从能量的角度定量描述水声测量设备从信号发射到信号检测接收整个过程（图3-30），它是将声传播介质、目标、背景干扰以及声呐设备参数综合在一起的关系式。利用声呐方程可以设计声呐系统的工作参数，并对系统检测能力进行估算（秦臻，1984），还能反映海底类型的变化，因而它具有解释海底地貌特征的作用。

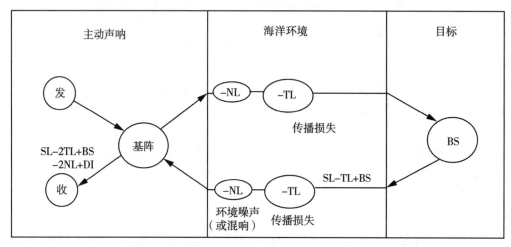

图3-30　声呐信号流程图

1. 设备声呐参数

由设备所确定的声呐参数有：发射换能器的声源级 SL（Source Level）、指向性指数 DI（Directivity Index）、自噪声级 NL（Noise Level）、检测阈 DT（Detection Threshold）。

（1）声源级 SL

SL 表示声源的强度，含义为距声源 1m 处的辐射声强 I_1 与参考声强 I_{ref} 之比的分贝值，即

$$SL = 10\lg \frac{I_1}{I_{ref}} = 20\lg \frac{P_1}{P_{ref}} \tag{3.129}$$

参考声压通常取为$1\mu Pa$（1微帕）；由$I_{ref} = \dfrac{p^2}{\rho c}$，取$\rho = 1 g/cm^3$，$c = 1.5 \times 10^5 cm/s$，$r = 1$ m，则$I_{ref} = 1.5 \times 10^{-18} W/m^2$。

已知一个周期的声压均值$p_e = \sqrt{\overline{p^2}}$为有效声压，即$p_e^2 = \overline{p}^2$。

对于平面波或球面波有：

$$I = \frac{p_e^2}{\rho c} = \frac{\overline{p}^2}{\rho c} \tag{3.130}$$

SL 的表达式也可以写成为:

$$SL = 10\lg \frac{\overline{p}_1^2}{\overline{p}_{ref}^2} = 10\lg \overline{p}_1^2 \qquad (3.131)$$

对无指向性声源有 $I_r = \dfrac{W}{4\pi r^2}$,$I_r = \dfrac{\overline{p}_r^2}{\rho c}$,所以

$$W = 4\pi r^2 \frac{\overline{p}_r^2}{\rho c} \times 10^{-7}(\text{W}) \qquad (3.132)$$

$\overline{p}_r^2$ 为距声中心 r 处的声压均方值。

取 $\rho = 1\,\text{g/cm}^3$,$c = 1.5 \times 10^5\,\text{cm/s}$,当 $r = 1\,\text{m}$ 时,可算得:

$$W = \frac{4\pi \times 1 \times 100^2 \times 10^{-7}}{1 \times 1.5 \times 10^5}\overline{p}_1^2 = \frac{4\pi \times 10^{-8}}{1.5}\overline{p}_1^2 \qquad (3.133)$$

取分贝数有:

$$10\lg W = -70.8 + 10\lg \overline{p}_1^2 = -70.8 + SL \qquad (3.134)$$

所以

$$SL = 10\lg W + 70.8 \qquad (3.135)$$

当考虑换能器的轴向聚集系数时,定义发射指向性指数 DI_T:

$$DI_T = 10\lg \gamma_0 \qquad (3.136)$$

由此得有指向性换能器轴向声源级为:

$$SL = 10\lg W + 70.8 + DI_T = 10\lg W + 70.8 + 10\lg \gamma_0 \qquad (3.137)$$

[例] 某型测深仪换能器轴向 $1\,\text{m}$ 处声强 $I_1 = 0.147\,\text{W/cm}^2$,或轴向 $1\,\text{m}$ 处的发射功率为 $268\,\text{W}$,已知轴向聚集系数为 69,则根据以下计算可求得声源级。

$$SL = 10\lg \frac{I_1}{I_{ref}} = 10\lg \frac{0.147}{0.65} \times 10^{12} = 113.54(\text{dB})$$

$$SL = 10\lg W + 70.8 + 10\lg 69 = 10\lg 268 + 70.8 + 10\lg 69$$
$$= 24.28 + 70.8 + 18.38 = 113.5(\text{dB})$$

(2)接收换能器指向性指数 DI_R

接收换能器指向性指数是反映接收换能器以其声束图案从噪声场中提取有用信号的能力的物理量。根据定义有:

$$DI_R = 10\lg \gamma_0 \qquad (3.138)$$

对于矩形和圆形换能器,指向性系数 γ_0 分别为 $\dfrac{4\pi L \times D}{\lambda^2}$ 和 $\dfrac{4\pi^2 r^2}{\lambda^2}$。

(3)自噪声级 NL

自噪声级一般靠实际测量得出,也可用下式计算:

$$NL = 10\lg \frac{I_N \Delta f}{I_{ref}} = 10\lg \frac{I_N}{I_{ref}} + 10\lg \Delta f = NL_1 + 10\lg \Delta f \qquad (3.139)$$

式中,I_N 为 $1\,\text{Hz}$ 带宽的自噪声强度,Δf 为接收机带宽。

(4)检测阈值 DT

检测阈值是反映接收机在噪声中检测有用信号的能力。检测是信号判决的过程，其定义是：在设计的检测概率和虚警概率下能够判别目标信号存在时的最小信噪比。

$$\text{DT} = 10\lg\frac{S}{N} \tag{3.140}$$

检测阈值越小，反映接收机的检测能力越高。当接收机接收到的信噪比高于接收机的检测阈值时，则能够对信号做出正确检测。

对于海底地形测量常用的测深仪而言，显示记录方式有记录纸和数字两种形式。一般情况下，记录纸记录方式中检测阈值 10dB，即信噪比不低于 10∶1；数字显示方式中检测阈值 14dB，即信噪比不低于 25∶1。

（5）双层透射损失 TL_t

换能器安装在导流罩内，声波往返经过时引起双层损耗。

$$\text{TL}_t = 2 \times 10\lg\frac{I_t}{I_i} = 20\lg t_I \tag{3.141}$$

对装有导流罩的换能器，声源级为：

$$\text{SL} = 10\lg W_S + 70.8 + 10\lg\gamma_0 + 20\lg t_I \tag{3.142}$$

2. 传播介质声呐参数

传播损失 TL(Transmission Loss)是定量描述声波传播过程中声强衰减的物理量。其定义为距离声源声学中心 1m 处的声强与距离 r 米处的声强之比的分贝数。

$$TL = 10\lg\frac{I_1}{I_r} \tag{3.143}$$

传播损耗由球面扩展损耗和介质物理吸收损耗所组成。根据前述，球面扩张损失为 $20\lg r$，吸收损失为 $10\lg\frac{I_r}{I_1} = -\alpha r$。通常，吸收系数的单位取为 dB/km，当距离同样以米计时，吸收损失为 $10\lg\frac{I_r}{I_1} = -\alpha r \times 10^{-3}$，所以总的声波传播损失为：

$$\text{TL} = 20\lg r + \alpha r \times 10^{-3} \tag{3.144}$$

3. 海底反射损失与海洋噪声声呐参数

如前所述，水底地形对声波的发射强度指标依赖于水底地形的反射性质和有效的瞬时反射面积 A，即 $\text{BS}=\text{SB}+10\lg S_A(\text{dB})$。

所关注的主要是海底混响级，声波倾斜入射到粗糙海底后，一部分声能被辐射回去，这种声能的再辐射称为散射，海底散射的总和称之为海底混响。海底混响是探测海底信息的有用回波信号。

$$\text{SB} = 10\lg\mu + 10\lg\sin^2\theta \quad (\text{dB}) \tag{3.145}$$

$$\text{BS} = 10\lg\mu + 10\lg\sin^2\theta + 10\lg S_A \quad (\text{dB}) \tag{3.146}$$

海洋噪声参数为噪声强度：

$$\text{NL} = 10\lg\frac{I_N}{I_{\text{ref}}} \tag{3.147}$$

式中，I_N 为海洋噪声强度。

4. 声呐方程

描述将自信号发射至接收整个能量变化过程的公式称为声呐方程，如对于回声测量，声呐方程为：

$$SL-2TL+BS+DI-2NL \geqslant DT \tag{3.148}$$

而单程距离观测，由水听器接收进行距离测量时，声呐方程为：

$$SL-TL+DI-NL \geqslant DT \tag{3.149}$$

3.4.4 水声探测的设备参数

声波探测距离是水声测量设备重要技术性能之一，包括最大探测距离和最小探测距离。

声波探测距离取决于水声探测设备本身的声学参数，同时取决于声波在海水介质及海底底质等的传播性质，还与测量的环境、条件有关。

声波探测距离，特别是最大探测距离首先是要满足声呐方程，其中，声波的吸收衰减与声波频率有密切的关系，对于不同性质的探测任务，应选取合适的频率范围与设备类型。这些基本知识已经分别介绍，这里仅说明与声波脉冲重复周期、脉冲宽度的关系。

1. 最大探测距离与声波脉冲重复周期的关系

水声测量设备的最大探测距离除了与设备声学参数、声波传播衰减、噪声干扰、目标特性等因素有关外，还与水声测量设备发射脉冲的重复频率有关。水声探测通常是利用脉冲测量方式实现水中测距的，即发射一个声脉冲信号，经水底反射为水声测量设备所接收，确定信号往返时延 Δt 所代表的距离，完成一次完整的测量，继而完成下一次声波收发，如图 3-31 所示。

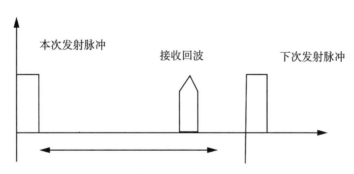

图 3-31 脉冲发射与接收的断续式水中测距示意图

发射声波脉冲的重复周期 T 必须满足：$T \geqslant \Delta t_{max}$，这里 Δt_{max} 为最大探测距离所对应的往返时延。若重复周期小于传播时延，则会造成声波混淆，不能有效实施测距。

可以根据水声测量系统发射脉冲重复频率 F 判断其大概的探测范围。例如 $F = 0.75Hz$，当 $c = 1500m/s$ 时，$r_{max} \leqslant \dfrac{1}{2}cT = \dfrac{c}{2F} = 1000m$，同理，当采用 $F = 7.5Hz$ 的重复频率时，最大探测距离应小于100m。

2. 最小探测距离与发射脉冲持续宽度的关系

　　水声探测设备就是测量发射声波脉冲信号与回波脉冲信号之间的时间间隔。声波的脉冲信号都有一定的持续时间，称之为脉宽，记为 τ。为了能够清楚地分辨出发射的脉冲信号与其相对应的回波信号，最小深度的回波信号应当在发射的脉冲信号结束以后到达，如图 3-32 所示，即应该有：$\Delta t_{\min} > \tau$，由于 $\Delta t_{\min} = \dfrac{2r_{\min}}{c}$，故最小探测距离应满足 $r_{\min} \geqslant \dfrac{c\tau}{2}$。

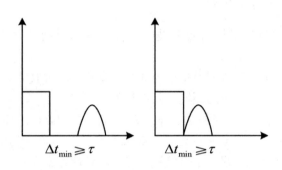

图 3-32　探测最小水深与脉冲宽度关系示意图

第4章 测量载体定位与导航

水下(海底)地形测量的目的是获取水下地物地貌等地形要素的分布,而一切地形要素在获取和表示时对应于明确的位置信息(坐标)才有意义。获取位置的技术工作称为定位,特别是水下地形测量需要在动态条件下实施,应依据载体作为观测平台,所涉及的位置获取工作归结为测量载体的定位与导航。现代精细海底地形测量的这些定位导航工作已渐渐演进为对海底地形测量传感器的动态位置测定。对位置信息的精度进行有效评价,一方面可用于评价测量结果的质量,另外,也是制定测量作业计划的需要。海上定位技术是由传统的地文与天文定位技术,特别是地文定位技术(在此称地基导航定位技术)发展而来。在新技术推动下,卫星定位技术提高了定位的可靠性、精度和效率,是当今水面载体的主要定位方式。为了保证水下载体、拖曳式海底地形测量设备的定位需求,水声定位也构成重要的海上辅助定位技术。本章将根据技术进展与海底地形测量应用需求分别论述这些技术。

4.1 传统地基导航定位技术及精度

4.1.1 控制基础与定位基本原理

1. 海控点及其作用

为获取海上空间点的坐标,传统做法总是以陆地为依托,自海岸带向海岛尽量扩展和延伸大地控制网,由地面观测技术测定和计算这些点的大地坐标。因为图形条件的限制,以及海上定位精度通常比陆地大地定位有数量级的降低,在国家大地网基础上,扩展和加密的海洋测量控制网往往按比国家等级大地网略低的规格测设,如我国在海道测量实践中,通常以海控一级点、海控二级点实现大地网向海岸带和海岛区域延伸,海控点的精度指标一般用相对邻近点坐标的中误差来衡量,一、二级点相对邻近点的点位中误差分别限定为±0.2m 和±0.5m(赵建虎,2007)。

海控点的作用主要是用于在其上架设测角、测距仪器以及无线电定位系统台站,或作为海上观测目标,用做海上定位的照准点,据其已知坐标和角度(方位)、距离及距离差等观测量,传算海上观测平台的坐标,并在一定的精度水平上,保证海上观测点的位置测定的坐标系统一。当然,这种坐标系的统一局限于大地网和测量手段的延伸与作用范围。

远离大陆的岛礁,对于其邻近区域及广阔海域的定位显然具有极其重要的支撑作用。然而,历史上,由于作业条件的限制,早期曾利用简易天文观测手段实施这些远离大陆海岛的大地定位,以致点的坐标难以与国家大地网匹配,更与现代普遍采用的地心大地坐标系不相容。

全球导航卫星系统的成熟与应用，彻底改变了陆、岛基大地控制点测量的面貌，即便采用远距离相对定位技术，也实现了统一大地坐标系的精密定位。可以采用的基本技术手段与当今通用的大地测量方法无本质区别，主要需要放宽高等级 GNSS 大地控制网对边长和图形的限制。另外，长时段的精密单点定位技术所给出的位置解也是传统技术无法企及的。

在空间大地测量技术支持下，一定程度上弱化了传统沿岸海控级大地控制点对海洋定位的控制作用。高等级的 GNSS 控制点，特别是连续运行 CORS 站点（网）正取代大量的传统海控点，为海上位置服务提供基准支持作用，且作用范围更为广泛。

2. 运动载体常规定位基本原理

海上定位技术从航海导航发展而来，对应有地文航海和天文航海方法，最经典的技术包括陆标定位和天文定位，分别适用于沿岸海域和近、远海区域。最传统的测量方式是以角度和方位为基本观测量，主要采用六分仪和罗经等仪器测取，并通过图上作业的模拟方法，标绘舰船的图上位置。

无线电导航定位技术的发展，极大地扩展了海上动态平台的定位能力，实现了离岸距离的延伸和定位可靠性与精度的改善。在航海实践和海洋地理信息获取的海道测量应用中，通常采用事先绘制观测量等值线网格的内插法图解定位。而早期的海道测量，实际上可理解为准海底地形测量。

在海上对陆标的观测、沿岸控制点上对海面运动载体的观测以及地面控制点与海上平台之间通过无线电技术实施的距离或距离差观测，依据的基本原理均视观测量位于椭球面，更近似地位于椭球面的投影平面上，因此利用两个及两个以上不相重合的观测量，可以求解待定点的二维位置。从几何原理看，每一具体的观测量，在二维坐标基面上形成与观测形式相对应的观测量等值线，载体的瞬时坐标由两个及以上等值线的交点所标识。简而言之，所依据的为图上交会原理。当观测量超过 2 个时，交会点的不唯一反映为误差的存在。通过示误三角形判定定位点。采用解析求解技术，则可在最小二乘意义上求得点位坐标，并对二维坐标解进行精度估计。当然，在传统海上定位实践中，很少涉及多余观测情形，定位解的精度可根据观测量的精度信息及观测量的空间配置来估算。

将描述观测量与待定点和已知点（控制点）坐标（取常数）的关系式称为位置函数，显然，位置函数是观测信息与待定点坐标的函数，可统一地以公式（4.1）或公式（4.2）描述。

$$u = f(x, y) \tag{4.1}$$

$$u = g(B, L) \tag{4.2}$$

公式（4.1）和公式（4.2）分别适用于在平面投影坐标系和大地坐标系中的待定点坐标与观测信息的函数表达。其中，u 为观测量，(x, y) 和 (L, B) 分别表示平面坐标和大地坐标，$f(\cdot)$ 和 $g(\cdot)$ 表示函数形式（刘雁春，2006）。

观测信息具有确定的量值，当假定观测量、控制点和待求点都处于同一坐标基面时，若存在两个不同观测量，则可解算出待定流动点的二维坐标。观测量中不可避免地含有误差，因此，对于二维定位，当观测量超过 3 个时，可根据平差原理得到定位坐标估值并做出精度估计。因为观测量、待定点和控制点往往不在统一坐标基面上，严格的位置解算需要考虑观测量向坐标面的归算。当然，依据地面观测技术或运动平台对陆地目标的观测技术，在导航定位实践中一般不做多余观测，而在传统定位实践中通常采用图解法确定图上位置，即依据观测量等值线交会的基本原理。交会定位的基本原理如图 4-1 所示。

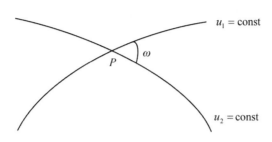

图 4-1　交会定位基本原理

4.1.2　定位的基本观测量类型

观测值不同的一组观测量构成位置函数的等值线。根据观测量类型的不同，位置函数（标量函数）等值线也对应地取不同形式。对于方位、角度、距离和距离差等不同观测量，分别存在射线、圆、双曲线等位置函数的等值线，简述如下。

1. 方位观测量

在海洋测绘中，通常在已知控制点（大地控制点或海控点）上观测到海上运动载体的方位，获取控制点到定位点的方位观测量，一般由经纬仪测定。方位角则通过测站点与另一已知点的坐标值标定。方位观测量及其与控制点和待定点关系如图 4-2 所示。

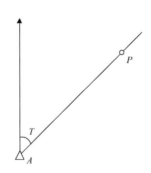

图 4-2　控制点上的方位观测示意图

方位观测的函数表达式为：

$$T_{AP} = \arctan \frac{Y_P - Y_A}{X_P - X_A} \tag{4.3}$$

式中，T_{AP} 为控制点 A 指向待定点 P 的方位（坐标方位角）；(X_A, Y_A)、(X_P, Y_P) 分别为已知点和待定点的坐标。

2. 角度观测量

在运动载体上向两个点位已知的控制点观测获得的角度，其等值线为所涉及三点的外接圆，随着待定点的位置变化，形成一簇对应不同角度量的圆形等值线。在二维平面坐标基面上，描述动态定位点与所照准的控制点、角度观测量以及其所在的等值线的关系如图4-3 所示。

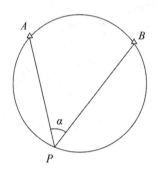

图 4-3　角度观测量及其等值线

这种水平角通常用 α 表示，观测的函数表达式为：

$$\alpha = T_{PB} - T_{PA} = \arctan \frac{Y_B - Y_P}{X_B - X_P} - \arctan \frac{Y_A - Y_P}{X_A - X_P} \tag{4.4}$$

上式中的角度应位于坐标解算平面或其平行面，从而保证是当地的水平面角，由方位差表示。而实际在动态载体上，角度一般由六分仪测定，所测定的角度为空间倾斜平面上的二直线的夹角 β，如图 4-4 所示。

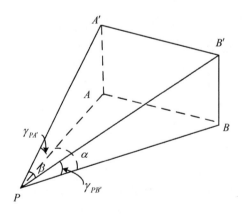

图 4-4　倾斜平面角与水平面平面角的关系

根据图 4-4，显然有：

$$\cos\beta = \frac{S_{PA'}^2 + S_{PB'}^2 - S_{A'B'}^2}{2 S_{PA'} \cdot S_{PB'}}$$

$$\begin{aligned}
&= \frac{S_{PA}^2 + S_{PB}^2 - S_{AB}^2 + \Delta h_{PA'}^2 + \Delta h_{PB'}^2 - \Delta h_{A'B'}^2}{2S_{PA} \cdot S_{PB}} \cdot \frac{S_{PA} \cdot S_{PB}}{S_{PA'} \cdot S_{PB'}} \\
&= \cos\alpha \frac{S_{PA} \cdot S_{PB}}{S_{PA'} \cdot S_{PB'}} + \frac{(\Delta h_{PB'} + \Delta h_{A'B'})^2 + \Delta h_{PB'}^2 - \Delta h_{A'B'}^2}{2S_{PA'} \cdot S_{PB'}} \\
&= \cos\alpha\cos\gamma_{PA'}\cos\gamma_{PB'} + \frac{2\Delta h_{PB'}^2 + 2\Delta h_{PB'}\Delta h_{A'B'}}{2S_{PA'} \cdot S_{PB'}} \\
&= \cos\alpha\cos\gamma_{PA'}\cos\gamma_{PB'} + \frac{\Delta h_{PB'}\Delta h_{PA'}}{S_{PA'} \cdot S_{PB'}} \\
&= \cos\alpha\cos\gamma_{PA'}\cos\gamma_{PB'} + \sin\gamma_{PA'}\sin\gamma_{PB'}
\end{aligned} \tag{4.5}$$

其中，γ 为测点对照准目标的高度角。于是有：

$$\alpha = \arccos(\sec\gamma_{PA'}\sec\gamma_{PB'}\cos\beta - \tan\gamma_{PA'}\tan\gamma_{PB'}) \tag{4.6}$$

显然，倾斜平面上的观测角与其在水平面上的投影之间的差异与观测角度的大小有关，也与观测点到目标的垂直角有关。

如当观测角为 $30°$，垂直角均为 $5°$ 时，可算得 $\alpha - \beta \approx 7'$。因为用六分仪测角的估读分辨率为 $6'$，所以在近岸高目标测量时，这种角度的化算是必要的。只有当观测点与待定点的距离较远，垂直角均较小时，可近似地认为测角平面近似与坐标平面重合。

3. 距离观测量

在陆地控制点与运动平台之间，通过测距仪器和反射装置即可实现动态距离测量。自 20 世纪 50 年代后，光电技术的快速发展曾推动测距技术在海洋定位中的应用，与陆地测边网大地控制技术的发展基本处于同一时期。当然，海洋定位中的测距技术应用除需考虑距离测量技术本身之外，与角度和方位测量一样，还要考虑动态性，即测距仪器对反射装置的跟踪问题。早期曾发展微波动态测距技术和专用的仪器设备，后来无线电导航定位系统也应用于这种动态测距。而随着全站型经纬仪的技术成熟，在离岸较近的距离内，采用全站仪测定方位和距离的技术应用更为普遍，它的优势在于根据观测的垂直角，可直接将电磁波技术观测的斜距转换为水平距离。而由单纯的测距仪器给出的距离观测值，在离岸较近时，必要的情况下应考虑距离的水平归算。

因为距离本身无方向性，无论将测距主要仪器置于运动平台还是固定控制点，距离观测量的等值线均为以固定点为圆心、观测距离为半径的圆弧。距离等值线及其与控制点的配置关系如图 4-5 所示。

距离观测量的函数形式为：

$$r_{AP} = \sqrt{(X_P - X_A)^2 + (Y_P - Y_A)^2} \tag{4.7}$$

4. 距离差观测量

全球导航卫星定位技术应用之前，在海上船只等平台定位的诸方法中，无线电导航系统发挥了极其重要的作用，与光学定位技术相比，它的显著优势在于提供超视距，特别是针对远距离定位观测量。

在陆地(海岸或海岛)上两个固定控制点布设无线电岸台，若两个岸台同时发射的无

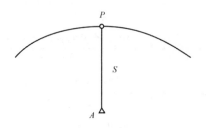

图 4-5　距离等值线

线电信号分别经距离 S_0 和 S_1 传播被运动平台（统称船台）所接收，对这两个距离量求差值，则得到船台到两个岸台的距离差，距离差相等的点所形成的等值线为以两个岸台为焦点的双曲线。等值线的形式如图 4-6 所示。

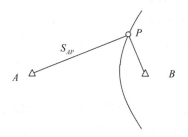

图 4-6　距离差等值线

无线电导航定位系统按所提供的观测量类型，可分为测距系统和测距差系统，当然，测定的距离差是定位点与两个无线电信号发射台站点（岸台）距离的差值，因此最根本的观测量仍为距离。根据所发射的无线电信号特征，距离测量分别采用脉冲、相位和脉冲相位组合三种实现形式。而采用不同类型的距离观测方式，作用距离和达到的观测精度也有所不同。

脉冲式测距是通过测定无线电脉冲信号的收发时间差，即利用电磁波的传播时间，在已知电磁波传播速度的前提下测定距离。进一步通过测定一个接收台站与两个发射台站的电磁波传播时间差测定距离差。应用电磁波脉冲测定距离或距离差所能达到的精度主要决定于计时精度，也决定于电磁波的传播路径。采用脉冲测量模式测定距离差的典型无线电定位系统是罗兰-A，这种系统的无线电波在海面上传播的有效距离为 600~900 海里，系统的时间差测量误差为 1~2μs，因此，距离差测定误差为 300~600m。夜间，电磁波信号在海面的直接传播有效距离将降低到 500 海里左右，然而，电磁波在海面与电离层之间可能会发生反射，信号的作用距离可达到 1200~1400 海里，这种情况下，时间差的测定误差将增加到 2~6μs，明显增大距离差的测定误差。除此之外，电磁波传播路径的归算及其误差也会影响距离差的测定误差。总体而言，依据脉冲测量距离差原理的远程无线电导航系统所提供的位置信息在历史上主要用于大洋航海定位，在海上测量任务实施方面，也曾经是重要技术。

基于相位测量模式，可以显著提高距离差的测定精度，也是采用距离差观测量实施海上中远程定位的主要原因。

这类导航定位系统的岸台连续发射固定频率的电磁波，电磁波的频率、周期和角速率之间满足如下关系：

$$\begin{cases} f = \dfrac{1}{T} \\ \omega = 2\pi f \end{cases} \tag{4.8}$$

式中，f 为电磁波的频率；T 为电磁波周期，即完成一次完整振荡的时间；ω 为电磁振荡的角速率。

电磁振荡信号在空间中以信号发射的同频率传播，传播速度为光速 c，并受到传播介质的影响。传播一个完整波形所用时间为波周期 T，传播的距离为波长 λ，期间波动相位的变化量为 2π。传播一定距离完成的波形变化次数称为波数 n。

由信号发射点 A 传播到接收点 P，电磁波所行经的距离 r_{AP} 可表示为：

$$r_{AP} = n_{AP} \cdot \lambda \tag{4.9}$$

该距离对应的相位变化量为 $\delta\theta = 2n_{AP} \cdot \pi$，即 A 点发射和 P 点接收的无线电信号可分别写为：

$$\left. \begin{array}{l} F_A(t) = F\cos\omega t \\ F_{PA}(t) = F\cos(\omega t - 2n_{AP} \cdot \pi) = F\cos\left(\omega t - \dfrac{2\pi}{\lambda}r_{AP}\right) \end{array} \right\} \tag{4.10}$$

式中，F 为电磁波的波幅。

若固定点 B 同样发射电磁波信号，且频率及发射相位与 A 点同步，则 B 点发射信号传播至接收点 P 时，所接收的信号表达为：

$$F_{PB}(t) = F\cos\left(\omega t - 2n_{BP} \cdot \pi\right) = F\cos\left(\omega t - \dfrac{2\pi}{\lambda}r_{BP}\right) \tag{4.11}$$

因此，通过在接收点 P 对所接收信号进行相位比对，所得相位差包含了距离差信息，即

$$\Delta\theta = \dfrac{2\pi}{\lambda}(r_{AP} - r_{BP}) \tag{4.12}$$

$$\Delta r = (r_{AP} - r_{BP}) = \dfrac{\lambda}{2\pi}\Delta\theta = \lambda \cdot \Delta n \tag{4.13}$$

以上诸式中，n_{AP} 和 n_{BP} 表示从不同电磁波信号发射点到接收点电磁波传播的周期数，亦称为相位周数或波数；Δn 表示两条电磁波传播路径的波数差。而不论波数或波数差都可分别为整波数和不足一周的小数两部分的组合，对于 Δn，即有

$$\Delta n = \Delta n_1 + \Delta n_2 \tag{4.14}$$

式中，Δn_1 为波数差 Δn 的整数部分，而 Δn_2 为不足一周的小数部分。

事实上，通过相位比较，直接得出的观测量为相位周的小数部分 Δn_2，整周差数 Δn_1 作为未知数或模糊度需要通过其他手段测定或确定。比如，通过在已知点上观测和计算，

对整周数赋值，并在测量过程中保持对无线电信号的连续跟踪，实现整周数的正确累加，或通过电磁波的分频技术确定基本测量波段的相位整周数。无线电波传播整周数或两条路径电磁波传播的波数差的确定方法总体上与陆地微波距离或距离差测量、载波作为观测量的精密导航卫星定位确定整周模糊度的原理相类似。

鉴于无线电测量距离差技术在历史上的重要性，总体而言在此仅作原理性说明，实际的导航定位系统的具体实现要复杂得多，还涉及无线电发射和接收台站的本振信号产生与同步，或由主发射台到副发射台的传播延迟修正(补偿)等技术，以及基频信号的生成与倍频和差频信号产生等复杂技术。而由相位差或相位波数之差转换为距离差还涉及电磁波传播速度的精确测定等技术问题。

无论如何，由无线电测量技术获得流动站点到两个固定站点的距离差，通常采用的无线电波为长波，以保证传播路径沿地球表面(海面)最短路径传播，而不能用过高频率的电磁波，以免更易以接近直线的传播形式使得定位载体与固定陆地之间无法获取相关观测量，失去定位条件。在电磁波速度已知、信号产生的同步性得以保证以及整周未知数正确确定的前提下，距离差的测定精度主要取决于相位周小数部分的比测精度，因为相位周小数以对相位周(波长)的划分代替了对角度周期 2π 的划分。相位周的测定精度实际上可由波长测定的相对误差来表达。对于长波无线电信号，波长通常为数百米，相位周的测定精度基本可达到波长的 $10^{-3} \sim 10^{-2}$。因此，相位模式的相位差测量，等价距离差测量，精度可达数米到数十米精度量级，相对于脉冲测距差方式，可极大改善脉冲模式测定距离差的精度。

典型的无线电导航系统中，"罗兰-C"系统采用脉冲-相位两种测量方式，显然脉冲方式可为相位测量方式提供必要的整周未知数确定的参考信息。除此之外，"台卡"系统、"奥米加"系统都是采用相位模式进行距离差测定的典型无线电导航系统。这些系统设计和运行的目标主要是保证船舶的导航定位，在海上有关测量定位中，也曾是经常用于位置服务的主要技术手段。

为了满足更高精度的海上测量定位需要，曾经研制和应用主要服务于海上测量定位的无线电系统，在国外曾被称为无线电大地测量的距离差系统。这种系统除定位精度较导航系统高之外，岸台也通常根据测量任务需求，灵活布设于已知的大地测量控制点(以及海控点)。而高精度距离差的测定，主要采用波长略短的无线电波(作用范围与位置服务区域相适应)，并通过布设检查台提供位置的差分订正信号。主要的系统有："巴依斯克"系统、"哈-菲克斯"系统、"西-菲克斯"系统。我国曾使用"近程无线电 IV 型导航系统"。

因为测量原理相近，也曾存在根据无线电测相定位模式的距离测量系统。

在平面坐标系中，距离差观测的函数形式为：

$$\Delta r = r_{AP} - r_{BP} = \sqrt{(X_P - X_A)^2 + (Y_P - Y_A)^2} - \sqrt{(X_P - X_B)^2 + (Y_P - Y_B)^2} \quad (4.15)$$

4.1.3 海上运动载体常规定位技术

海上运动载体的常规定位，主要是利用方位、距离、角度和距离差等形式的两个以上观测量，通过解析求解或等值线相交的交会模拟方法确定二维位置。所用的观测量可以是同一类型，也可以是不同类型的组合。

除中远程无线电定位系统主要采取双曲线定位模式，且需要基于地理坐标系之外，其他定位模式主要适用于运动载体与测量控制点配置较近的视距范围内的情形，因此直接采用投影平面坐标系。

1. 前方交会定位

所采用的观测量为固定控制点向运动平台上的两个以上方位观测值，该交会方法的原理性实现如图 4-7 所示。

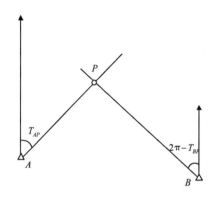

图 4-7　前方交会示意图

在海上定位作业中，最传统的方法是根据控制点的配置情况，以适当密度绘制覆盖定位海区的方位等值线格网，根据测定的方位，由网格线内插技术确定运动载体的图上位置，此即前方交会的图解法。

点位的解析求解公式为：

$$\begin{cases} X_P = \dfrac{X_A \tan T_{AP} - X_B \tan T_{BP} - Y_A + Y_B}{\tan T_{AP} - \tan T_{BP}} \\[3mm] Y_P = \dfrac{Y_A \cot T_{AP} - Y_B \cot T_{BP} - X_A + X_B}{\cot T_{AP} - \cot T_{BP}} \end{cases} \tag{4.16}$$

该点位计算公式即变形戎格公式。公式的导出过程如下：

根据

$$Y_P = Y_A + (X_P - X_A)\tan T_{AP} \tag{4.17}$$

$$Y_P = Y_B - (X_P - X_B)\tan(2\pi - T_{BP}) = Y_B + (X_P - X_B)\tan T_{BP} \tag{4.18}$$

故

$$(\tan T_{AP} - \tan T_{BP})X_P = X_A \tan T_{AP} - X_B \tan T_{BP} - Y_A + Y_B \tag{4.19}$$

从而式(4.16)中计算 X_P 的公式成立。

根据公式(4.17)和 X_P 的推导结果，可推得由观测量和已知点坐标信息解算 Y_P 的公式。

$$Y_P = Y_A + (X_P - X_A)\tan T_{AP}$$
$$= Y_A + (\frac{X_A \tan T_{AP} - X_B \tan T_{BP} - Y_A + Y_B}{\tan T_{AP} - \tan T_{BP}} - X_A)\tan T_{AP}$$

$$= \frac{Y_A\tan T_{AP} - Y_A\tan T_{BP} + X_A\tan^2 T_{AP} - X_B\tan T_{AP}\cdot\tan T_{BP} - Y_A\tan T_{AP}}{\tan T_{AP} - \tan T_{BP}}$$

$$+ \frac{Y_B\tan T_{AP} - X_A\tan^2 T_{AP} + X_A\tan T_{AP}\cdot\tan T_{BP}}{\tan T_{AP} - \tan T_{BP}}$$

$$= \frac{(X_A - X_B)\tan T_{AP}\cdot\tan T_{BP} - Y_A\tan T_{BP} + Y_B\tan T_{AP}}{\tan T_{AP} - \tan T_{BP}}$$

$$= \frac{Y_A\cot T_{AP} - Y_B\cot T_{BP} - X_A + X_B}{\cot T_{AP} - \cot T_{BP}} \tag{4.20}$$

值得说明，在固定控制点上，通过测角仪器测定已知点到待定流动点的方位的前方交会方法，采用公式(4.16)进行待定点点位计算，要求测站点 A、待定点 P 和测站点 B 按顺时针顺序排列，否则公式形式会有所不同。

2. 测角后方交会定位

测角后方交会定位，其原理与测量学中所述的技术方法并无本质区别，最大的技术性差异表现在三个方面。第一，与前方交会应用类似，陆地测量中的后方交会也通常要求有多余观测，即面对四个观测目标测定三个角度，而海上后方交会定位的主要模式是观测三个目标间的相邻角度。第二，采用的仪器设备不同，海上测角使用传统航海定位仪器是六分仪，观测设备不存在整平对中条件，不仅仪器的读数精度与陆地测量采用的经纬仪测角存在数量级的差异，所需的水平角观测也被空中的倾斜平面角所代替，只有当测点与照准目标间存在明显的高度差异时，才考虑倾斜平面角向水平角的改正，因此所测定的角度总体处于更低的精度等级。第三，在一般的导航定位中，采用与平板仪测图类似的模拟法定位手段，在海上即利用三杆分度仪确定待定点的图上位置，或绘制两组角度的等值线格网，根据观测值在格网上内插出测点位置。

利用后方交会法解析计算海上流动点位置的具体算法有多种，如计算辅助角，将解算问题变成测角前方交会问题的方法；又如坐标转换方法，在一般测量学文献中均有描述，在此略去具体计算方法和过程。

根据后方交会角向水平面角的归算原理，后方交会定位的计算为迭代过程，即首先将观测的角度近似认为是水平角，应用后方交会定位的计算公式确定待定点 P 的近似坐标，进一步计算其到控制点的近似距离，并利用控制点的高程计算垂直角，进而实现观测角的归算，利用归算的角度，按交会定位公式重新精化确定待定点坐标。

3. 侧方交会

因为侧方交会分别在一个已知(控制)点和待定点观测与相互目标点及与另一控制点之间的水平角，且在海上定位中，通常不存在多余观测，因此，除采用格网内插法模拟定位外，可转换为前方交会图形，利用前方交会原理解析计算待定点位置。

4. 测距交会

采用测距模式获得一对观测量，除按格网内插法模拟(图解)确定测点位置外，可用以下距离交会解析公式确定待定点坐标。

假设二控制点分别标记为 A、B，待定点记为 P，且 A、P、B 依顺时针顺序排列，如图 4-8 所示，基于 $\triangle ABP$，待定点 P 的坐标计算公式为：

$$\begin{cases} X_P = X_A + l\cos T_{AB} + h\sin T_{AB} \\ Y_P = Y_A + l\sin T_{AB} - h\cos T_{AB} \end{cases} \qquad (4.21)$$

式中，T_{AB} 为控制点 A、B 的方位角；h 为 $\triangle ABP$ 底边 AB 上的高；l 为观测距离 r_{AP} 在 AB 上的投影，且

$$l = \frac{r_{AB}^2 + r_{AP}^2 - r_{BP}^2}{2r_{AB}} \qquad (4.22)$$

$$h = \sqrt{r_{AP}^2 - l^2} \qquad (4.23)$$

$$r_{AB} = \sqrt{(X_B - X_A)^2 + (Y_B - Y_A)^2} \qquad (4.24)$$

式中，r_{AP}、r_{BP} 为待定点 P 分别与控制点 A、B 的水平距离（实测距离的归算值）。

因为参与距离交会定位的观测量的等值线为两条（或以上）圆曲线，这种定位模式常称为圆-圆定位。

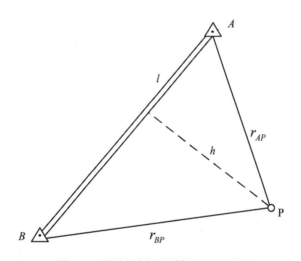

图 4-8　测距交会解析计算原理示意图

5. 方位距离定位

利用全站仪、经纬仪等测角测距组合模式的海上定位原理较为简单，通常情况下，将测角和测距仪器假设于沿岸或海岛控制点 A，在通过相邻已知点确定测角仪器的度盘方向的情况下，可直接测定仪器所在的坐标已知的测站点至定位点 P 的方位 T_{AP}，由测距功能测定至目标点的直线距离，并根据垂直角，经归算获得水平距离 r_{AP}，则可直接根据坐标正算公式求得待定点坐标：

$$\begin{cases} X_P = X_A + r_{AP}\cos T_{AP} \\ Y_P = Y_A + r_{AP}\sin T_{AP} \end{cases} \qquad (4.25)$$

6. 双曲线定位

双曲线定位是传统无线电定位的典型模式，由三个以上岸基无线电发射台和海上移动载体的无线电接收装置构成无线电定位系统。海上运动载体的电磁波接收和测定装置主要

通过对来自两个岸基无线电台(岸台)发射的电磁波进行相位差测定,即可确定到所对应两个岸台的距离差。对两组相位差进行测定时,即获取通过定位所在点的两条双曲线,此时双曲线记为相位差或距离差观测量的等值线,两条双曲线的交点即定位点位置。

以双曲线形式进行海上导航定位的远程无线电定位系统具有无线电定位信号对大范围海洋覆盖的能力,通常要布设多个岸台,在海洋上的不同位置,根据信号强度和测点位置与岸台的几何配置条件选取两条定位位置线实施定位,但这类主要用于船舶导航的定位系统的电磁波信号在远距离传播过程中受到更显著的误差影响,一般而言定位精度较低。而专门用于测量定位的无线电系统主要采用略高频率的电磁波工作,尽管覆盖范围有所缩小,但可以保证更高的定位精度。此种类型的无线电定位系统即前文所述无线电大地测量定位系统。

无论是远程还是中近程无线电定位系统,在海上定位信号的覆盖范围相对前述传统的陆标测角(方位)、测距定位模式而言,都有极大的扩展,在一定的历史时期,反映出解决广阔海域定位问题的主导能力。有鉴于此,精度要求较高的双曲线定位解算都不能依据平面解析几何原理,而必须考虑地球表面的弯曲形态,依据椭球大地测量的基本算法,基于椭球形态的地球形状进行位置解算。当然,在一般的导航应用和测绘定位中,通常通过前期计算,将地球椭球面上的双曲线等值线计算结果变换至高斯投影平面或墨卡托投影平面,由图解法完成实时定位。

鉴于无线电定位的计算方法涉及一组繁冗的公式,特别是在椭球面上解算定位点位置,情况更为复杂。而在海洋大地测量定位中的应用日益减少,详细的定位原理在此不作介绍。

4.1.4　位置线理论与定位精度估算

1. 位置函数及位置线方程的概念

无论何种定位形式,基本原理都是获得两个以上观测量,这些观测量可以描述为位置的函数,同时通过观测又可获得对应的观测值,因此,综合解算两个以上具有已知观测值的坐标函数方程,即可求得待定点的坐标。这就是各种定位方法实施定位的一般性原理。某一观测值与坐标之间的函数关系式即观测样式和观测信息对应的等值线方程,若假定观测量对应的等值线在二维坐标基面上描述,使用两个观测量,即通过寻找两个等值线的交点,就可以图解方式或解析方式求得待定点坐标,此即二维坐标面上交会定位的基本思想。前述前方交会、后方交会以及距离和方位定位、双曲线定位这类依据地(海)面观测量的二维定位问题均据此原理实现位置确定。当然,需要三维位置时,必要观测量与坐标维数等同地增加。本部分仍讨论二维定位问题。

在平面坐系中,位于坐标平面的观测量可表示为:

$$u = f(X, Y) \tag{4.26}$$

而在大地坐标系(地理坐标系)中,位于坐标面(近似地视为椭球面)的观测量表示为:

$$u = g(B, L) \tag{4.27}$$

其中,(X, Y)、(B, L) 分别为定位点的平面坐标和大地坐标。

以上二式即观测信息量(方程左侧)和作为参量函数(方程右侧)的关系方程,以所得观测量为常数，方程所描述的是观测形式所确定的观测量等值线方程，称其为位置函数。位置函数根据不同的观测形式，可以是线性函数，也可以是非线性函数，线性函数为非线性函数的特例，因此所有位置函数均可归为非线性函数。

将观测函数对应的等值线称为位置线，因为观测量不可避免地存在误差，并向由相应的等值线交会计算的点位传递，以微分形式表示这种误差的影响，将观测方程线性化得：

$$\mathrm{d}u = \frac{\partial f}{\partial X}\bigg|_{(X_0, Y_0)} \mathrm{d}X + \frac{\partial f}{\partial Y}\bigg|_{(X_0, Y_0)} \mathrm{d}Y = a \cdot \mathrm{d}X + b \cdot \mathrm{d}Y \tag{4.28}$$

式中，(X_0, Y_0) 为由观测量计算的点位坐标；$\mathrm{d}X = \Delta X$，$\mathrm{d}Y = \Delta Y$ 是由于观测误差 $\mathrm{d}u = \Delta u$ 引起的坐标分量误差。

在后续讨论中，为简化表示，将导数取值的对应点符号略去。

公式(4.28)也可写为：

$$a \cdot \mathrm{d}X + b \cdot \mathrm{d}Y - (u - u_0) = 0 \tag{4.29}$$

考虑位置函数是观测量的标量函数，引入标量函数梯度的概念和相应的数学符号，则有：

$$g_u = \mathrm{grad}u = \nabla \cdot u = \frac{\partial f}{\partial X}\boldsymbol{i} + \frac{\partial f}{\partial Y}\boldsymbol{j} \tag{4.30}$$

式中，$g_u = \mathrm{grad}u = \nabla \cdot u$ 均为等价的函数 u 的梯度表示方式；$\boldsymbol{i}$、$\boldsymbol{j}$ 分别为两个坐标轴方向的单位矢量。

梯度的模为：

$$g_u = \sqrt{\left(\frac{\partial f}{\partial X}\right)^2 + \left(\frac{\partial f}{\partial Y}\right)^2} \tag{4.31}$$

梯度模的含义为标量函数变化量的极大值，对于位置函数，即位置函数等值线或定位位置线沿其方向的变化率，而将该方向的极角(在测量常用平面坐标系中即方位角)记为 τ。

据方向导数与梯度的关系：

$$\begin{cases} \dfrac{\partial f}{\partial X} = g\cos\tau \\[2mm] \dfrac{\partial f}{\partial Y} = g\sin\tau \end{cases} \tag{4.32}$$

则观测量变化或误差与位置变化量的关系可进一步描述为：

$$\mathrm{d}u = g\cos\tau \mathrm{d}X + g\sin\tau \mathrm{d}Y \tag{4.33}$$

对于在地理坐标系上，由经纬度表达的观测量函数方程(4.27)，存在观测函数关于曲线坐标的方向导数或变化梯度表达式。

一般将观测函数的这种线性化表达式称为位置线方程。

2. 定位中误差普遍式(统一公式)

在二维坐标面上实施海上定位，当存在两个观测量时，观测量与坐标的微分关系式写为如下方程组：

$$\begin{cases} \mathrm{d}u_1 = \dfrac{\partial f_1}{\partial X}\mathrm{d}X + \dfrac{\partial f_1}{\partial Y}\mathrm{d}Y = g_1\cos\tau_1\mathrm{d}X + g_1\sin\tau_1\mathrm{d}Y \\[3mm] \mathrm{d}u_2 = \dfrac{\partial f_2}{\partial X}\mathrm{d}X + \dfrac{\partial f_2}{\partial Y}\mathrm{d}Y = g_2\cos\tau_2\mathrm{d}X + g_2\sin\tau_2\mathrm{d}Y \end{cases} \tag{4.34}$$

进一步可将观测量变化引起的可能处于任意方向的位置变化量改写为位置函数法向(梯度方向)变化的形式,即

$$\begin{cases} \cos\tau_1\mathrm{d}X + \sin\tau_1\mathrm{d}Y = \dfrac{\mathrm{d}u_1}{g_1} = \mathrm{d}n_1 \\[3mm] \cos\tau_2\mathrm{d}X + \sin\tau_2\mathrm{d}X = \dfrac{\mathrm{d}u_2}{g_2} = \mathrm{d}n_2 \end{cases} \tag{4.35}$$

这样描述的位置线方程为归一化形式,也称为位置线方程的法线式。

若观测向量 $\boldsymbol{u} = [u_1 \quad u_2]^{\mathrm{T}}$ 的误差方差阵为:

$$\boldsymbol{D}_u = \begin{bmatrix} \sigma_1^2 & \sigma_{12} \\ \sigma_{12} & \sigma_2^2 \end{bmatrix} \tag{4.36}$$

则二等值线法线观测向量的投影 $\boldsymbol{n} = [n_1 \quad n_2]^{\mathrm{T}}$ 的误差方差阵为:

$$\boldsymbol{D}_n = \begin{bmatrix} \dfrac{\sigma_1^2}{g_1^2} & \dfrac{\sigma_{12}}{g_1 g_2} \\[3mm] \dfrac{\sigma_{12}}{g_1 g_2} & \dfrac{\sigma_2^2}{g_2^2} \end{bmatrix} \tag{4.37}$$

据式(4.35),有

$$\begin{bmatrix} \mathrm{d}X \\ \mathrm{d}Y \end{bmatrix} = \begin{bmatrix} \cos\tau_1 & \sin\tau_1 \\ \cos\tau_2 & \sin\tau_2 \end{bmatrix}^{-1} \begin{bmatrix} \mathrm{d}n_1 \\ \mathrm{d}n_2 \end{bmatrix} = \frac{1}{\sin\omega} \begin{bmatrix} \sin\tau_2 & -\sin\tau_1 \\ -\cos\tau_2 & \cos\tau_1 \end{bmatrix} \begin{bmatrix} \mathrm{d}n_1 \\ \mathrm{d}n_2 \end{bmatrix} \tag{4.38}$$

其中,$\omega = \tau_2 - \tau_1$,为位置函数梯度方向的夹角,同时亦为位置函数(或位置线)在定位点处的夹角。

根据误差传播律,定位点误差向量 $Z = [\mathrm{d}X \quad \mathrm{d}Y]^{\mathrm{T}}$ 的方差阵为:

$$D_Z = \begin{bmatrix} \sigma_X^2 & \sigma_{XY} \\ \sigma_{XY} & \sigma_Y^2 \end{bmatrix}$$

$$= \frac{1}{\sin^2\omega} \begin{bmatrix} \sin\tau_2 & -\sin\tau_1 \\ -\cos\tau_2 & \cos\tau_1 \end{bmatrix} \begin{bmatrix} \dfrac{\sigma_1^2}{g_1^2} & \dfrac{\sigma_{12}}{g_1 g_2} \\[3mm] \dfrac{\sigma_{12}}{g_1 g_2} & \dfrac{\sigma_2^2}{g_2^2} \end{bmatrix} \begin{bmatrix} \sin\tau_2 & -\cos\tau_2 \\ -\sin\tau_1 & \cos\tau_1 \end{bmatrix} \tag{4.39}$$

在两个观测量不相关,即 $\sigma_{12} = 0$ 的条件下,可推得点位坐标方差阵各元素的具体形式为:

$$\begin{cases} \sigma_X^2 = \csc^2\omega\left(\sin^2\tau_2\dfrac{\sigma_1^2}{g_1^2} + \sin^2\tau_1\dfrac{\sigma_2^2}{g_2^2}\right) \\[3mm] \sigma_Y^2 = \csc^2\omega\left(\cos^2\tau_2\dfrac{\sigma_1^2}{g_1^2} + \cos^2\upsilon_1\dfrac{\sigma_2^2}{g_2^2}\right) \\[3mm] \sigma_{XY} = -\dfrac{1}{2}\csc^2\omega\left(\sin2\tau_2\dfrac{\sigma_1^2}{g_1^2} + \sin2\tau_1\dfrac{\sigma_2^2}{g_2^2}\right) \end{cases} \qquad (4.40)$$

通常情况下，点位坐标的精度由点位方差或点位中误差衡量，而点位方差为任意二垂直方向上方差之和，为不变量，即不因坐标系选择的不同而不同，表示为 $\sigma_P^2 = \sigma_X^2 + \sigma_Y^2$，由此，将所求得的坐标方向的方差公式代入点位方差计算式，得点位中误差表示的精度公式为：

$$\sigma_P = \pm\csc\omega\sqrt{\frac{\sigma_1^2}{g_1^2} + \frac{\sigma_2^2}{g_2^2}} \qquad (4.41)$$

此式称为定位(点位)中误差的普遍式，它反映了定位精度(点位中误差)与观测量中误差、位置函数在定位点的梯度以及两条位置线几何配置(交会角度)之间的关系。已知观测量的类型、观测值的精度(中误差)，即可估算定位结果的精度，通常用于定位的技术设计和定位成果的精度估算。

一般情况下，认定用于定位的不同观测量的误差不相关是合理的，常规地面观测量(方位、角度、距离等)均通过独立观测过程获得，必然是不相关的。而就岸基无线电定位而言，岸上的无线电发射台通常称为主台和副台，即在主台的控制下形成定位基准台链。其中主台的控制作用主要体现在信号发射相位的同步，并且在船台处测得的距离差(相位差)观测值来源于两个副台分别与主台信号的差分，因此两个观测值的误差将存在一定程度的相关度。此时需考虑 $\sigma_{12} \neq 0$ 的情况，可导得：

$$\sigma_P = \pm\csc\omega\sqrt{\frac{\sigma_1^2}{g_1^2} + \frac{\sigma_2^2}{g_2^2} - \frac{2\sigma_{12}}{g_1 g_2}\cos\omega} \qquad (4.42)$$

以上定位精度均是以点位中误差为衡量指标，所需各类观测量的精度可取观测样式对应的中误差经验值，这些经验值主要根据采用仪器的精度标称值及观测条件确定。

从定位中误差的普遍式可以看出，两条位置线的交会角度对精度指标发挥重要的支配作用，当交会角为 90° 时，$\csc\omega = 1$；而当交会角偏离 90° 时，该系数值将随偏离程度而增大；当 $|\omega - 90°| = 60°$ 时，即位置线交角降至 30° 时，点位中误差将增大到最优状态的 2 倍。因此，一般的定位要求是位置线交角大于 30°。

3. 多种定位模式的精度评估公式

用常规地面观测技术实施海上定位，可采用多类观测量的组合模式，相应的线性化观测方程(位置线方程)和点位中误差计算公式介绍如下。

(1)前方交会的点位精度

观测量(方位)与坐标参量的函数关系为：

$$T_{iP} = \arctan\frac{Y_P - Y_i}{X_P - X_i} \qquad (4.43)$$

式中, i 为控制点编号, $i = 1$, 2, $\cdots$, 且通常可由字母 A 、B 标记; 带有下标 P 的坐标指待定点坐标。

方程的线性化形式为:

$$-\frac{Y_P - Y_i}{r_i^2}\Delta X + \frac{X_P - X_i}{r_i^2}\Delta Y - l = 0 \tag{4.44}$$

由方程的线性化系数可知, 位置线的梯度模为 $\dfrac{1}{r_i}$ (弧度/m 或弧度/km), 因此前方交会的定位中误差估计公式为:

$$\sigma_P = \frac{\sigma_T'}{\rho'}\csc\omega\sqrt{r_{AP}^2 + r_{BP}^2} \tag{4.45}$$

在此, σ' 为方位观测的中误差, 以分为单位, ρ' 为 1 弧度所对应的角分值, 即 $\rho' \approx 3438'$。当测点到控制点的距离以 km 为单位, 点位中误差以 m 为单位时, 式(4.45)可进一步明确为:

$$\sigma_P = 0.3\sigma_T'\csc\omega\sqrt{r_{AP}^2 + r_{BP}^2} \tag{4.46}$$

(2)距离交会的点位精度

通过二(水平)距离观测量实施交会定位式, 因为二观测量的等值线均为圆, 因此称为圆定位。这种定位方法所应用的位置函数表达式为:

$$r_{Pi} = \sqrt{(X_P - X_i)^2 + (Y_P - Y_i)^2} \tag{4.47}$$

方程的线性化形式为:

$$\frac{X_P - X_i}{r_i}\Delta X + \frac{Y_P - Y_i}{r_i}\Delta Y - l = 0 \tag{4.48}$$

而距离函数的梯度模为 1(无量纲), 因此点位中误差的基本计算公式为:

$$\sigma_P = \csc\omega\sqrt{\sigma_{r_{AP}}^2 + \sigma_{r_{BP}}^2} \tag{4.49}$$

二距离交会定位的中误差的量纲与距离中误差的量纲相同。因为距离测量仪器的测量中误差通常存在与距离成比例的部分, 所以在此取两个距离观测量的精度不等。当定位点距二控制点的距离近似相等, 或不顾及距离观测量的乘系数误差时, 点位中误差公式可简写为 $\sigma_P = \csc\omega\sigma_r\sqrt{2}$。

(3)方位距离定位的点位精度

采用一个方位观测量与一个距离观测量, 即用方位和距离两类位置函数实施海上动点定位较为常用, 根据前述给出的位置函数及其线性化形式, 顾及两类位置函数的梯度, 立即可得一方位一距离定位的点位中误差公式:

$$\sigma_P = \csc\omega\sqrt{\sigma_r^2 + \sigma_T^2 r^2} \tag{4.50}$$

式中, r 表示定位点与方位观测量对应控制点的平面距离。

应用方位距离定位模式, 通常在单一控制点观测到待定点的距离和方位, 这种模式对定位作业不仅便于组织实施, 而且是在电子全站仪广泛应用的技术条件下, 更具有方便性。此模式下, 两类位置线正交, 即 $\omega = 90°$。若距离和方位观测的中误差分别以 m 和分为单位, 观测的距离以 km 为单位, 则点位中误差计算的实用化公式为 $\sigma_P =$

$\sqrt{\sigma_r^2 + (0.3\sigma_T' r)^2}$ 。

(4)测角后方交会的点位精度

由定位点 P 观测控制点 i、j 之间的水平角(定位点与控制点高度不等时,需实施倾斜平面内的观测角向水平角的归算),水平角 α 与定位点和控制点坐标的关系式,即位置函数方程式为:

$$\alpha = T_{Pj} - T_{Pi} = \arctan\frac{Y_j - Y_P}{X_j - X_P} - \arctan\frac{Y_i - Y_P}{X_i - X_P} \qquad (4.51)$$

相应的线性化形式为:

$$\left(\frac{Y_j - Y_P}{r_{Pj}^2} - \frac{Y_i - Y_P}{r_{Pi}^2}\right)\Delta X - \left(\frac{X_i - X_P}{r_{Pj}^2} - \frac{X_i - X_P}{r_{Pi}^2}\right)\Delta Y + l = 0 \qquad (4.52)$$

据此线性化方程的未知数系数,可推得角度函数的位置线梯度模为:

$$g_\alpha = \frac{r_{ij}}{r_{Pi} \cdot r_{Pj}} \qquad (4.53)$$

在海上定位应用中,测角后方交会通常对三个控制点目标观测两个相邻的水平角(即三标两角法),且角度观测的精度相等,中误差记为 σ_α,此时不妨假定所照准的三个标志点按 A、B、C 顺序排列,并替换式(4.52)、式(4.53)中各量的下标,则后方交会定位的点位中误差为:

$$\sigma_P = \sigma_\alpha \csc\omega \sqrt{\left(\frac{r_{AP}r_{BP}}{r_{AB}}\right)^2 + \left(\frac{r_{BP}r_{CP}}{r_{BC}}\right)^2} \qquad (4.54)$$

同样,当距离以 km 为单位,测角中误差的单位取为角分,则定位中误差可由下式计算。

$$\sigma_P = 0.3\sigma_\alpha' \csc\omega \sqrt{\left(\frac{r_{AP}r_{BP}}{r_{AB}}\right)^2 + \left(\frac{r_{BP}r_{CP}}{r_{BC}}\right)^2} \qquad (4.55)$$

(5)侧方交会的点位精度

侧方交会分别在定位点测定角度,在一个控制点测定方位,不妨将方位观测的控制点记为 A,则根据方位和角度观测误差及相关的距离信息,可知侧方交会的点位中误差公式为:

$$\sigma_P = \csc\omega \sqrt{\left(\frac{r_{AP}r_{BP}}{r_{AB}}\right)^2 \sigma_\alpha^2 + r_{AP}^2 \sigma_T^2} \qquad (4.56)$$

当距离以 km 为单位,角度和方位测量的中误差单位取为角分,则定位中误差可由下式计算。

$$\sigma_P = 0.3\csc\omega \sqrt{\left(\frac{r_{AP}r_{BP}}{r_{AB}}\right)^2 \sigma_\alpha'^2 + r_{AP}^2 \sigma_T'^2} \qquad (4.57)$$

(6)距离差定位

以两个距离差实施海上定位是卫星定位技术之前广泛应用的远海定位技术,因为距离差观测量对应的位置函数为双曲线方程,所以距离差定位常称为双曲线定位。而距离差的测定则主要通过地面无线电定位系统的脉冲传播时间差或无线电波自发射到接收的相位差观测实现。

在平面坐标系内，定位点 P 距处于一对控制点的无线电波发射台 i、j 的距离差函数表示为：

$$\Delta r_{ij} = r_{Pj} - r_{Pi} = \sqrt{(X_P - X_j)^2 + (Y_P - Y_j)^2} - \sqrt{(X_P - X_i)^2 + (Y_P - Y_i)^2} \quad (4.58)$$

相应的线性化形式为：

$$\Delta r_{ij} = \left[\frac{X_P - X_j}{r_j} - \frac{X_P - X_i}{r_i} \right] \Delta X + \left[\frac{Y_P - Y_j}{r_j} - \frac{Y_P - Y_i}{r_i} \right] \Delta Y - l = 0 \quad (4.59)$$

根据线性化方程的系数，可导出双曲线型位置函数的梯度模为：

$$g_{\Delta r} = 2\sin\frac{\alpha}{2} \quad (4.60)$$

式中，α 为测点相对两控制点(双曲线焦点)所张开的水平角。

在无线电定位中，通常假定不同路径的电磁波相位差观测测量精度相等，记距离差测量的中误差为 $\sigma_{\Delta r}$，则由两对(通常一个无线电发射台站公用)双曲线交会的点位中误差为：

$$\sigma_P = \frac{1}{2}\sigma_{\Delta r} \cdot \csc\omega \sqrt{\csc^2\frac{\alpha_1}{2} + \csc^2\frac{\alpha_2}{2}} \quad (4.61)$$

式中，α_1、α_2 分别为测点对相应的岸台基线所张的水平角。

经推导表明，就三个岸台构成的双曲线定位台链而言，定位点处双曲线的交会角为 $\omega = \dfrac{|\alpha_1 \pm \alpha_2|}{2}$。

而考虑到距离差观测量的相关(相关系数 ρ)，双曲线交会的点位中误差公式进一步改写为：

$$\sigma_P = \frac{1}{2}\sigma_{\Delta r} \cdot \csc\omega \sqrt{\csc^2\frac{\alpha_1}{2} + \csc^2\frac{\alpha_2}{2} + \rho\csc\frac{\alpha_1}{2}\csc\frac{\alpha_2}{2}} \quad (4.62)$$

在此所讨论的双曲线定位精度估算公式仅适用于近程无线电定位系统，主要是因为这里的公式是在平面坐标系中导出的，事实上在这种近程无线电系统的应用中，也必须对测定的距离差进行必要的归算，化算为投影平面上的距离差。而对远程定位系统，必须根据椭球面上的双曲线方程实施定位与相应的精度评定。

4. 定位的误差椭圆

更细致的位置精度刻画需要采用误差椭圆，以反映在不同方向上中误差的变化，并对应于一定的概率意义。根据式(4.39)中点位二维坐标向量方差阵的元素，可确定误差椭圆的对称轴(长、短半径)及所在方向。中误差极值(最大和最小)方向由下式确定：

$$\tan 2\theta = \frac{2\sigma_{XY}}{\sigma_X^2 - \sigma_Y^2} \quad (4.63)$$

式中：θ 为误差椭圆长(短)半轴与 X 轴方向的夹角，对于测量常用坐标系，实际上为误差椭圆对称轴的方位角，由该正切表达式解算出的特征方向为相互正交的两个方向值 θ_1 和 θ_2，至于哪个方向对应长半轴或短半轴，需根据方差和协方差信息具体分析。

而长、短半轴的量值为：

$$\sigma_{极值} = \frac{1}{2}\sqrt{\sigma_X^2 + \sigma_Y^2 \pm K} = \frac{1}{2}\sqrt{\sigma_P^2 \pm K} \tag{4.64}$$

其中，$K = \sqrt{(\sigma_X^2 - \sigma_Y^2)^2 + 4\sigma_{XY}^2}$。而上式根式中的"+"、"−"号分别对应于极值中误差取误差椭圆长半轴和短半轴的情形。

顾及点位坐标矩阵的具体表示：

$$\begin{aligned} K &= \sqrt{(\sigma_X^2 - \sigma_Y^2)^2 + 4\sigma_{XY}^2} \\ &= \csc^2\omega \sqrt{\frac{\sigma_1^4}{g_1^4} + \frac{\sigma_2^4}{g_2^4} - 2\frac{\sigma_1^2}{g_1^2}\frac{\sigma_2^2}{g_2^2}\cos4\omega} \\ &= \csc^2\omega \sqrt{\left(\frac{\sigma_1^2}{g_1^2} + \frac{\sigma_2^2}{g_2^2}\right)^2 - 2\frac{\sigma_1^2}{g_1^2}\frac{\sigma_2^2}{g_2^2}(1 + \cos4\omega)} \end{aligned} \tag{4.65}$$

所以误差椭圆的长短半轴长度为：

$$\sigma_{极值} = \frac{1}{2}\sqrt{\sigma_X^2 + \sigma_Y^2 \pm K} = \frac{1}{2}\csc\omega \sqrt{\sigma_P^2 \pm \sqrt{\sigma_P^4 - 2\frac{\sigma_1^2}{g_1^2}\frac{\sigma_2^2}{g_2^2}(1 + \cos4\omega)}} \tag{4.66}$$

5. 具有多余观测的平差处理与精度评定

对于海上的二维定位问题，当存在 3 个以上观测量时，则可根据多个位置函数的线性化方程，通过最小二乘平差方法计算点的位置，并对定位点的精度做出评定，即可通过下列计算流程。

由两条位置线交会原理算得定位点坐标，作为位置函数线性化，进一步进行平差计算的近似坐标。

根据近似坐标列出各观测函数的线性化误差方程：

$$v_i = a_i\mathrm{d}\hat{X} + b_i\mathrm{d}\hat{Y} - l_i \tag{4.67}$$

式中，v_i 为观测值的改正数；$\mathrm{d}\hat{X}$、$\mathrm{d}\hat{Y}$ 为坐标改正量的平差值；$a_i = \frac{\partial f_1}{\partial X}$，$b_i = \frac{\partial f_1}{\partial Y}$；$l_i = u_i - f_i(X_0, Y_0)$，其中 (X_0, Y_0) 为待定点坐标的参考(近似)值，且线性化方程的系数 a_i、b_i 所对应的偏导数也均据此坐标信息计算。

将式(4.67)所列各位置函数的线性化方程整合改写为矩阵表达式：

$$V = A\hat{X} - l \tag{4.68}$$

式中，V 为改正数向量；$\hat{X} = \begin{bmatrix} \mathrm{d}\hat{X} & \mathrm{d}\hat{Y} \end{bmatrix}^{\mathrm{T}}$；$A$ 为由线性化系数构成的系数矩阵；l 为 l_i 构成的含有观测信息的向量。

在最小二乘意义下，可解得未知数(坐标改正量)向量为：

$$\hat{X} = (A^{\mathrm{T}}PA)^{-1}A^{\mathrm{T}}Pl \tag{4.69}$$

在求得权阵 P 所对应的单位权方差估值

$$\hat{\sigma}_0^2 = \frac{V^{\mathrm{T}}PV}{n-2} \tag{4.70}$$

后，即可获得点位坐标的方差阵：

$$D_{\hat{X}} = \hat{\sigma}_0^2 (A^{\mathrm{T}} P A)^{-1} \qquad (4.71)$$

值得说明，由于多余观测数通常较少，对于多个定位点，平差计算获得的单位权方差会缺少足够的稳定度，可根据多点定位结果综合估算观测量的单位权中误差。对于同类观测量，通常假定各观测量独立等精度，此时，平差过程所用的权阵即为单位阵，所综合求定的单位权方差为每个观测量的精度指标。

当求得点位方差阵后，可计算点位方差和点位中误差，并计算误差椭圆元素。而这种精度估计属于验后数据的内精度指标。而根据二位置线交会原理所估算的点位中误差及误差椭圆元素则主要用于定位方案制定。

4.2　卫星定位技术及精度

全球导航卫星系统（Global Navigation Satellite System，GNSS）是所有在轨工作的卫星导航定位系统的总称，是全球性的位置与时间测定系统，利用其提供的位置、速度及时间信息可在海、陆、空全方位实时对各种载体目标进行定位、导航及监管。卫星导航定位技术具有全天候、高精度、自动化、高效益、性能好等显著特点，目前已基本取代了地基无线电导航、天文测量和传统大地测量技术，在军事、国民经济建设、科学研究等诸多领域得到广泛应用。图 4-9 为卫星导航定位示意图。

当今，GNSS 系统不仅是国家安全和经济的基础设施，也是体现大国地位和国家综合国力的重要标志（宁津生等，2013）。由于 GNSS 在国家安全和经济社会发展中有着不可或缺的重要作用，所以世界主要军事大国及经济体都竞相发展独立自主的卫星导航系统，同时不断发展新的卫星定位技术与方法，从最初的伪距单点定位、伪距差分定位到 PPK（后处理动态）、RTK（实时动态载波相位差分）、SBAS（星基增强系统）、网络 RTK、精密单点定位技术等，卫星导航定位技术日趋成熟。

相较于陆标定位和无线电定位，全球导航卫星系统定位技术，特别是利用了载波相位作为观测量的精密定位技术，可以在全球大洋实施米级、亚米级乃至厘米级精度的运动平台精确定位，彻底改变了传统定位技术所谓的船位定位理念。它是通过接收天线的定位信号，通过姿态监测单元，再过渡到相关观测单元或传感器的精准定位，为水下控制点位置确定这一海洋大地测量最基本任务的实现，提供可靠的绝对坐标定位保障。

4.2.1　全球导航卫星系统发展现状

世界各国都高度重视卫星导航系统的建设发展，目前在轨的全球导航卫星定位系统有美国的 GPS、俄罗斯的 GLONASS、欧盟的 GALILEO 以及我国的北斗（BEIDOU）定位系统（张双成等，2010）。未来几年内 GNSS 系统将进入一个全新阶段，形成 GPS、GLONASS、GALILEO 和 BEIDOU 四大系统并存的局面，卫星总数将超过 100 个。届时导航卫星的可用性、连续性和可靠性等将会有显著改善，同时也会产生多系统、多卫星的优化使用问题（陈俊勇，2009）。

图 4-9 卫星导航定位示意图

1. GPS

GPS 卫星星座由 24 颗卫星构成，卫星位于 6 个地心轨道平面内，每个轨道 4 颗卫星，各个轨道接近于圆形，而且沿着赤道以 60°间隔均匀分布，相对于赤道面的倾角为 55°，轨道半径 26600 km，轨道周期 718 min。GPS 可以为全球用户提供 24h 导航和授时服务，已得到全面应用，并直接形成了卫星导航产业。目前，美国正在逐步实施 GPS 现代化计划，旨在加强 GPS 在美军现代化战争中的保障作用，并保持 GPS 系统在全球民用卫星导航领域的主导地位。

GPS 现代化计划中，采用的主要技术措施有：①关闭 SA 信号，改善空间信号的精度，消除因 SA 产生的伪距误差；②更新 GPS 信号结构，增加第三民用信号 L5，该信号比 L1 信号具有增加带宽、提高码元速率、增加发射功率以及改进数据奇偶检查等优势；③启动 GPS Block III 卫星计划，重点表现为放弃目前的 MEO 轨道的 GPS 星座，转而采用"HEO+GEO"的星座形式，同时 GPS Block III 卫星将会采用 M 码波束技术；④更新 GPS 地面设施，提高监测卫星信号的能力，使得控制网络更为强大，提高 GPS 在民用和军用方面的精度和安全性。

2. GLONASS

GLONASS 是由原苏联国防部独立研制和控制的第二代军用卫星导航系统，该系统是全世界第二个全球导航卫星系统。GLONASS 星座由 24 颗（3 颗备用）卫星组成，均匀分布在 3 个互成 120°夹角的轨道面上，轨道高度约 19100 km。每个轨道面上有 8 颗卫星彼此相距 45°。相邻轨道面上的卫星之间相位差为 15°，轨道周期约为 675.8 min。GLONASS 系统采用的是频分多址而不是码分多址，导航卫星的识别是依据分辨卫星广播的载波频率差异来实现的。

GLONASS 卫星虽然已于 1996 年组网成功并正式投入运行，但由于多方面的原因，系统没有得到持续维护，至 2000 年底卫星数量已减少至 6 颗。随着经济情况的好转，俄罗斯政府制订了"拯救 GLONASS"的补星计划，并着手对系统进行现代化改造。2010 年后重新建成由 24 颗 GLONASS-M 卫星和 GLONASS-K 卫星组成的卫星星座。2015 年发射新型的 GLONASS-KM 卫星，改进地面控制系统及坐标系统，使其与 ITRF 框架保持一致，提高卫星钟的稳定度，以进一步改善系统的性能。

3. GALILEO

GALILEO 是欧洲自主、独立的民用全球卫星导航系统，提供高精度、高可靠性的定位服务，实现完全非军方控制、管理，可以进行覆盖全球的导航和定位功能。GALILEO 计划分为两步，第一步建立欧洲地球同步导航覆盖服务 EGNOS，也是后续 GALILEO 计划研究的基础；第二步建立独立的民用全球卫星导航系统 GALILEO。GALILEO 系统是国际合作最为广泛的定位系统，除欧洲外，中国、以色列、印度、韩国等多国都在参与该系统的建设。

2005 年 12 月，第一颗 GALILEO 试验卫星 GIOVE-A 成功进入预定轨道，并于 2006 年 1 月开始向地面发送信号，开启了 GALILEO 系统的序幕。2013 年 3 月，欧洲航天局首次利用在轨卫星进行了地面定位。2015 年 9 月，GALILEO 系统第 9 颗、第 10 颗全面运行能力卫星(FOC)由"联盟号"火箭搭载发射升空。按照系统设计方案，建成后的 GALILEO 系统将由 30 颗导航卫星构成，其中 27 颗为工作卫星，3 颗为候补卫星，卫星高度为 23616km，位于 3 个倾角为 56°的轨道平面内。

4. BEIDOU

北斗卫星导航系统(BEIDOU Navigation Satellite System)是我国正在实施的自主发展、独立运行的全球卫星导航系统，是与世界其他卫星导航系统兼容并用的全球卫星导航系统。第一代北斗卫星导航系统由 4 颗地球同步轨道卫星(2 颗工作、2 颗备用)、地面控制部分和用户终端三部分组成，北斗一代形成的双星定位系统，可向中国大陆境内和台海周边地区提供有源定位服务。

第二代北斗卫星导航系统(北斗区域导航卫星系统)由 14 颗卫星组成，包括 5 颗地球静止轨道(GEO)卫星、5 颗倾斜地球同步轨道(IGSO)卫星和 4 颗中地球轨道(MEO)卫星。2012 年 12 月 27 日，北斗区域卫星导航系统宣布投入正式运行，并开始向中国及周边地区提供定位服务。北斗区域系统在中国区域可为用户提供 10m 精度的三维位置服务，在亚太地区可提供 20m 的位置精度服务。

2015 年 3 月，第 17 颗北斗导航卫星发射成功，标志着中国北斗卫星导航系统启动实施由区域运行向全球拓展。北斗全球卫星导航系统将由 5 颗地球静止轨道(GEO)卫星和 30 颗非地球静止轨道(Non-GEO)卫星组成。GEO 卫星分别定点于东经 58.75°、80°、110.5°、140°和160°。Non-GEO 卫星由 27 颗 MEO 卫星和 3 颗 IGSO 卫星组成。其中，MEO 卫星轨道高度 21500 km，轨道倾角 55°，均匀分布在 3 个轨道面上；IGSO 卫星轨道高度 36000 km，均匀分布在 3 个倾斜同步轨道面上，轨道倾角 55°，3 颗 IGSO 卫星星下点轨迹重合，交叉经度为 118°，相位差 120°。

4.2.2　卫星定位技术

在水下地形测量中，船载和机载平台是主要的测量平台，其主要是利用 GNSS 动态定位，按照数据处理方法可分为实时动态定位和后处理动态定位。目前，常用的卫星动态定位技术主要包括 RTK/PPK、星站差分、网络 RTK 和精密单点定位等，可为水下地形测量提供多样化的选择和稳定可靠的定位服务，下面将对几种主要卫星动态定位技术进行介绍。

1. RTK/PPK 技术

RTK(Real Time Kinematic)是一种利用载波相位观测值进行实时动态相对定位的技术。如图 4-10 所示，进行 RTK 测量时，利用两台或两台以上 GNSS 接收机同时接收卫星信号，其中一台安置在已知坐标点上作为基准站，其他则作为流动站，基准站通过数据链将其观测值和坐标信息一起传送给流动站，流动站在系统内组成差分观测值进行实时处理，同时给出定位结果。

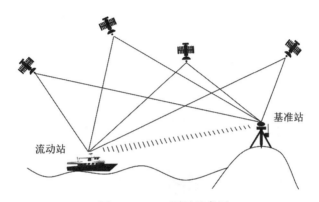

图 4-10 RTK 测量示意图

RTK 技术在测量过程中可以不受通视条件限制，速度快、精度高，各测量结果之间误差不累积，流动站可随时给出厘米级定位结果，这些优点使 RTK 技术得到迅速应用。但 RTK 也存在一些不足之处，主要是随着流动站与基准站之间的距离的增加，各种误差的空间相关性将迅速下降，导致观测时间的增加，甚至无法固定整周模糊度而只能获得浮点解，因此在 RTK 测量中流动站和基准站之间的距离一般小于 20km(Landau et al.，2002)。由于流动站的坐标只是根据一个基准站来确定的，因此可靠性一般。

PPK(Post Processed Kinematic)技术是一种与 RTK 相对应的定位技术，是利用载波相位观测值进行事后处理的动态相对定位技术。PPK 技术与 RTK 技术相比，区别在于事后处理，同样可以达到厘米级的定位精度，且用户无需配备数据通信链，缺点是无法得到实时的定位结果。

通常而言，对于海洋大地测量关心的精确定位，所关注的主要是位置的精确性，采用后处理方式不仅可以保证较高的位置确定精度，也可以减少在远距离定位应用情况下的差分信号实时传输的通信技术限制。

2. SBAS 技术

SBAS(Satellite-Based Augmentation System)，即星基增强系统，通过地球静止轨道(GEO)卫星搭载卫星导航增强信号转发器，可以向用户播发星历误差、卫星钟差、电离层延迟等多种修正信息，实现对于原有卫星导航系统定位精度的改进。目前，全球已经建立起了多个 SBAS 系统，如美国的 WAAS、俄罗斯的 SDCM、欧洲的 EGNOS、日本的 MSAS 以及印度的 GAGAN，定位精度一般为 1~3m。

SBAS 系统由 GEO 卫星、监测站、上行注入站及主控站组成，如图 4-11 所示，其工作原理为：①由分布广泛且位置已知的监测站对导航卫星进行监测，获得原始定位数据（伪距、载波相位观测值等）并送至中央处理设施（主控站）；②主控站通过计算得到各卫星的各种定位修正信息，通过上行注入站发给 GEO 卫星；③GEO 卫星将修正信息播发给广大用户，从而达到提高定位精度的目的。

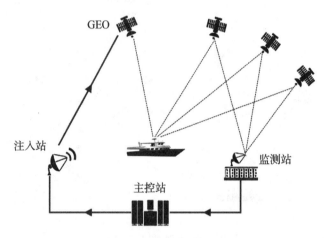

图 4-11　SBAS 系统工作原理图

SBAS 系统的主要特点为：①在误差处理方法上，由主控站分离空间的相关性，分别计算出星历误差、星钟误差及大气传播延迟误差以提高定位精度；②主控站发播的电文除了修正数据以外，还有完善性信息，使得该通信卫星也能提供测距，增加了星座中的卫星数目，提高了系统的可用性和连续服务性；③用户设备不必另设数据链的射频接收部分，只要将接收机留出一个接收通道加设电文提取和处理程序即可。

在远海大洋精确定位实践中，目前采用的以卫星通信方式提供改正量服务的技术，本质上是广域差分的一种实时高精度定位的整体实现技术。

3. 网络 RTK 技术

网络 RTK 技术，又称多基准站 RTK，是近年来在常规 RTK、计算机技术、通信网络技术的基础上发展起来的一种实时动态定位新技术。与常规 RTK 技术相比，网络 RTK 技术同样可以达到厘米级的定位精度，且参考站间距离达到 50~100km（图 4-12），在覆盖范围、定位精度、系统可靠性和作业成本等方面均优于常规 RTK（Hu et al.，2003）。目前，国内外相对成熟的网络 RTK 技术有虚拟参考站技术（VRS）、区域改正参数技术（FKP）、主辅站技术（MAC）、增强参考站网络技术（ARS）和综合误差内插技术（CBI）。

①虚拟参考站技术（Virtual Reference Station，VRS）定位原理是处理中心实时接收基准

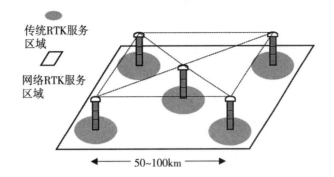

传统RTK服务区域

网络RTK服务区域

50~100km

图 4-12　网络 RTK 与 RTK 作用距离对比图

站网络内各个参考站的观测数据和流动站的概略坐标，在概略坐标处生成一个虚拟参考站，并对该虚拟参考站处的对流层、电离层延迟等空间距离相关误差进行建模，生成 VRS 虚拟观测值，再将虚拟参考站处的标准格式的观测数据或者改正数发给流动站，从而实现流动站的实时高精度定位。

②区域改正参数技术（Flchen Korrektur Parameter，FKP）基于状态空间模型（State Space Model，SSM），其原理为数据处理中心首先计算出网内电离层和几何信号的误差影响，再把误差影响描述成南北方向和东西方向区域参数，然后以广播的方式发播出去，最后流动站根据这些参数和自身位置计算误差改正数。

③主辅站技术（Master-Auxiliary Concept，MAC）是基于多参考站、多星观测、多频和多信号处理算法，吸取了 VRS 格式标准化和 FKP 在数据处理方面的优势。其基本原理为从参考站网以高度压缩的形式，将所有相关的、代表整周未知数水平的观测数据，如弥散性的和非弥散性的差分改正数，作为网络的改正数据播发给流动站。

④增强的虚拟参考站技术（Augmentation Reference Station，ARS）是针对 VRS 技术（单基线差分，没有充分利用多余信息，传输原始观测数据，数据量较大）和 MAC 技术（单历元需要传输多个基准站的改正信息，数据量较大）的不足，融合基准站网络的观测数据，采用多基线解的方法对流动站进行差分定位，基准站误差改正数的加权平均值作为 ARS 观测值。

⑤综合误差内插的方法（Combined Bias Interpolation，CBI）基本思想是在计算基准站的改正信息时，将电离层和对流层误差作为一个整体计算，不分开计算，也不发给用户各个基准站的全部改正信息，而是将数据统一处理后的所有基准站的综合误差改正信息发播给用户。

各种网络 RTK 算法各有优缺点，但都能达到厘米级定位精度，目前应用最广泛的是 VRS 技术和 MAC 技术。各种网络 RTK 技术方法在解算精度、稳定性等方面的综合对比见表 4-1。

表 4-1　　　　　　　　　　　　　各种网络 RTK 技术的对比

内容	VRS	FKP	MAC	ARS	CBI
研发单位	Trimble 公司	Geo++公司	Leica 公司	西南交通大学	武汉大学
解算精度	高	高	较高	高	高
解算稳定性	高	高	较高	高	高
误差建模	服务器端	用户端	用户端	服务器端	服务器端
通信方式	双向通信	单向通信	双、单向通信	双向通信	单向通信
数学模型	双差观测模型、内插模型	整体网的非差观测模型、卡尔曼滤波	双差观测模型、各模型兼容	双差观测模型、卡尔曼滤波	双差观测模型、内插模型
参考站	一个主参考站，全部基准站都参与解算	无主参考站，取距离最近的3个基准站	一个主参考站（不一定取距离最近的）	不选择主参考站	根据流动站和基准站的相对位置灵活选择

4. 精密单点定位

传统的标准单点定位（Standard Point Positioning，SPP）采用伪距观测值和广播星历提供的卫星轨道和卫星钟差参数进行导航和定位。受广播星历和伪距观测精度限制，单点定位精度仅为数米至数十米，无法满足高精度定位需求。精密单点定位技术（Precise Point Positioning，PPP）的出现改变了以往只能使用差分定位模式才能达到较高精度的情况，是卫星定位技术继 RTK 技术、网络 RTK 技术后的又一次技术革命（李征航等，2009）。它仅需单台接收机就可实现高精度的动态和静态定位，作业效率高、费用低，适用于各种环境，同时也为大范围、大规模控制网数据处理提供了一种新的解决思路，成为 GNSS 技术研究热点之一。

PPP 技术是利用 IGS 或其他机构提供的精密卫星轨道和钟差产品，采用单台 GNSS 接收机所采集的载波相位和伪距观测值实现高精度定位。将卫星定位误差划分为轨道误差、卫星钟差、电离层延迟误差、对流层延迟误差及接收机钟差等，通过建立全球参考站网络解算得到高精度的卫星轨道和钟差，采用消电离层组合消去电离层延迟，将对流层延迟、接收机钟差作为未知参数与测站坐标、卫星模糊度参数一起解算，获取高精度的定位结果（胡洪，2013；IGS Central Bureau，2016）。

表 4-2　　　　　　　　　　　　　精密星历与钟差产品信息

GPS 星历及钟差		精度	时延	采样间隔	发布机构
广播	轨道	100cm	实时	—	CDDIS、SOPAC、IGN
	钟差	5ns			
超快（预测）	轨道	5cm	实时	15min	CDDIS、IGS CB、SOPAC、IGN、KASI
	钟差	3ns			

续表

GPS 星历及钟差		精度	时延	采样间隔	发布机构
超快(实测)	轨道	3cm	3~9 小时	15min	CDDIS、IGS CB、SOPAC、IGN、KASI
	钟差	150ps			
快速	轨道	2.5cm	17~41 小时	15min	CDDIS、IGS CB、SOPAC、IGN、KASI
	钟差	75ps		5min	
最终	轨道	2.5cm	12~18 天	15min	CDDIS、IGS CB、SOPAC、IGN、KASI
	钟差	75ps		5min	

随着精密星历和钟差产品精度的提高以及各种误差改正模型的优化与完善,目前后处理 PPP 技术能够达到厘米级精度,实时 PPP 技术也能够达到分米级甚至厘米级的精度,但实时性的大规模应用还需解决模糊度快速估计等关键问题。

4.3 水声定位技术及精度

水下定位具有广泛的需求,在海洋科学研究、水下建筑物施工、水下作业、水下考古等方面,都要求提供定位服务。高精度水下定位技术对海洋资源开发、海洋经济发展和海洋国防建设都具有重要意义。由于声波在海水介质中的传播损失远小于电磁波,因此水声定位技术得到了广泛研究和应用。

根据信号发射方式不同,水声定位系统可分为主动式和被动式定位系统,民用上一般使用主动式定位系统;按照接收机声呐基阵基元间距或者应答器间的基线长度来分类,可分为长基线(Long Baseline,LBL)、短基线(Short Baseline,SBL)和超短基线(Ultra Short Baseline,USBL)定位系统,其中长基线定位精度高,超短基线操作方便,应用更为广泛。由于单一的水声定位系统各有优缺点,因此出现了水声组合定位系统,如长基线和超短基线组合定位系统、长基线与短基线组合定位系统,而水声定位系统与其他信号源(惯导 INS、多普勒计程仪 DVL 等)的组合定位也越来越受到关注。未来海洋定位导航系统发展的方向应该是成本低廉、数据输出率高、体积小、重量轻、携带方便(阳凡林等,2006)。

为了给水声定位系统的换能器提供定位,一般将 GNSS 定位仪与水声定位系统组合使用。由于水体环境复杂且变化多样,因此影响系统水下定位精度的因素很多,可分为水面误差和水下误差。水面误差主要包括 GNSS 位置测量误差、仪器安装误差;水下误差包括换能器吃水误差、应答器时间延迟误差和声速误差。在实际应用中,应做好质量控制,使定位结果可靠,并满足精度要求。

4.3.1 长基线定位系统

根据交会定位基本原理,当对载体相对位置已知的三个以上固定点进行距离测量,便可获得相同数量的位置函数,通过交会计算或平差计算,可以确定载体位置。长基线定位技术就是采用这样的基本原理，与对地面控制点和对卫星测距确定载体位置的思想相同。所不同的是，对水下载体而言，所采用的观测信号为声波，应用的测量控制点为水下声标，或称水声信标。

水下声标实质上是一种水声传感器及与之相关的辅助设备，主要功能是应答载体所发出的水声信号，因此水下声标也称为应答器。通过载体的声学传感器和水下声标之间的声学应答，提供距离观测量。当然，作为定位的参考点或控制点，声标应固设于水下（水底或水体内）。

水下声标的位置由船载平台通过声学定位技术测定，这一任务属于海洋大地测量的研究范畴。在水下声标点位置确定过程中，海面观测平台通过通用测量技术实施载体定位，早期曾采用常规定位技术。卫星定位技术的成熟与广泛应用，大大提高了海面观测平台的定位精度，成为海面平台定位的主导手段，并且在姿态观测技术的辅助下，真正实现了用于水下探测和定位的声学传感器的精确位置确定。在水下声标定位应用中，海面观测平台（特别是其声学传感器）作为动态控制点，发挥着在统一大地坐标中的坐标中继、传递作用。水下声标点位置确定的基本方法如图 4-13 所示。

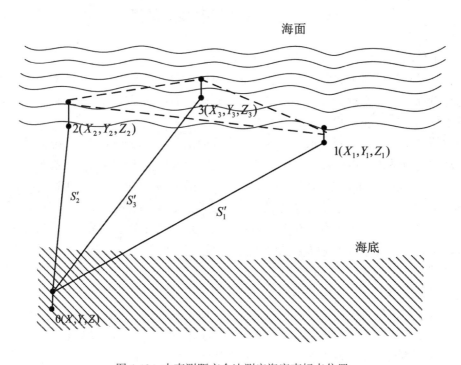

图 4-13 水声测距交会法测定海底声标点位置

应用水下声标对载体定位，则是上述方法的相反过程。多个水下控制点为载体定位提供了位置基准，也就是说水下声标控制网是水声定位的基准基础设施。

当存在三个以上水下控制点时，载体的定位采用的实际是水声测距交会技术，一方面要求对水下和水面动态用户（载体）提供尽量大范围的定位服务，另一方面控制网的图形要保证定位精度所需的良好几何配置。因此，控制点间的距离要明显大于水深，在支撑载体定位时，称这种测距交会定位方式为长基线定位。当然，控制点间的距离要根据海区的水深条件、海底地形起伏状态确定。

LBL 系统一般由三大部分组成，即安装在水面船只的数据处理及控制系统、安装在目标上的收发器以及布放在海底的由多个应答器组成的海底基阵（宁津生等，2014）。由于应答器之间的基线长度在几百米到几千米之间，相对比较长，因此该系统被称为长基线定位系统（图4-14）。

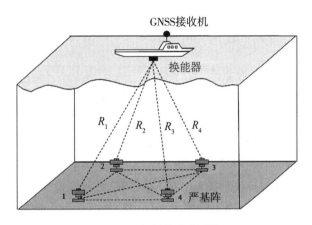

图 4-14　长基线定位系统

LBL 系统是通过测量换能器和应答器或声信标之间的距离，对目标实施定位，定位原理基于空间后方交会。由安装在待定位目标（船只或水下载体等）上的换能器主动发射定位信号，应答器接收到信号后，自动回复应答信号，测量信号从发射到返回的时间延迟 t，在声速 c 已知的情况下，即可由下式计算得到换能器到应答器的距离：

$$R = \frac{1}{2}ct \tag{4.72}$$

若测量船换能器的坐标为 (x, y, z)，基阵中四个应答器的坐标为 (x_i, y_i, z_i)，其中 $i = 1, 2, 3, 4$，则有：

$$\begin{cases} R_1^2 = (x - x_1)^2 + (y - y_1)^2 + (y - y_1)^2 \\ R_2^2 = (x - x_2)^2 + (y - y_2)^2 + (y - y_2)^2 \\ R_3^2 = (x - x_3)^2 + (y - y_3)^2 + (y - y_3)^2 \\ R_4^2 = (x - x_4)^2 + (y - y_4)^2 + (y - y_4)^2 \end{cases} \tag{4.73}$$

一般由 3 个应答器得到 3 个方程即可计算得到换能器的坐标 (x, y, z)，但没有多余解；当方程数目超过 3 个时，可利用最小二乘法进行计算。

近似位置不准确时需要迭代计算，即获得定位结果后再次设定为近似值，重新进行观测方程的线性化。当然，这样的迭代过程主要用于初始定位点的解算。载体除依靠声标获得定位信息外，本身将附带计程仪、姿态传感器等导航设备，具有位置推算功能，不仅为水声定位解算提供较可靠的近似值，而且可联合定位与导航信息实现路径确定。

因为所用的水声距离主要为斜向测距值，不仅测定的距离会受到声速的误差影响，而且声线也将处于弯曲形态，精确的位置测定必须进行弯曲的声学距离化直或声线跟踪等复杂技术。另外，应用载体向海面的垂向声学测距或压力传感器提供的垂向信息，可提高定位可靠性与精度。

在具有定位点垂向坐标信息(必要时需进行垂直基准变换，使得与海底点的 Z 坐标匹配)的情况下，可将深度观测量附加于观测方程，并给定更大的权值参与位置计算，也可以将式(4.73)的线性化观测方程直接改化为：

$$R_i = R_i^0 + \frac{x^0 - x_i}{R_i^0}\Delta x + \frac{y^0 - y_i}{R_i^0}\Delta y + \delta_i \tag{4.74}$$

式中，(x^0, y^0, z^0) 是待定点近似值，$R_i^0 = \sqrt{(x^0 - x_i)^2 + (y^0 - y_i)^2 + (z^0 - z_i)^2}$，$i$ 表示应答器序号，δ_i 为观测值误差。其中的距离近似值修改为：

$$R_i^0 = \sqrt{(x^0 - x_i)^2 + (y^0 - y_i)^2 + (z - z_i)^2} \tag{4.75}$$

在这种仅需测定载体平面位置的情况下，距离观测数最少可取 2 个，即用 2 个水下声标实施定位。但在仅用 2 个观测量进行定位时，位置将存在二值性，即可以出现在 2 个声标基线的左右侧，需要根据声波的发射方向(左右舷)进行判定。

LBL 系统的优点是换能器非常小，实际作业中，易于安装和拆卸，跟踪范围大，独立于水深值，存在多余观测值，因而可以得到较高的相对定位精度；缺点是系统过于复杂，价格昂贵，操作繁琐，需要较长时间的声基阵布设和回收，并且需要对海底声基阵进行精细地校准。

LBL 系统在作用距离和定位精度上的优势，使其在海洋工程施工、管线铺设及对接、ROV/AUV 定位跟踪等多方面得到了广泛应用。目前国际上性能较好的 LBL 系统有英国 Sonardyne 公司生产的 Fusion 系列，其高频型号工作水深可达 2500m，定位精度 0.02～0.15m，中频型号工作水深可达 4000m，定位精度 0.15～1.0m；挪威 Kongsberg Simrad 公司生产的 HPR408S 型，具有自动校准功能，在作用范围超过 3000m 时，仍可达到厘米级的定位精度(孙东磊等，2013)。

4.3.2　短基线定位系统

SBL 系统声基阵布置在船底，通常由三个以上换能器构成声基阵(吴永亭等，2003)，基线长度一般超过 10m，但长度受船的限制，水下部分仅需一个应答器，安置在目标上。换能器之间的相互关系精确测定，并组成声基阵坐标系(图 4-15)。基阵坐标系与船坐标系的相互关系须已知，一般由常规测量方法精确测定，称为校准。

SBL 系统的工作方式与 LBL 系统类似，也是采用空间后方交会的原理来解算目标的位置。通过测量声波在船底声基点与应答器之间的时间延迟来确定斜距值，再根据基阵相对船坐标系的固定关系，结合外部传感器观测值，如 GNSS 位置观测值、动态传感器单元(MRU)姿态观测值、罗经(Gyro)航向观测值，计算得到水下目标点的坐标。SBL 系统的声波频率通常为 10.5～16kHz，典型重复精度为 2～3m，主要用于水下控制点定位。

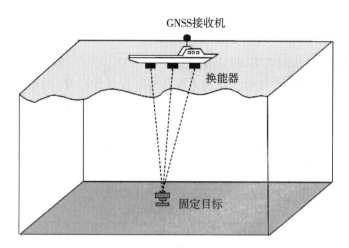

图 4-15 短基线定位系统

SBL 系统的优点是价格低廉，系统操作简单，换能器体积小，易于安装，不需要构建水底基线阵；但其缺点也非常明显，系统测量跟踪范围较小，深水环境下定位精度低，而且声基阵的布置需要在船坞严格校准。由于 SBL 系统的定位精度不及 LBL 系统、操作灵活性不如 USBL 系统，因此在实际工作中应用较少，可应用于水下拖体定位跟踪、ROV 定位导航、水下潜员跟踪定位等。

4.3.3 超短基线定位系统

由 a、b 两个换能器(声学基元)构成一个声学基线，基线长度为 d，假定探测目标与基线中点 O 的连线方向与基线方向的夹角为 θ(图 4-16)，则要解决的问题即测定该方向值。

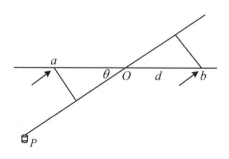

图 4-16 声学测向原理示意图

对于位于远程的探测目标(应答器)，无论声学基阵中哪一基元作为参考基元向目标应答器发射了声学询问信号，由应答器返回的声信号的波阵面均可认为以 PO 方向为中轴线，即对不同的接收基元而言，声波被当作平行波。因此，a、b 基元对接收声波的波程差

为 $d\cos\theta$ ，对应的相位差为：

$$\Delta\varphi = 2\pi \frac{d\cos\theta}{\lambda} \tag{4.76}$$

因此，通过相位差检测可实现目标定向。

USBL 系统由声基阵、声信标、主控系统和外部设备等组成（冯守珍等，2002），将声基阵集成到一个换能器中，声信标内置电源、收发电路、应答器和压力传感器等，外部设备主要包括 GNSS 接收机、MRU、Gyro 等（有些产品将后两种设备内置）。声基阵置于船底或船舷，声信标装在水下目标上，测定声信标与声基阵不同水听器之间的距离和声脉冲到达的相位差来确定声信标相对于声基阵的位置（图 4-17）。

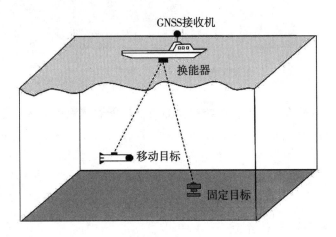

图 4-17　超短基线定位系统

USBL 系统声基阵一般由发射换能器和相互正交的水听器组成，基阵孔径为几厘米至几十厘米，声单元之间的相互位置精确测定，组成声基阵坐标系，其与船体坐标系之间的关系在安装时精确测定。几种常见的超短基线声基阵如图 4-18 所示。

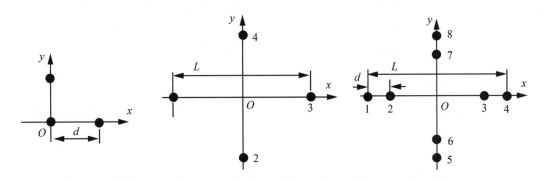

图 4-18　USBL 系统常见的接收基阵

USBL 系统的工作方式是距离和角度测量，以包含三个声单元的声基阵为例来说明，

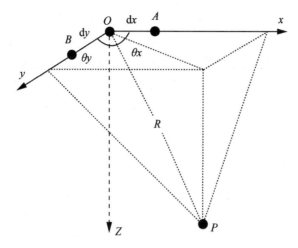

图 4-19　USBL 系统定位原理图

如图 4-19 所示，三个声单元 AOB 垂直分布，目标点坐标为 $P(x，y，z)$ ，则有：

$$\begin{cases} x = R\cos\theta_x \\ y = R\cos\theta_y \end{cases} \tag{4.77}$$

假设阵元间距 $d = d_x = d_y$ ，由于声基阵的尺寸很小，在平面波近似下，方向余弦为：

$$\begin{cases} \cos\theta_x = \dfrac{c \cdot \Delta t_1}{d_x} = \dfrac{\lambda \Delta\varphi_x}{2\pi d} \\ \cos\theta_y = \dfrac{c \cdot \Delta t_2}{d_y} = \dfrac{\lambda \Delta\varphi_y}{2\pi d} \end{cases} \tag{4.78}$$

式中，c 为声速值，Δt 为两个声基元接收信号的时间差，λ 为波长，$\Delta\varphi_x$ 为 x 轴相邻阵元接收信号相位差，$\Delta\varphi_y$ 为 y 轴相邻阵元接收信号相位差。式(4.78)代入式(4.33)可得：

$$\begin{cases} x = R \cdot \cos\theta_x = \dfrac{1}{2}ct\dfrac{\lambda \Delta\varphi_x}{2\pi d} = \dfrac{ct\lambda \Delta\varphi_x}{4\pi d} \\ y = R \cdot \cos\theta_y = \dfrac{1}{2}ct\dfrac{\lambda \Delta\varphi_y}{2\pi d} = \dfrac{ct\lambda \Delta\varphi_y}{4\pi d} \end{cases} \tag{4.79}$$

对上式求微分：

$$\begin{cases} dx = \dfrac{\lambda \Delta\varphi_x}{2\pi d}dR + \dfrac{\lambda R}{2\pi d}d(\Delta\varphi_x) \\ dy = \dfrac{\lambda \Delta\varphi_y}{2\pi d}dR + \dfrac{\lambda R}{2\pi d}d(\Delta\varphi_y) \end{cases} \tag{4.80}$$

在求得在所定义的参考坐标系中的目标位置后，根据测量载体的位置及姿态(特别是航向)信息，可以将目标位置转换至大地坐标系。根据式(4.80)，定位精度与距离及相位测量误差直接相关，船(声基阵)越接近目标上方且距离越近，定位精度越高；相反，若水平位移越大且水越深，则定位精度越低。

USBL 系统的优点是价格低廉，系统操作简便，安装方便；缺点是系统校准精度要求高，测量目标的绝对位置精度依赖于外部设备的精度。它主要应用于水下拖体定位跟踪、ROV 定位导航、水下潜员跟踪定位、AUV 定位跟踪及遥控、导管架角度遥测等。

USBL 技术是近十多年来国内外研究的热点，技术逐步成熟，目前定位精度约为斜距的 2%~5%。20 世纪 90 年代后期国际上推出的商业产品，主要有挪威 Kongsberg Simrad 公司、法国 IXSEA 公司、英国 Sonardyne 公司的产品(郑翠娥，2007)。

4.3.4　组合定位系统

从以上各种声学定位系统的工作原理可以看出，每种系统都有其优点和不足。因此水下组合定位系统应运而生，以满足高精度定位的要求。目前的组合方式主要有声学定位系统之间的组合，声学定位系统与其他传感器之间的组合以及其他定位系统的组合等。

1. 声学组合定位系统

声学定位系统之间的组合主要包括长基线和超短基线组合(图 4-20)、长基线与短基线组合(图 4-21)以及短基线与超短基线的组合等(Vickery，1998)。如长基线和超短基线组合定位，既保证了独立于深度的高精度定位，又兼有操作简便的特点，能够实现水下载体连续的、高精度的导航定位。

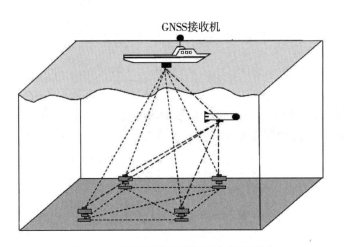

图 4-20　长基线-超短基线组合定位系统

2. 声学定位系统与其他传感器之间的组合

声学定位系统与其他传感器实现组合定位系统，如长基线定位系统与惯性导航系统(INS)的组合，在载体上安置声信标，即可测得声信标与 LBL 系统的应答器之间的距离，从而计算得到载体的位置，而组合的 INS 可提高载体定位时数据输出频率，提高定位点密度，提高定位精度和可靠性，从而对水下载体实现高精度定位和导航，应用比较广泛。

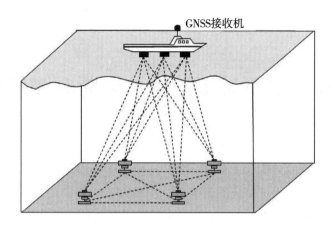

图 4-21　长基线-短基线组合定位系统

3. 其他组合定位系统

其他定位系统的组合，如 DVL、Gyro 与 INS 的组合，这种组合方式 DVL 提供运动载体的速度，Gyro 提供运动载体准确的方位，以此来控制 INS 系统的漂移，提高系统的定位精度，再根据 INS 提供的位移量，即可得到载体的位置。

第5章　水下地形的单波束断面测量模式

声学方法是现代海底地形测量的基本方法，早在 19 世纪，人类已经认识到通过测定海底反射声波的传播时间可得到水深值，但直到 20 世纪 20 年代，在电子传感器技术发展的基础上，声学测量才取代了传统的铅锤（水砣）测深法，最早出现的仪器即单波束测深仪。应用单波束测深仪实施水深测量，实际上是采用水下地形的断面抽样测量模式。本章全面分析说明单波束测深的有关理论和技术问题。

5.1　回声测深基本原理

5.1.1　水深采样的几何模式

依据安装在测量载体（测量船）上的单波束测深仪（回声测深仪）测定所在位置的水深，测深点布置于一定密度的测深线上，从而实现测线所在断面的海底地形采样，此即单波束海底地形测量的基本模式和基本原理。

单波束是指所采用的测深仪器发射的声波信号，其能量基本集中于主波瓣之内，根据水声学和水声技术基本原理，声波具有一定的波束宽度，以公共的波阵面传播，而不存在相位差。可用射线声学原理，确定声波的传播时间与距离。

按断面采样模式实施海底地形测量（图 5-1），习惯上称为单波束水深测量，显然，其根本目的是探测水底的地貌形态，并通过水深的局部变化，探测水下特征物地形信息。

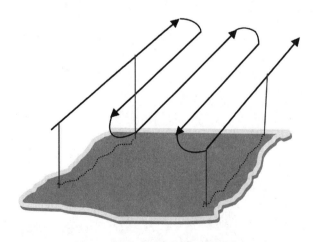

图 5-1　断面式海底地形采样示意图

断面方式水深测量，本质是对水底地形形态的采样。一般而言，自然海底具有较小的坡度，基本可反映海底地形的形态，当然，对海底地形的探测的精细程度决定于沿断面（测线）的水深点采样密度，特别是断面之间的距离，即测深线间距。

单波束测量毕竟是抽样模式的海底地形测量，主要可满足海底地形的普查式测量，而精细的海底地形测量主要应依据其他全覆盖探测方式。

5.1.2 单波束回声测深基本原理

1. 深度测量基本原理

单波束测深的基本原理：通过垂直向下发射单一波束的声波，并接收自水底返回的声波，利用收发时间差根据已知的声速，确定深度。所谓单一波束的声波，是指声波的能量聚集在一定的波束宽度范围内，声波波阵面上任一点接触目标物发射后被接收单元接收，不顾及在波束范围内回波点的位置差异，声波传播满足射线声学的特性。该原理简单地描述为回声测深原理，所依据的过程为时深转换。

若声波传播速度 C 为已知的常量，声波的收发装置合一，单次声波发射和接收的时刻分别为 t_1 和 t_2，声波在水介质中的传播（旅行）时间为 $\Delta t = t_2 - t_1$，则观测点到水底的回声距离为：

$$z = \frac{1}{2}C(t_2 - t_1) = \frac{1}{2}C\Delta t \qquad (5.1)$$

实际上，声在水介质中的传播环境是可变的，声的传播速度亦为变量，因此水声距离将严密地表示为：

$$z = \frac{1}{2}\int_{t_1}^{t_2} C(t)\,\mathrm{d}t \qquad (5.2)$$

在不考虑声波收发装置与瞬时海面的垂直差异时，可粗略地将测定的回声距离称为瞬时水深，因此这一过程称回声测深。回声测深的基本原理图如图 5-2 所示。

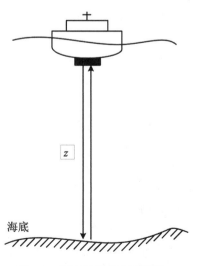

图 5-2 回声测深基本原理图

2. 单波束测深仪基本组成

实现单波束测深的仪器称为单波束测深仪或回声测深仪，是声波收发和水声信号检测记录设备。单波束测深仪的基本组成由发射机、接收机、发射换能器、接收换能器、显示记录设备和电源等部分组成，这些功能模块及工作机制如图 5-3 所示。现将各部分分述如下：

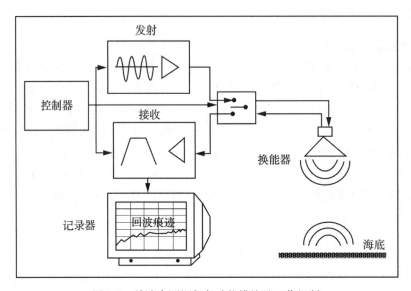

图 5-3　单波束测深仪各功能模块及工作机制

控制器：通过发布指令信号，控制整个仪器协调工作的控制单元，由相关电路和软硬件组成。早期的测深仪主要通过模拟电路实现有关功能。现代产品则主要以数字电路和软件代替。

发射机：产生电脉冲的装置。在控制器的控制下周期性地产生一定频率、一定宽度、一定功率的电震荡脉冲，激发发射换能器向水中发射声波。发射机一般由震荡电路、脉冲产生电路和功率放大电路所组成。

发射换能器：将电能转换为机械能，进一步通过机械震荡转换为声能的电声转换装置。正是换能器的机械震荡推动水介质的周期性波动，在水中传播声波。

接收换能器：将声能转化为电能的声电转换装置。水底返回的声波使得接收换能器的接收面产生机械振动，并将该机械振动转化为电信号送达接收机。

接收机：处理返回的电信号的装置。将换能器接收的微弱回波信号进行检测放大，经处理后送达记录及显示设备。一般采用现代相关检测技术和归一化技术，采用回波信号自动鉴别电路、回波水深抗干扰电路、自动增益电路和时控放大电路等实现回波信号的接收功能，使处理后的回波信号不论从强度上还是从波形的完好性上都能满足记录显示的要求。

显示设备：测量时实时显示及记录水深数据的装置。以往的记录设备多为模拟式的，即在记录纸上用记录针以一定的比例(决定于走纸速度)绘出断面上的水深曲线，同时它也作为一般实时显示设备。当今的新型测深仪上带有数字显示屏,同时也可以进行数字记录(如记录在磁盘、磁带上),大多具有标准 RS-232 等接口,易于与定位仪器等一起组成自动水深测量系统。

T/R 开关:控制发射与接收的转换。

电源部分:用于提供全套仪器所需要的电能。

应当指出,换能器为防止发射时产生的大功率电脉冲信号损坏接收机,通常在发射机、接收机和换能器之间设置一个自动转换电路。当发射时,将换能器与发射机接通,切断与接收机的联系,而接收时,则将换能器与接收机接通。另外,为了减小发射和接收声波传播路径不同引起的测深误差,现代测深仪的收、发换能器多采用一体化结构。

3. 回声测深的主要性能参数

发射声波的宽度(波束角)通常为 5°~15° 的适当波束宽度,一方面是由换能器尺寸所决定的,另一方面,较大的波束角对海底探测具有较大的脚印(照射覆盖区),可以保证在测量载体纵横摇的观测条件下有效接收回波。且考虑测量载体的结构和运行特点,横摇往往大于纵摇,换能器的结构通常为矩形,安装时,长轴方向与载体运行方向一致。因为较大的波束对应较小的换能器尺寸,单波束换能器具有小型化和便携等特点。

单波束测深仪利用声波的往返时间和声速测定水深,对应的声呐方程为:

$$DT \geqslant SL-2TL+TS-NL+DI \tag{5.3}$$

式中,DT 为仪器对接收声波的声强级检测指标,即检测阈值;SL 为发射器的声源级,发射能量大小,通常可调;TL 为信号传播损失,指声波在水介质中单程传播的能量损失。TS 为目标发射强度,与目标物的材质有关,主要涉及目标介质的声阻抗;NL 为噪声级,由仪器的自噪声级 NL_1 和环境噪声级 NL_2 组合而成,即 $NL = NL_1+NL_2$,NL_1 与换能器元件、电子电路有关,通常为定值,但随设备使用时间增长而增大,NL_2 主要来源是介质中所存在的声阻抗面的反射等;DI 为接收指向性指数,在声轴上接收器灵敏度最大。

该声呐方程表明,测深仪必须能够在各种传播损失和噪声环境下检测到所发射声波的回声信号,方能确定声波收发的时间差,确定到目标点的距离,获得深度值。

海底目标探测的分辨力:声波在传播的过程中,碰到遮蔽物时,如果声波波长远大于遮蔽物尺寸,会发生透射现象,当波长接近遮蔽物尺寸时,会发生衍射和绕射。只有当声波波长小于遮蔽物尺寸时才发生反射。因此,声波波长是对海底目标分辨程度的决定性因素。但考虑到声波在传播过程中的衰减,简单地将声波波长作为仪器探测的分辨力是不合理的,通常会使用一个经简化的计算参量——第一菲涅尔带半径作为仪器可识别尺寸,即分辨力指标,描述为:

$$R_{f1} = \sqrt{\frac{\lambda z}{2} + \frac{\lambda^2}{16}} \tag{5.4}$$

式中,λ 为声波长波,z 为水深。

测深仪声脉冲的脉冲宽度一般为 $10^{-4} \sim 10^{-3}S$,采用的声波频率与测量深度有关,用于深水的测深仪采用较低频率的声波,频率范围基本为 10k~25kHz,而浅水用测深仪采用高频声波,频率范围基本为 200k~700kHz。为了保证由浅水到深水的正常过渡,适合不同水深情况,可采用 Chirp 信号。声波的收发频率(Ping 率)基本根据测程确定。

5.2　回声测深的主要误差源

5.2.1　声速误差

根据式(5.2)，严格的回声距离应通过积分过程确定，然而声速在传播的短时间内变化规律通常是极其复杂的，通常视为声速随深度变化。因为单波束测深基本可保证垂直向下发射声波，且通常认为在小范围内水介质的温盐水平分布均有均一性，因此不考虑声线的弯曲影响。正是在这一前提下，往返声波可视为基本沿同一路径传播，所测深度为声波传播距离的二分之一。

据积分中值定理，回声距离的积分公式可改写为：

$$z = \frac{1}{2}\int_{t_1}^{t_2} C(t)\,\mathrm{d}t = \frac{1}{2}C(t_1 + \theta\Delta t)\Delta t \tag{5.5}$$

式中，$C(t_1 + \theta\Delta t)$ 为声波传播的等效均匀声速，$\theta \in [0, 1]$。

然而式(5.5)仅适用于理论分析，而无法确定准确的等效声速值。在实践中，通常在测深工作前后及期间通过分层测定影响声速的海洋物理因素或沿垂直剖面的直接离散声速，确定一系列深度点的声速值。在每层常声速或常梯度声速的假设下确定海区的等效平均声速。

在水介质铅直剖面内，实际声速、等梯度假设下的声速以及等速假设下的声速变化结构如图 5-4 所示。

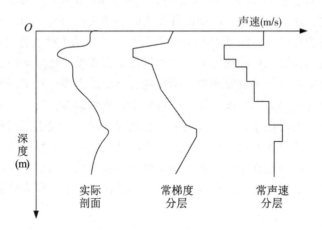

图 5-4　声速垂向变化示意图

若在水中，取不同深度(采样设备自带深度标记) z_n 处的声速采样值，通过直接或间接方法得到对应点声速值 C_n，假设总采样数记为 $N + 1$，则平均声速可按这些点所划分的 N 个水层声速的距离加权平均值确定。

$$\bar{C} = \sum_{n=1}^{N} \frac{(C_n + C_{n+1})(z_{n+1} - z_n)}{2(z_{N+1} - z_1)} \tag{5.6}$$

这种平均计算显然是基于每层声速随深度的常梯度变化的假设。当水层划分较细致时，可以认为是准确的等效声速。

利用等效平均声速，则测定的水深可简写为：

$$z = \frac{1}{2}\bar{C}\Delta t \tag{5.7}$$

测深仪通常设定一个参考声速 C_m，则仪器输出的测深值为：

$$z_m = \frac{1}{2}C_m\Delta t \tag{5.8}$$

于是，仪器输出的测深值与真实深度之间将存在偏差，且这种偏差呈系统误差性质，会随着深度的增大而增加。

比较式(5.7)和式(5.8)，可得：

$$z = z_m \frac{\bar{C}}{C_m} \tag{5.9}$$

故对测定深度所施加的声速改正数为：

$$\Delta z_C = z - z_m = \frac{z_m}{C_m}(\bar{C} - C_m) = z_m\Delta C \tag{5.10}$$

计时误差对深度测量理论上也存在影响，但考虑到测深仪依据的是回声测深原理，采用时间差而不是时刻信息进行时深转换。因此，在同一时间控制系统下，这一误差可忽略不计。在此前提下，鉴于平均声速与严格意义的积分等效声速，而且声速测定的时间与测深时间不匹配、位置不一致也会使得所用声速存在一定误差，因此可根据式(5.8)对声速误差的影响做出进一步估算。

$$\mathrm{d}z = \frac{1}{2}\Delta t\mathrm{d}\bar{C} = \frac{z}{\bar{C}}\mathrm{d}\bar{C} \tag{5.11}$$

声速将以相对误差的形式对测深结果产生影响，但目前测深仪的标称相对测距精度通常为 5‰，因此，只要进行合理的声速观测，将平均声速的误差控制在 2~3m/s 以内，声速以 1500m/s 计，所产生的深度误差基本可控制在 2‰，对单波束测深的误差影响可忽略不计。

传统的测深技术还需关注转速误差的影响，这是因为传统水深回波信号记录采用模拟方式。记录仪指针在旋转过程中，根据收发信号触发，在记录纸上绘制回声记录曲线，如图 5-5 所示。

记录指针的转速应与声速具有合理和严格的比例关系，否则将引起误差，必须改正，即转速误差改正。显然转速误差可归结为声速误差处理。现代测深仪通常采用模拟和数字两种记录方式，模拟记录结果主要用于对存疑数据校核，正常情况下以数字记录为主。因此，在此对这种误差仅作附带说明。

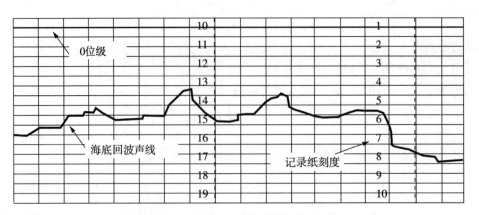

图 5-5　回声测深仪模拟记录示意图

5.2.2　航速和基线影响

1. 航速影响分析

海底地形测量在动态走航方式下进行，在走航过程中，声信号的传播如图 5-6 所示。

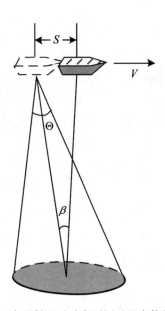

图 5-6　声照射区对动态测深过程声信号的覆盖

设载体运行速度为 V，在声波收发的时间 Δt 内，载体运行距离为 $S = V\Delta t$，而声波的单程传播距离为 $C\Delta t/2$。假设声线按直线传播，换能器在水底的垂直投影点对载体运行距离 S 的张角为：

$$\beta = \frac{V}{C}\rho° \tag{5.12}$$

取航行速度为 15 节，即 7.72m/s，声速为 1500m/s，可算得 β 角为 0.29°，远小于测深仪的纵向波束角，即被波束宽度所覆盖。事实上，在进行水深测量时载体速度不可能过快，否则运行过程中产生的气泡将上升为影响测量的主要因素，所以动态测深与静态测深可视为无差别，认为声波沿相同路径往返。即在单波束测量模式下，不考虑载体运行速度的影响。

2. 基线引起的深度误差

若收发换能器之间存在位置差(水平距离)时，称其为基线，基线对浅水域水深测量可产生不可忽略的影响。往返声线与换能器间的基线如图 5-7 所示。

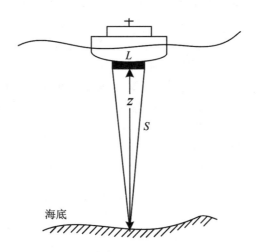

图 5-7 换能器基线与声线关系示意图

设基线长度为 L，为与之前采用的深度符号 z 相区别，将测定的单程距离 $\frac{1}{2}\bar{C}\Delta t$ 记为 S，则垂直方向的距离，即深度可表达为：

$$z = \sqrt{S^2 - \left(\frac{L}{2}\right)^2} \tag{5.13}$$

通常 $S \gg L$，于是

$$z = S\sqrt{1 - \left(\frac{L}{2S}\right)^2} \approx S - \frac{1}{4}\frac{L^2}{S} = S - \Delta S \tag{5.14}$$

ΔS 即为对测深值所进行的基线改正数。

5.2.3 姿态与吃水和波束角的耦合作用

1. 载体姿态

在动态测量过程中，测量载体在风浪和相关动力因素作用下发生摇摆变化，具体分解为横摇、纵摇、艏摇以及垂向起伏过程。在这些因素和过程影响下，某一时刻的载体所处摇荡角度和沉浮量值统称为载体姿态。姿态由三个自由度的转动信息和垂向沉浮的平动信息所描述，在一定程度上影响海底地形测量结果。

第 2 章已给出载体当地(站心)空间直角坐标系与载体固联(空间直角)坐标系的关系。利用载体姿态要素可实现载体固联坐标系到站心直角坐标系的变换，并进一步可将所测海底地形点坐标转换归算至相关的大地坐标系。

2. 换能器升沉(吃水)影响

换能器的吃水误差包括静态吃水误差和动态吃水误差。静态吃水是载体在基本静止状态下，换能器与水面之间的垂直距离，可在静止状态下较准确量测。当然，随着载体油水消耗以及其他压舱质量的变化，静态吃水一般呈现出规律性的变化。动态吃水则是由于测量载体的运动，使得换能器与水面的距离在静态吃水的基础上产生的附加变化，且随测量过程中的载体走航速度而变化，并与测量载体的吨位有关。

对于较小吨位的测量载体，通常的情况是，随着航速的提高，伴随着船尾下沉，而为了避免螺旋桨产生的气泡和其他噪声影响，也为了姿态影响的精确归算，换能器通常安装在载体纵轴方向的中部，因此一般造成动态吃水变浅。此外，波浪特别是涌浪是影响水深测量的主要海况条件，这种高频的海面动态变化使得在潮汐等低频影响的海面变化基础上，测量载体产生垂向的振动，特别是对小吨位测量载体，将随涌浪而起伏。海浪和风等因素的联合影响致使测量载体产生纵摇和横摇等载体变化，在起伏的基础上进一步产生换能器的诱导升沉(图 5-8)，影响换能器吃水的稳定性。综上所述，换能器的动态吃水是各种因素影响下的综合吃水变化。

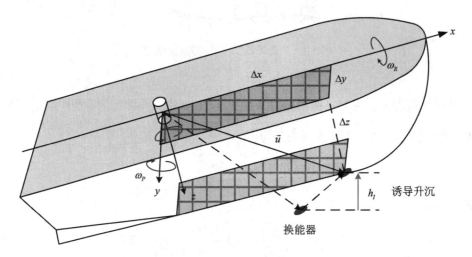

图 5-8　姿态(摇荡)引起的换能器诱导升沉示意图

诱导升沉的量值为：
$$\Delta h_{PR} = -x\sin\omega_P + y\cos\omega_P\sin\omega_R + z(\cos\omega_P\sin\omega_R - 1) \tag{5.15}$$
式中，x、y、z 分别为换能器在载体固联坐标系(原点位于载体浮心)中的坐标；ω_P、ω_R 分别为纵摇、横摇角。为区分坐标表示，在此，将诱导升沉量记为 Δh_{PR}，而且为时间变化量。

载体在动态测量过程中的整体沉浮以 Δh_{heave} 表示，同样为时间变量，可用涌浪姿态传感器监测，将静态吃水表示为 Δh_0，则综合升沉量为：

$$\Delta h = \Delta h_0 + \Delta h_{PR} + \Delta h_{\text{heave}} \tag{5.16}$$

在某一具体时刻，诱导升沉和整体沉浮为可监测的系统性误差影响，而因为波浪及其影响下的载体状态在一定时间长度内具有随机性，在传统单波束水深测量中，通常不做监测，而是对断面测深曲线进行滤波处理，如图 5-9 所示。当然，这种滤波需要依据一定的经验判定。

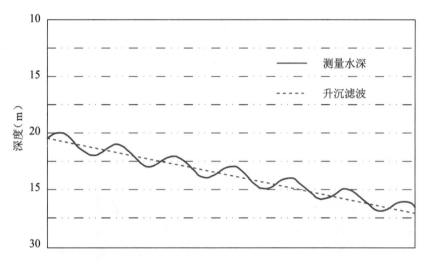

图 5-9　观测结果的升沉(动态吃水)滤波处理示意图

3. 载体无摇时的波束角效应影响

从几何意义上的基本原理论述中，假定了声波的直线传播形态，事实上，单波束测深仪均设计有一定宽度的波束角。因此，一次声波收发过程中，对载体所在点的海底地形(水深)测量以图 5-10 的方式(以圆锥形波束为例)实现。

一定宽度的波束角虽然限制了水底地形探测的分辨率，却保证了在载体姿态变化的情况下，有效接收和检测回波，保证水下地形的探测效率。

主瓣波束角对水底的覆盖范围(投影在水平面的面积)，对于矩形换能器，为 $z^2\Theta_{WL}\cdot\Theta_{WD}$ 的矩形区域，而对于圆形换能器，为 $\pi z^2\tan^2\Theta_W\pi D^2\tan^2\Theta_W$ 的圆形区域。声波在到达水底后，经反射被接收换能器接收，因此，每一覆盖范围对应一个水深值。该覆盖范围反映了对水底地形探测的分辨率，而测定的水深实际为换能器与水底之间的最短距离。

通常情况下，海底存在一定的坡度。倾角的影响随半波束角与倾角的关系而不同，以下设海底地形的倾斜角为 ζ 进行讨论。

当 $\zeta \leqslant \dfrac{\Theta_W}{2}$ 时，如图 5-11(a)所示，测定的深度值为最短距离 z_m，垂直于海底面，载

127

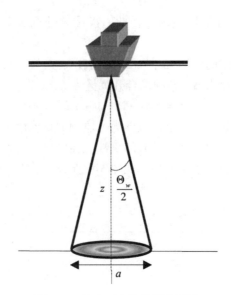

图 5-10　波束对水底的覆盖区域

体下方的真实水深记为 z_N，海底倾斜引起的水平位置差异及深度误差分别为 x 和 Δz，可导出如下关系式：

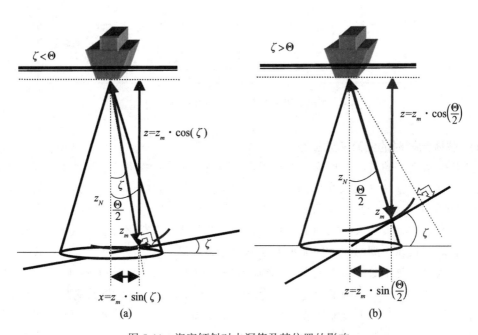

图 5-11　海底倾斜对水深值及其位置的影响

$$x = z_m \sin\zeta \qquad (5.17)$$
$$z_N = z_m \cos\zeta + x\tan\zeta$$
$$= z_m \cos\zeta + z_m \sin\zeta \tan\zeta$$

$$= z_m \frac{\cos^2\zeta + \sin^2\zeta}{\cos\zeta} = z_m \sec\zeta \qquad (5.18)$$

从而

$$\Delta z = z_N - z_m = z_m(\sec\zeta - 1) \qquad (5.19)$$

式(5.19)表示了海底倾斜的深度归算量，而海底倾斜引起的深度相对真误差为：

$$\frac{\Delta z}{z_m} = \sec\zeta - 1 \qquad (5.20)$$

当 $\zeta > \dfrac{\Theta_W}{2}$ 时，如图 5-11(b)所示，水底坡面的垂线在波束角覆盖范围之外，最短回波来源于波束角的边缘。这种情况下海底倾斜引起的平面位置差异和深度改正量分别为：

$$x = z_m \sin\frac{\Theta_W}{2} \qquad (5.21)$$

$$\Delta z = z_N - z_m = z_m\left(\sec\frac{\Theta_W}{2} - 1\right) \qquad (5.22)$$

而海底倾斜引起的深度相对真误差为：

$$\frac{\Delta z}{z_m} = \sec\frac{\Theta_W}{2} - 1 \qquad (5.23)$$

波束角的影响将产生海底地形测量失真，失真程度随波束角、深度的增加而增大。图 5-12 反映了不同波束角测深仪对测深断面上海底地形探测的失真情况。

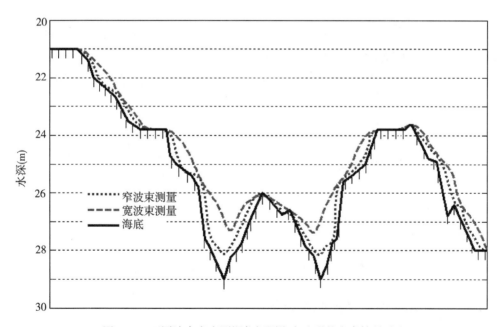

图 5-12 不同波束宽度测深仪探测海底地形的失真情况对比

129

4. 载体姿态与波束角的耦合影响

设载体在某一自由度的摇角为 ω，在此以横摇情形为例，横摇角度记为 ω_R，姿态对测深的影响情况如图 5-13 所示。

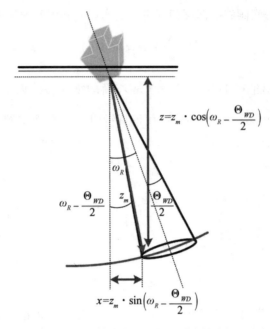

图 5-13　载体姿态的对测深影响示意图

海底平坦的情况下，在姿态角小于半波束角时，单波束测深仪测定的水深即为载体正下方的真实水深，因此不存在失真。

当姿态角大于波束角时，所测最短距离为斜距 z_m，为边缘波束的回波距离。回波水深点与换能器的平面位置差为：

$$x = z_m \sin\left(\omega_R - \frac{\Theta_{WD}}{2}\right) \qquad (5.24)$$

而实际水深 z_N 与测定深度值 z_m 的关系为：

$$z_N = z_m \cos\left(\omega_R - \frac{\Theta_{WD}}{2}\right) \qquad (5.25)$$

因此，水深改正量为：

$$\Delta z = z_N - z_m = z_m\left[\cos\left(\omega_R - \frac{\Theta_{WD}}{2}\right) - 1\right] \qquad (5.26)$$

5.2.4　单波束测深误差的综合说明

单波束水深(海底地形)测量的基本原理是垂向水声测距。和其他测距方式类似，水深成果误差的中误差可表达为加常数中误差与乘常数中误差两部分的叠加，即

$$\sigma_z = \pm \sqrt{a^2 + (b \cdot z)^2} \qquad (5.27)$$

$$\sigma_z = \pm (a + b \cdot z) \qquad (5.28)$$

式中, a 为加常数中误差, b 为相对中误差。

测深仪的标称精度通常也是由式(5.28)的形式描述的, 反映为测深仪本身的稳定性与灵敏度。现代单波束测深仪的标称精度通常可达到 $\sigma = \pm (0.01\mathrm{m} + 0.1\% \cdot z)$, z 的单位为 m。

而利用测深仪所测定的海底地形成果的精度远不限于仪器本身的精度与灵敏度, 而是与测量过程中的各种环境因素、载体因素等有关。总体精度指标应表达为式(5.27)的形式。

仪器吃水, 包括静态和动态吃水误差, 反映为测深传感器的绝对垂向变化, 尽管在浅水域和深水域行为略有不同, 但构成加常数中误差的来源。

加常数中误差的另外一种主要贡献来源是动态水位向选定的深度基准的归算, 即涉及以潮汐为主要原因的水位改正误差。相关原理在第 2 章已做简要说明, 在此进一步补充介绍。水位改正是指对以潮汐为主的海面变化所进行的改正。通常通过在测区及附近设立验潮站(水位站)监测海面的垂直变化, 以及对监测水位的时空内插, 获取测点处水位信息。水位实质上是潮汐涨落和气象等因素引起的增降水的组合, 是海面的低频变化, 在验潮站布设密度足够的情况下, 可按较高精度(厘米级)内插测点的水位(改正)值。对于开阔的深水海域, 如大陆架海域, 一方面因为潮汐作用较小, 且涨落规律性强, 另一方面由于在水位改正误差在总体误差中的比例减小, 通常可采用潮汐预报法获取水位改正数。而对于深于 200m 的海域, 国际和国内的通行规定是可不顾及水位改正项。值得说明的是, 水位改正本质上属于垂直基准归算, 它将测定的深度(经吃水改正后的瞬时水面与水底的垂直距离)归算至所需的垂直基准面。最终的海底地形点高程(水深)所依据的垂直参考系依赖于水位改正数据所采用的垂直参考基准。

海底地形(测深)成果精度的加常数表示部分主要是由上述误差改正或归算后的残余量贡献。

声速、波束角及其与姿态耦合效应产生的误差以及收发换能器之间的基线产生的深度误差均与深度值有关, 且基本成正比。因此, 这些误差影响深度精度的乘常数部分, 当作相关的改正或归算后, 构成乘常数精度指标部分。

国际海道测量组织(IHO)出版的《海道测量标准》中, 对水深测量定义了特等、一等 a、一等 b、二等四个等级。姑且不论对海底地形测量的覆盖程度和分辨率要求, 仅就水深测量精度而言, 各等级的水深精度指标如表 5-1 所示。

对于特等和一等测量, 加常数误差应分别控制在 0.25m 或 0.5m(95%置信度), 主要考虑综合性动态吃水误差和水位改正误差, 将两项误差均限定为规定误差限的 $\frac{\sqrt{2}}{2}$ (即 0.707)倍, 则 95%置信度指标分别为 17.7cm 和 35.4cm, 对应的中误差分别应达到 9cm 和 18cm。在实际情况下, 显然, 对于浅水域海底地形测量, 上述两项误差因素具有基本等同的贡献, 均需有效设计与控制, 特别是实现合理的监测与归算。随着水深增加, 主要的控制因素为动态吃水效应。

表 5-1 国际标准的水深精度指标

等级	特等	一等 a	一等 b	二等
水域说明	龙骨富余水深处于临界水深的水域	深度小于 100m 且龙骨富余水深大于临界水深，但可能存在影响海面航运要素的水域	深度小于 100m 且龙骨富余水深不作为问题考虑，但航运要穿越的水域	深度大于 100m 且海底说明相对充分的水域
最大可接受垂直总不确定度（95%置信度）	$a=0.25$m $b=0.0075$	$a=0.5$m $b=0.013$	$a=0.5$m $b=0.013$	$a=1.0$m $b=0.023$

因为目前测深仪本身的标称指标远优于列表的精度指标，故与水深成比例的误差主要考虑声速改正、姿态与海底倾角误差。在特等和一等水深测量时，乘常数误差应分别控制在 0.0075 和 0.013 以内，同样考虑这些指标对应于 95%的置信度，对此取相同贡献，并化算为相对中误差，则分别对应为 0.0027 和 0.0047。根据声速误差的影响公式，声速误差应分别控制在和 4.05m/s 和 7.03m/s（按标准声速 1500m/s 估算）。在不计姿态的情况下，波束角影响对应的地形倾角限差分别为 4.2° 和 5.5°，而精细的海底地形测量应该考虑姿态的可靠监测与改正。

5.3 地形形态对断面方向及测图比例尺的依赖性

海底地形测量的最主要目的是以一定的精细程度测定海底几何形态，海底地物则被视为特征地形，通过观测数据识别和判定，因此地貌与地物的测定都依赖于观测数据及其变异来表征。在单波束测量模式下，实质上是以测线上的近连续断面观测实现海底地形场的采样，这种采样使海底的精细化表达能力不可避免地受到海底形态影响，也与采样剖面的方向与分辨率(间隔)配置有关，本节重点分析测深断面方向与横向距离对海底地形探测完善程度的关系。

5.3.1 海底地形形态与测深断面方向

1. 地形变化的方向性分析

无论海底地形形态如何复杂，整个区域或局部都可描述为某种函数形式，即将高程(水深)表达为二维位置坐标 的函数，即

$$z = f(x, y) \tag{5.29}$$

注意，在此以符号 q_i 表示水深，一方面与坐标表示符号相匹配，另一方面，由于在不同垂直基准下海底地形点的水深或高程有多重含义及表达符号，因此以统一符号替代。

将海底地形的该标量场函数做 Taylor 级数展开，则有：

$$z = f(x_0, y_0) + \frac{\partial f}{\partial x}\bigg|_{(x_0, y_0)} \Delta x + \frac{\partial f}{\partial y}\bigg|_{(x_0, y_0)} \Delta y$$

$$+ \frac{1}{2}\frac{\partial^2 f}{\partial^2 x}\bigg|_{(x_0, y_0)} \Delta x^2 + \frac{1}{2}\frac{\partial^2 f}{\partial^2 y}\bigg|_{(x_0, y_0)} \Delta y^2 + \frac{1}{2}\frac{\partial^2 f}{\partial x \partial y}\bigg|_{(x_0, y_0)} \Delta x \Delta y + \cdots \quad (5.30)$$

式中，(x_0, y_0) 为级数展开的参考点；$\Delta x = x - x_0$，$\Delta y = y - y_0$ 为任一流动地形点 (x, y) 在相应坐标方向与参考点的坐标差。

就海底地形测量而言，对于局部地形形态，取参考点位于测线断面上，则在参考点附近的一定邻域内，可将式(5.30)简化为一阶展开式表示微地形形态：

$$z = f(x_0, y_0) + \frac{\partial f}{\partial x}\bigg|_{(x_0, y_0)} \Delta x + \frac{\partial f}{\partial y}\bigg|_{(x_0, y_0)} \Delta y \quad (5.31)$$

根据梯度的定义，设参考点 (x_0, y_0) 到流动点 (x, y) 的方位为 l，则有梯度(模 g 与方向 n)与方向导数的表达式：

$$\left.\begin{array}{l} g = \sqrt{\left(\frac{\partial f}{\partial x}\right)^2 + \left(\frac{\partial f}{\partial y}\right)^2} \\[3mm] n = \arctan \dfrac{\dfrac{\partial f}{\partial y}}{\dfrac{\partial f}{\partial x}} \\[3mm] \dfrac{\partial f}{\partial x} = g\cos n \\[3mm] \dfrac{\partial f}{\partial y} = g\sin n \end{array}\right\} \quad (5.32)$$

而任一方向 l 的方向导数为：

$$\frac{\partial f}{\partial l} = g\cos(n, l) \quad (5.33)$$

其中，(n, l) 为所关注方向与梯度方向的夹角。

因此，在测点的邻域内，式(5.31)进一步改化为：

$$z = f(x_0, y_0) + g_0\cos n_0 \Delta x + g_0\sin n_0 \Delta y = f(x_0, y_0) + g_0\cos(n, l)\Delta l \quad (5.34)$$

其中，Δl 表示 (x_0, y_0) 到 (x, y) 的距离，即 $\Delta l = \sqrt{(x - x_0)^2 + (y - y_0)^2}$。

2. 测线间的水深推估原理

在已知海底地形的严密函数表达式的情况下，则由图 5-14 测线上任一观测点的水深值可利用位置差异和方向导数信息，根据式(5.34)计算邻近点 P 的水深 z_P。

然而，海底地形正是这种测量的对象，即便对海域以单波束测量方式完成了水深的抽样测量，也未必能够获得海底地形的解析函数。实际上，总可以通过观测数据在一定程度上刻画测点附近局部区域的海底地形变化形态。例如，根据图 5-15 所示的相邻两条测线上的三点的实测水深观测值，在海底地形线性(等倾斜)变化情况下，可以计算地形梯度，并推估内插点 P 的水深 z_P。

设测线方向为 l_1，由 k 指向 $k + 1$，而 k 指向相邻测线点 j 的方向记为 l_2，则根据测线

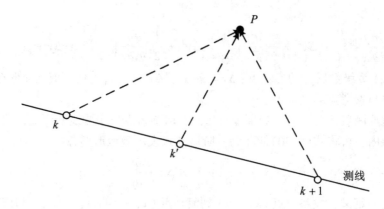

图 5-14　海底地形函数支持的水深推估示意图

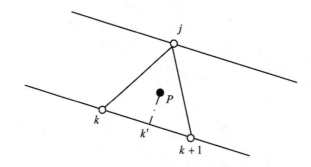

图 5-15　依据测点的水深内插推估示意图

上三点的水深观测值及其坐标可以计算如下方向导数：

$$\begin{cases} \dfrac{\partial f}{\partial l_1} = \dfrac{z_j - z_k}{S_{kj}} = g\cos(n,\ l_1) \\[3mm] \dfrac{\partial f}{\partial l_2} = \dfrac{z_{k+1} - z_k}{S_{k,\ k+1}} = g\sin(n,\ l_2) \end{cases} \tag{5.35}$$

而任一方向的导数(地形变化率)又可写为：

$$\frac{\partial f}{\partial l} = \frac{\partial f}{\partial x}\cos l + \frac{\partial f}{\partial y}\sin l = g_x \cos l + g_y \sin l \tag{5.36}$$

在此，将 l 方向与坐标轴 x 的夹角 $(l,\ x)$ 简写为 l，即方向对应的方位，而 g_x、g_y 分别指坐标轴方向的方向导数。于是有：

$$\begin{cases} \dfrac{\partial f}{\partial l_1} = g_{l_1} = \dfrac{z_j - z_k}{S_{kj}} = g_x \cos l_1 + g_y \sin l_1 \\[3mm] \dfrac{\partial f}{\partial l_2} = g_{l_2} = \dfrac{z_{k+1} - z_k}{S_{k,\ k+1}} = g_x \cos l_2 + g_y \sin l_2 \end{cases} \tag{5.37}$$

因 l_1 和 l_2 方向不重合，故：

$$\begin{bmatrix} g_x \\ g_x \end{bmatrix} = \begin{bmatrix} \cos l_1 & \sin l_1 \\ \cos l_2 & \sin l_2 \end{bmatrix}^{-1} \begin{bmatrix} g_{l_1} \\ g_{l_2} \end{bmatrix} = \frac{1}{\sin\theta} \begin{bmatrix} \sin l_2 & -\sin l_1 \\ -\cos l_2 & \cos l_1 \end{bmatrix} \begin{bmatrix} g_{l_1} \\ g_{l_2} \end{bmatrix} \tag{5.38}$$

其中，θ 是求方向导数所用两个方向的夹角。

据以上诸式可导得：

$$g = \sqrt{g_x^2 + g_y^2} = \frac{1}{\sin\theta}\sqrt{g_{l_1}^2 + g_{l_2}^2 - 2g_{l_1}g_{l_2}\cos\theta} \tag{5.39}$$

在此，不对由水深观测量推求内插点水深的表示式进行详细推导，实际上，在海底等倾斜的假设条件下，内插点水深表达式将与三点平面内插公式等价。即不论海底倾斜方向如何，都可获得空白区的可靠水深插值，从而可以表达连续的海底形态。

就海底地形探测而言，由观测数据进行空白点内插，将受到观测量误差的影响，特别是需要考虑海底地形存在复杂甚至未知的变化，这些变化通常表现出一定程度的非线性特征，地形梯度也将是位置的函数，式(5.30)中的高阶导数将对海底地形的高精度表示带来影响。

将图 5-15 中的 k 点移动至 k' 点，该点至推估点的方向与测线方向垂直，因此梯度的大小可简写为 $g = \sqrt{g_{l_1}^2 + g_{l_2}^2}$。在 l_2' 方向上，若方向导数 g_{l_1} 足够小，$g_{l_2} \to 0$，则观测误差以及地形非线性变化带来的系统误差对推算点的水深影响将最小，是测线间水深内插的理想条件。而此时，测线方向 l_1 应与梯度方向重合。据此得出基本结论，非实测海底地形点的精确内插依赖于测线沿海底地形变化梯度方向布设。

根据陆地地形测量的基本知识，测量地貌形态主要测定地形特征线，即地性线。对于海底而言，地性线即可理解为自然海底的最大变化剖面。陆地地形测量在测者可见的环境下实施，对特征地物与地貌，采取先判别再测定的方式，而在海底地形测量中所不同的是，一切地貌和地物都必须通过测量数据所反映的变化规律来推断和判别。因此，不论从宏观尺度上，还是微观意义上，对地形地貌的变化量信息进行合理采集都作为基本原则，同时也决定着后续探讨的探测密度。

事实上，测线布设方向应从海底地形探测完善性和精度两方面考虑，若测量技术对任意方向的探测分辨率相同，甚至可实现全覆盖探测，沿任一方向布设测量断面并不影响海底地形探测的完善性。而在分辨率存在明显差异时，将最高的分辨率置于变化梯度方向，从而保证对海底的细微变化在测深数据上做出敏感的反应，减少局部突变地形的漏测概率。单波束水深测量模式的主要特征是在测线上可(视为)实现连续采样，具有最高的探测分辨率，而在测线正横方向，不可能按全覆盖要求密集布设测线，因此，存在地形点内插和推估问题，保证这种推估的高精度，与区域性海底地形探测的完善性是相统一的。当然，若能实现一定分辨率的全覆盖探测，保证完善性的基础上，测量效率也是测线布设必须考虑的重要因素。

3. 测线方向的确定策略

前述理论分析立足于局部地形的精细探测与表达。而测线布设是海底地形测量基础性的工作，需要将整个测区视为关注对象，属于工程设计阶段的任务。

对于整个测区，按海底地形总体变化趋势的梯度方向设计断面是测线布设的基本原则。对于前期已有观测数据、海图等信息资料，开展更大比例尺海底地形精细、更新探测的情况下，历史资料将为测线布设提供基本的设计依据。而对于新测区，特别是近岸海域，则可根据陆地地形的变化趋势对海底地形的总体变化规律进行推断，基本规律是变化梯度与岸线方向垂直，这是地壳形成和地质演变过程的规律性所决定的。在宽广的陆架及大洋区域，已由探测和海洋地质学的研究成果表明，自然海底的变化梯度较小，大部分海底的坡度仅处于以分度量的角度量级。因此，为了保证探测效率和探测的规格化，测线通常可沿经度或纬度方向布设。

单波束海底地形测量的测线在按地形梯度方向布设的基本原则下，通常布设为投影平面上的平行测线。但对于海底地貌变化异常区以及特殊地物区域，则主要布设为以特征地貌和地物为中心的放射线，并加大探测密度，以保证测量的完善性与精度。

这里所论测线均指主测线或基本测线，它们是海底地形完善探测的基础。而为了海底地形测量成果的质量检核与评估目的，所布设的检查线(副测线)应与主测线基本垂直，主要是保证主、副测线交叉点的准确确定和探测方向的合理互补。

5.3.2 分辨率与测图比例尺

1. 海底地形探测的分辨率

在单波束测深模式下，即便考虑由测量船结构引起的横摇大于纵摇现象，保证声波可靠的发射与接收，横向波束角也不过设计为几度到十几度，横向波束对海底的覆盖宽度(水平投影)为：

$$W = D \frac{\Theta_W}{\rho^\circ} \qquad (5.40)$$

其中，$\rho^\circ = \frac{180^\circ}{\pi}$ 为角度以度和弧度度量的变换量。

分别按照 $\Theta_W = 6^\circ$ 和 $\Theta_W = 15^\circ$ 估算，当海底的覆盖宽度约为水深的 0.1 和 0.26 时，此即单波束测深仪对海底地形实测分辨率。若同时考虑纵向波束，声波对海底探测的波束脚印总是视为与深度成比例的矩形或因地形变化而变形的梯形区域。

海底地形实际探测的分辨率是声波对海底覆盖的纵、横尺度或面积。因为在单波束海底地形测量模式下，沿测线方向的声波收发可视为连续过程，故实现沿测线狭窄条带的全覆盖探测，仅需重点分析横向分辨率。分辨率与覆盖尺度是一对矛盾概念，分辨率越低，对应的观测覆盖尺度越大。对海底地形的精细探测，要求有尽量高的分辨率，以探测和描述地形的微细形态变化，而覆盖面积大则意味着特征地物地貌遗漏概率小。单波束测深技术对海底覆盖尺度和分辨率两个指标无法兼顾，而由后发展起来的多波束和侧扫声呐技术拥有更进一步的功能，较传统利用人工器具的离散点测深采样模式是巨大的技术进步。

2. 测图比例尺与水深分辨率

传统的水深测量中，测量比例尺决定了主测线的布设密度，一般要求是以图上 1cm 布设主测线，反过来，一定的测线密度要求也就对应于确定的最低比例尺(根据探测密度要求可以将比例尺适度放大)。

海底地形(水深)测量所采用的比例尺在大陆架海域通常设定为 1∶1 万、1∶5 万和

1：10万等，对应的主测线间距分别为 100m、500m 和 1000m，该比例尺在沿岸海域扩大到1：5000，航道、锚地和码头港池甚至按1：2000、1：1000 或 1：500，对应的主测线间距分别减小到 20m、10m 和 5m。显然，这些大比例尺水深测量的核心目标是保证舰船的航行安全，根据海区的重要性不同，有些区域还采用其他的比例尺。对大洋区域，海底地形形态主要决定于地质构造形成的原因，并具有较大的空间尺度，而沉船等特征地物在这类大水深区域对舰船安全航行威胁减小，因此常以 1：50 万、1：100 万等小比例尺施测，并直接采用与航海图编制一致的墨卡托投影方式。

鉴于自然海底在底质构造规律上存在一定程度的连续性，在海洋特别是海底流场等动力学作用下，海底特征地貌具有一定的延伸范围。因此，当在采用基本比例尺发现海底异常地貌变化时，通常在特征地貌附近的小区域内将基本测线间距缩小一半，实施加密探测，并在此基础上，围绕特征地貌做更详尽的探测。而对于沉船等特征地物，往往根据事故发生信息，在疑点附近实施高密度测线的加密探测。

利用单波束测深技术开展海底地形测量所采用的断面抽样测量模式，无论分辨率和覆盖尺度都是有限的，在测线之间不可避免存在微地形遗漏。特别是在小比例尺测量时探测的不完善性和可靠性会有所降低。而在近岸及重要海区实施的大比例尺测量，限于传统定位技术的精度，水深点的位置也难以达到与比例尺相对应的图上毫米级乃至亚毫米级的精度。在高精度 GNSS 技术广泛应用于海洋定位的现代技术（姿态应用情况下的测深传感器精确定位级别）条件下，海底地形点的位置与比例尺的匹配性得到较大程度改善。而由于波束角效应以及测量载体摇晃，海底的变化特征等因素影响，所测海底地形点与位置也可能存在一定偏差，因此，严格的姿态修正与位置归算在海底地形测量中是需要重点考虑的问题，而为航海需要而开展的水深测量普遍采用的取浅原则，在精细探测和认知海底精细形态的海底地形测量模式下，则需进一步深化分析和处理方法。

第6章 水下地形的多波束条带覆盖测量模式

多波束测深系统又称为条带测深仪，工作时发射换能器以一定的频率发射沿测船航向开角窄、沿垂直航向开角宽的波束。对应每个发射波束，由接收换能器获得多个沿垂直航向开角窄、沿航向开角宽的接收波束。通过将发射波束和若干接收波束先后叠加，即可获得垂直航向上成百上千个窄波束。利用每个窄波束的波束入射角与旅行时可计算出测点的位置和水深，随着测船的行进，得到一条具有一定宽度的水深条带。相对于单波束来说，多波束技术是水下地形测量的一次技术飞跃，既提高了效率，又实现了条带全覆盖测量。本章从几何和声学上介绍多波束工作原理，阐述多波束系统校准和测线设计方法。

6.1 多波束海底观测基本原理

现在国际上的多波束系统根据波束形成方式主要分为两类：电子多波束测深系统（如 SeaBat 7125）和相干多波束测深系统（如 GeoSwath Plus），下面分别阐述其工作原理。

6.1.1 电子多波束工作原理

从第 3 章我们已了解到波束发射和接收具有指向性，图 6-1 是两个发射器间距 $\lambda/2$ 时的波束能量图（Beam Pattern），左边为平面图，右边为三维图，可清楚地看到声能量的分布，不同的角度有不同的能量，这就是能量的指向性。如果一个发射阵的能量分布在狭窄的角度中，就称该系统指向性高。真正的发射阵由多个发射器组成，有直线阵和圆形阵等。这里只讨论离散直线阵，其他阵列可用类似方法推导得出。如图 6-2 所示，根据两个发射器的基阵可以推导出多个发射器组成的直线阵的波束能量图。

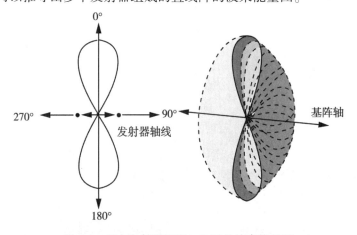

图 6-1　两个发射器间距 $\lambda/2$ 时的波束能量图

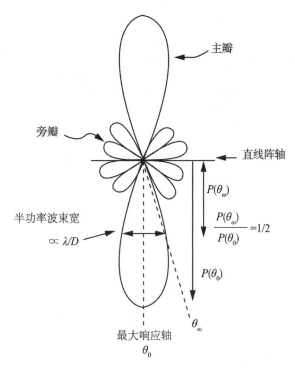

图 6-2 多基元线性基阵的波束能量图

在图 6-2 中，能量最大的波束叫主瓣，侧面的一些小瓣是旁瓣，也是相长干涉的地方。旁瓣会引起能量的泄露，还会因为引起回波而对主瓣的回波产生干扰。旁瓣是不可避免的，可通过加权的方法降低旁瓣的水平，但是加权后旁瓣水平值降低了，波束却展宽了，因此需要在主瓣宽度和旁瓣水平间保持一个平衡。主瓣的中心轴叫做最大响应轴（Maximum Response Axis，MRA），主瓣半功率处（相对于主瓣能量的−3dB）的波束宽度就是波束角。发射器越多，基阵越长，则波束角越小，指向性就越高。

设基阵的长度为 D，则波束角为：

$$\theta = 50.6 \times \lambda / D \tag{6.1}$$

从式（6.1）可以看出，减小声波长或者增大基阵的长度都可以提高波束的指向性。但是基阵的长度不可能无限增大，而波长越小，在水中衰减得越快，所以指向性不可能无限提高。

1. 波束形成

米尔斯交叉（Mills Cross）阵在多波束换能器基阵中广泛采用，下面以其为例介绍波束形成原理。多波束换能器工作时，发射或接收基阵产生沿垂直基阵轴线宽、沿基阵轴线窄的发射或接收波束。发射和接收基阵以米尔斯交叉配置，发射波束与接收波束相交获得单个窄波束（图 6-3）。该窄波束沿航向和沿垂直航向的波束宽度直接受对应发射波束和接收波束束控结果的影响。

从图 6-3 可知，由发射波束和接收波束交叉获得单个窄波束时，除主瓣波束外，还伴

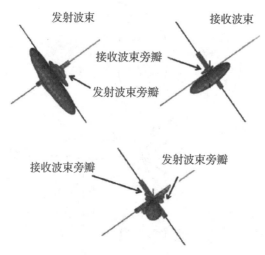

图 6-3　发射波束和接收波束相交获得单个窄波束(Hughes Clarke, 2010)

随有旁瓣波束。旁瓣有时会影响测深结果,因为其回波可能率先返回,因此波束束控时应尽量压制旁瓣,有利于突出主瓣,降低旁瓣的影响。图 6-4 显示了一个波束形成时,波束主瓣与旁瓣在海底的波束脚印。

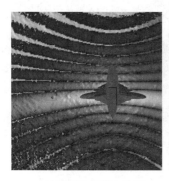  

(a)一次发射波束指向性图　　　　(b)一次接收波束指导向性图　　　　(c)主瓣与旁瓣相交效果图

图 6-4　发射波束与接收波束相交效果示意图(Hughes Clarke, 2010)

　　一个完整的发射接收周期(Ping)内,发射换能器只激发一次产生发射波束,接收换能器通过对接收基阵阵元多次引入适当延时获得多个接收波束。发射波束与接收波束相交获得多个窄波束,这个时间间隔很小,如图 6-5 所示。

　　2. 波束束控

　　换能器阵发射或接收到的声波信号包括主瓣、旁瓣、背叶瓣,主瓣的测量信息基本上反映了真实的测量内容,旁瓣、背叶瓣则基本上属于干扰信息,其中旁瓣影响更大。旁瓣的存在会影响多波束的工作,过大的旁瓣不仅使空间增益下降,而且还可能产生错误的海底地形。为了得到真实的测量信息,减少干扰信息的存在,在设计多波束声呐系统时需采

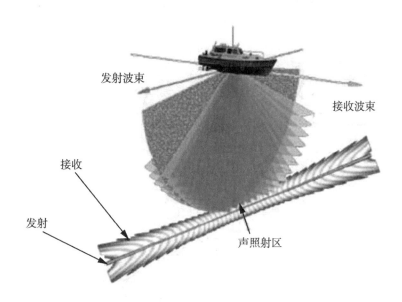

图 6-5 发射波束与接收波束相交获得多个窄波束(Marques,2012)

取措施尽量压制旁瓣,使发射和接收的能量都集中在主瓣,这种方法称为束控。

束控方法有相位加权法和幅度加权法。相位加权指对声源阵中不同基元接收到的信号进行适当的相位或时间延迟。相位加权法可将主瓣导向特定的方向(波束导向),这时每个声基元的信号是分别输出的。幅度加权指给声源基阵中各基元加以不同的电压值。采用幅度加权法时,声基元的信号是同时输出的,只要保证基阵灵敏度中间大,两边逐渐减小,就能使旁瓣有不同程度的压低。

相位加权法束控可将主瓣导向特定的方向,并保持主瓣的宽度,但对旁瓣没有明显抑制;幅度加权法对旁瓣抑制效果明显,但会增加主瓣宽度。幅度加权通常采用的方法是对幅度进行三角加权、余弦加权和高斯加权。实践证明,高斯加权是比较理想的加权函数(秦臻,1984)。

下面以灵敏度均匀分布的连续直线阵的输出响应为例,介绍通过采用幅度加权实现波束束控的过程。

在采取幅度加权时,基阵的输出响应可表达为:

$$V = \int_{-\frac{L}{2}}^{\frac{L}{2}} \frac{A(x)}{L} e^{j\frac{2\pi x}{\lambda}\sin\theta} dx \qquad (6.2)$$

式中,L 为直线阵的长度;$A(x)$ 为幅度加权函数;λ 为波长;θ 为波束角;dx 为直线阵的微分单元。

令 $u = \frac{L}{\lambda}\sin\theta$,$p = \frac{2\pi x}{L}\left(-\frac{L}{2} \leqslant x \leqslant \frac{L}{2}\right)$,则式(6.2)可以改写成:

$$V(u) = \frac{1}{2\pi} \int_{-\pi}^{\pi} A(p) e^{jup} dp \qquad (6.3)$$

式(6.3)为傅里叶变换公式。从公式可以推断,基阵的输出响应等于对幅度加权函数

$A(p)$的傅里叶变换。几种典型加权函数的傅里叶变换的输出响应曲线如图 6-6 所示。

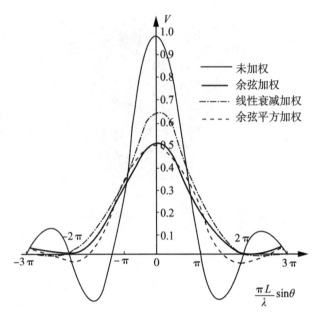

图 6-6　连续直线阵经幅度加权变换后的输出响应

不同加权函数的采用使得旁瓣得到不同程度的压制。式(6.4)为加权函数 $A(x)$ 的指向性曲线。

$$R(\theta) = \left[\frac{\displaystyle\int_{-\frac{L}{2}}^{\frac{L}{2}} A(x) \, e^{\frac{2\pi x}{L}\sin\theta} \mathrm{d}x}{\displaystyle\int_{-\frac{L}{2}}^{\frac{L}{2}} A(x) \, \mathrm{d}x} \right]^2 \tag{6.4}$$

图 6-7 与图 6-8 为采用两种典型加权函数的束控效果图，图 6-9 为二项式加权函数与道尔夫-切比雪夫加权函数束控效果示意图。每幅图中，上图与下图分别为中心投影和等角投影。

由图 6-6~图 6.9 可知，幅度加权后，旁瓣水平虽被压低了，但是主瓣输出响应的幅值变小了，同时主瓣的宽度变宽了，这是我们所不希望出现的结果(李家彪，1999)。为了保证幅度加权时主波束幅值仍与不加权时相同，需要适当加大基阵长度。数学上可以证明，对三角加权的情况，基阵长度应为 $2L$，余弦加权基阵长度为 $\pi L/2$，余弦平方加权基阵长度应该为 $2L$，高斯加权基阵长应该为 $3\lambda/(2\pi\sin\theta)$。

为了保证主瓣波束加权后达到预期效果，可应用幅度加权后的指向性函数，确定加权函数及其输出响应的关系。将式(6.3)改写为：

$$V(u) = \frac{1}{2\pi} \int_{-\infty}^{\infty} A(p) \, e^{jup} \mathrm{d}p \tag{6.5}$$

则

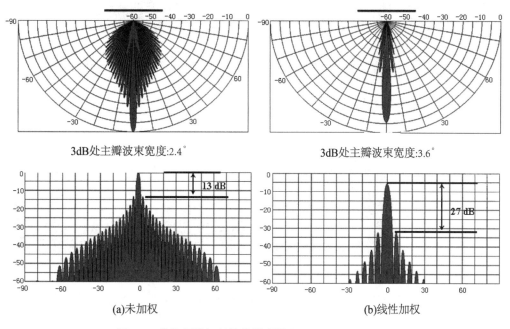

3dB处主瓣波束宽度:2.4°　　　　　3dB处主瓣波束宽度:3.6°

(a)未加权　　　　　　　　　　(b)线性加权

图 6-7　线性幅度加权效果示意图（Hughes Clarke，2010）

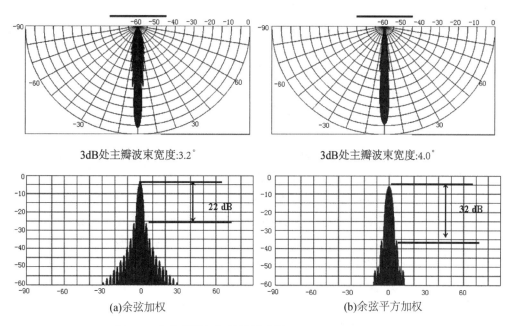

3dB处主瓣波束宽度:3.2°　　　　　3dB处主瓣波束宽度:4.0°

(a)余弦加权　　　　　　　　　　(b)余弦平方加权

图 6-8　余弦幅度加权效果示意图（Hughes Clarke，2010）

$$A(p) = \int_{-\infty}^{\infty} V(p) e^{-jup} du \qquad (6.6)$$

式(6.5)和式(6.6)是基阵输出响应与加权函数之间的傅立叶变换关系式。当加权函

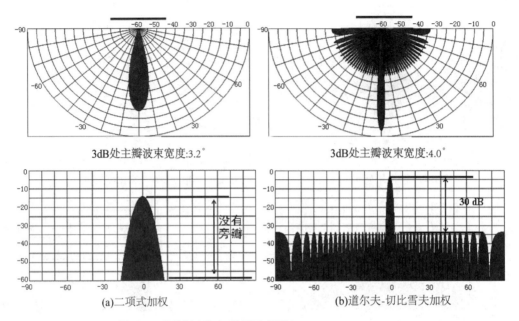

图 6-9　其他幅度加权效果示意图(Hughes Clarke，2010)

数已知时，通过式(6.5)可以求解输出响应(即指向性)，同样，当已知指向性时，可通过式(6.6)得到加权函数。

目前国际上已有许多压制旁瓣的加权函数，如 Hanning 加权、Blackman 加权和道尔夫-切比雪夫加权等。在设计多波束系统时，各制造商可根据各种函数的加权特点和仪器的要求来选择不同的加权函数。例如选择二项式加权和高斯加权时，不会出现旁瓣，而选择道尔夫-切比雪夫多项式加权，可在给定旁瓣的条件下，给出最窄的主瓣(李家彪，1999)。

3. 波束导向

下面以直线阵列多波束的形成为例，讨论多波束系统波束导向的原理，其他形式的基阵，如果存在波束导向，其原理基本都是相同的。

根据基阵形成波束的特点，当线性阵列的方向在 $\theta = 0°$ 时，各基元接收到的信号具有相同的相位，因此输出响应最大；当入射声波以其他方向到达线列阵时，若此时未对各基元引入适当延时，则无法获得最大输出响应。因此如要在其他方向形成波束，则须引入适当的延时，以保证各基元在输出信号时仍能满足同向叠加的要求(图 6-10)。

如图 6-11 所示，接收阵由 N 个基元组成，当平面波束以入射角 θ 到达线列阵时，第 $(i-1)$ 个基元比第 i 个基元接收到声信号时在空间距离(声程)上多经历了 $l\sin\theta$，设声速为 c，则这一距离引起的时间延迟为：

$$\tau = \frac{l\sin\theta}{c} \tag{6.7}$$

以最后一个基元即第 $(N-1)$ 个基元为参考基准，那么第 i 个基元相对 $(N-1)$ 个基元的声程为：

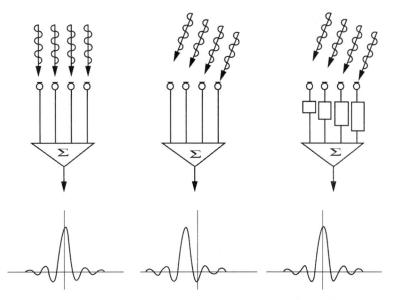

图 6-10　线列阵输出响应与平面波束入射角和引入延时的关系示意图（Hughes Clarke，2010）

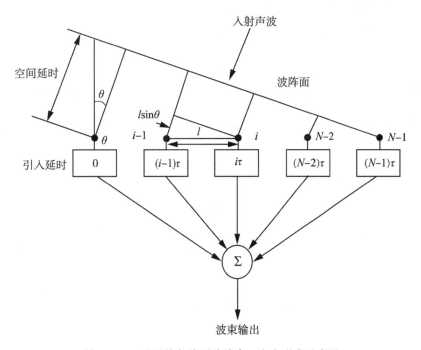

图 6-11　N 基元均匀线列阵波束 θ 方向形成示意图

$$S_i = (N - 1 - i)\, l\sin\theta \tag{6.8}$$

由此产生的时间延时 τ'_i 为：

$$\tau'_i = \frac{S_i}{c} = \frac{(N - 1 - i)\, l\sin\theta}{c} \tag{6.9}$$

式中, i 为基元序号, $i = 0$, 1, 2, $\cdots$, $N-1$。

为了使入射声波波阵面能同时到达各基元, 进行信号同相叠加后在 θ 方向获得最大输出相应, 对各基元引入延时 τ_i'', 令

$$\tau_i'' = \frac{il\sin\theta}{c} \tag{6.10}$$

将声程引起的空间延时 τ_i' 和引入的延时 τ_i'' 相加得到总输出延时 τ_i 为:

$$\tau_i = \tau_i' + \tau_i'' = \frac{(N-1-i)l\sin\theta}{c} + \frac{il\sin\theta}{c} \tag{6.11}$$

即

$$\tau_i = \frac{(N-1)l\sin\theta}{c} \tag{6.12}$$

从式(6.12)可知, 总输出延时 τ_i 与 i 无关, 这意味着沿 θ 方向入射的声信号经过适当的延时处理后, 同时到达各基元, 因此声信号相加后必然出现最大输出响应。这种波束形成方法称为时间域波束形成。

由于波束数多, 实时计算量大, 为了加快波束形成速度, 可利用快速傅立叶变换(FFT), FFT 波束形成实际上是基于对相位的运算。

由频率域 N 基元线列阵获得第 k 个波束输出响应可表示为:

$$v(k) = \sum_{i=0}^{N-1} V_i \mathrm{e}^{-j\varphi_i(k)} \tag{6.13}$$

式中, $v(k)$ 为空间域第 k 个波束输出; V_i 为频率域第 i 基元的输出电压; $\theta(k)$ 为第 k 个波束的空间方位角; $\varphi_i(k) = \frac{i2\pi l}{\lambda}\sin\theta(k)$ 表示形成第 k 个波束时, 在第 i 基元引入的相位延迟。

第 k 个波束输出可写成:

$$v(k) = \sum_{i=0}^{N-1} V_i \mathrm{e}^{-ji\Delta\varphi_i(k)} \tag{6.14}$$

式中, $\Delta\varphi_i(k) = \frac{2\pi l}{\lambda}\sin\theta(k)$, 表示形成第 k 个波束时, 在相邻基元间引入的相位延迟。

取

$$\Delta\varphi_i(k) = \frac{2\pi l}{\lambda}\sin\theta(k) = \frac{2\pi}{N}k \tag{6.15}$$

则

$$\sin\theta(k) = \frac{\lambda}{Nl}k \ , \ 0 \leqslant k \leqslant \frac{Nl}{\lambda} \tag{6.16}$$

得

$$\theta(k) = \arcsin\frac{\lambda k}{Nl} \tag{6.17}$$

将式(6.15)代入式(6.14), 得

$$v(k) = \sum_{i=0}^{N-1} V_i e^{-ji\frac{2\pi}{N}k} \tag{6.18}$$

式(6.18)即为离散傅立叶变换(DFT)公式,用来在 $\theta(k)$ 方向上利用 FFT 形成第 k 个波束输出。

对各基元输出的随时间变化的电压,利用 FFT 获得频率域基元输出 V_i 如下:

$$V_i = V_i(p\Omega) = \sum_{n=0}^{N_s-1} v_i(nT) e^{-j\frac{2\pi}{N_s T}np} \tag{6.19}$$

式中,N_s 为时间采样数,n 为时间采样序号,p 为频率采样序号,Ω 为频率分辨率,T 为输入采样周期,$v_i(nT)$ 为第 i 基元在时间采样序号为 n 时的输出电压,$V_i(p\Omega)$ 为第 i 基元由时间域转到频率域在频率采样序号为 p 时的输出电压。

在频率域上利用 FFT 形成多波束的过程为:首先根据式(6.19)对各基元的时间采样利用 FFT 从时间域转到频率域,获得 N_s 各频率上的输出电压;再根据式(6.18)对各基元每个频率利用 FFT 从频率域转到空间域,最终获得 $\theta(k)$ 方向上第 k 个波束输出电压。

下面介绍波束在不同方向形成后的实际效果,以米尔斯交叉阵配置的多波束系统为例,通常由一个发射阵列和一个接收阵列组成,发射阵列的长轴沿航向放置,接收阵列长轴沿垂直航向放置(图6-12)。

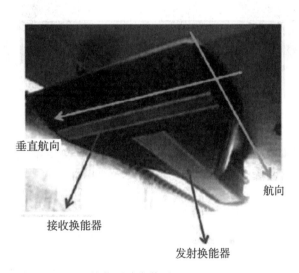

图 6-12　换能器阵安装图(Marques, 2012)

理想情况下,发射阵元通过同时触发产生无导向的发射波束,如依次触发则产生有导向的发射波束(图6-13(a));接收换能器通过对接收基阵各阵元引入适当延时,产生有导向的接收波束(图6-13(b))。图6-14显示了具有导向的发射波束与接收波束。

波束导向后,发射波束或接收波束的主瓣波束不再位于一个平面上(图6-15(a)),而是位于一定开角的锥面上(图6-15(b)),并且导向角越大,锥面开角越小(图6-15(c)),图6-15展示了波束余弦平方加权后的效果。

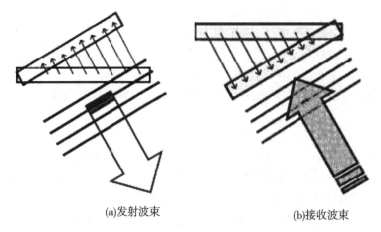

(a)发射波束　　　　　　　(b)接收波束

图 6-13　波束导向过程示意图（Hughes Clarke，2010）

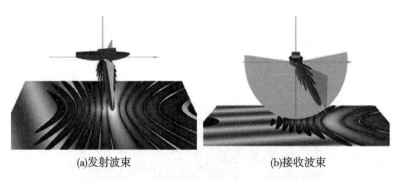

(a)发射波束　　　　　　　(b)接收波束

图 6-14　波束导向效果图（Werf，2010）

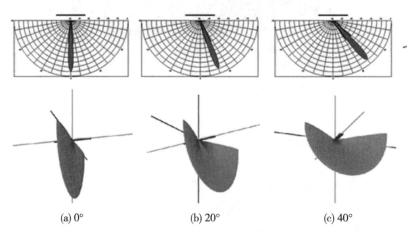

(a) 0°　　　　　　　(b) 20°　　　　　　　(c) 40°

图 6-15　不同导向角的波束效果示意图（Hughes Clarke，2010）

4. 多波束底部检测

多波束回波检测，一般采用幅度检测、相位检测以及幅度相位相结合的检测方法。当入射角较小时，波束在海底的投射面积小，能量相对集中，回波持续时间短，主要表现为反射波；当入射角较大时，波束在海底的投射面积也随之增大，能量分散，回波持续时间长，回波主要表现为散射波。因此幅度检测对于中间波束的检测具有较高的精度，而对边缘波束的检测精度较差(图6-16)。随着波束入射角的增大，波束间的相位变化也越明显(图6-17)。利用这一现象，在检测边缘波束时，采用相位检测法，通过比较两给定接收单元之间的相位差来检测波束的到达角。新型的多波束系统在底部检测中同时采用了幅度检测和相位检测，不但提高了波束检测的精度，还改善了 Ping 断面内测量精度不均匀所造成的影响(赵建虎，2008)。

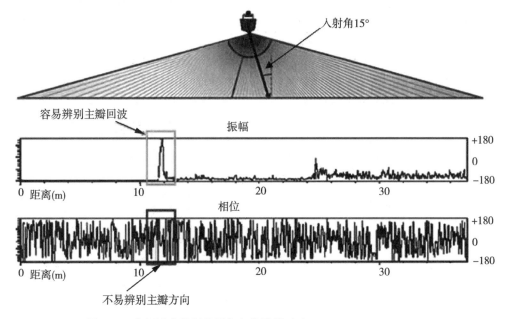

图 6-16　中间波束振幅检测与相位检测对比(Hughes Clarke，2010)

多波束回波检测的目的是为了准确确定每个波束的 TOA(回波到达时间)、DOA(回波到达角)，并记录振幅或反向散射强度。其中前两个量唯一决定了后者。下面介绍 TOA 和 DOA 的确定方法。在多波束系统发展的过程中，有三种 TOA 和 DOA 的确定方法，分别为BDI(Bearing Direction Indicator，方位指示)、WMT(Weighted Mean Time，加权平均时间)和相位检测。BDI 是指在 FFT 波束形成器输出的所有波束中准确地定位一个回波的 DOA，然后计算该回波的 TOA；而 WMT 先把 DOA 固定在每个波束的中心，然后再精确计算出每个回波的 TOA(齐娜，2002)；类似于 WMT，相位探测对每个固定的 DOA 计算其 TOA，它通过相邻基元的相位差零点来确定 TOA。当前 BDI 方法已基本由相位检测法替代。

(1)BDI 处理方法

在一个发射接收周期内，设包含 M 个时间片(Time Slice)，每个时间片分别表示为 t_1，t_2，…，t_M，相对的时间周期起点为 t_0；设有 N 个波束，每个时间片则可观测 N 个幅度值，θ_1，θ_2，…，θ_N，波束形成采用 FFT 处理方法，数据可表示为矩阵的形式，如图6-18所示。

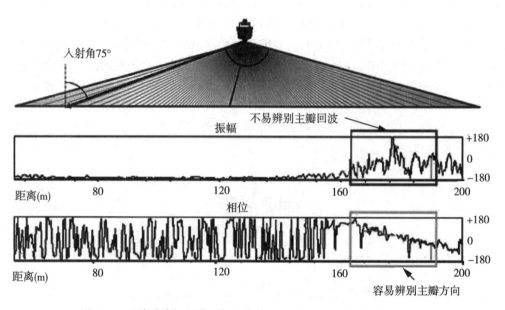

图 6-17　边缘波束振幅检测与相位检测对比（Hughes Clarke，2010）

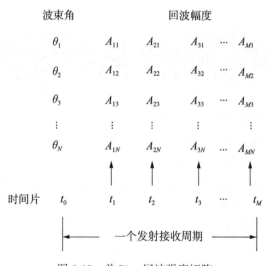

图 6-18　单 Ping 回波强度矩阵

　　为防止旁瓣或海底混响等其他因素引起的回波噪声，对于每个时间片，使用一个动态阈值，也叫检测门限，高于阈值的幅度接受，低于阈值的幅度视为噪声。阈值由旁瓣水平和噪声水平决定，每个时间片均不同。将高于阈值的幅度值进行拟合，求得幅度的极大值，同时记下相应的角度值，就是该时间片对应的 DOA，如图 6-19 所示。这样，每个幅度极大值对应另外两个数据：角度和时间，这三个数反映了波束发射到接收的过程，以击中（Hit）表示，即每个击中用这三个数据表示。

　　如图 6-19 所示，在一个发射接收周期内，将所有的击中以角度和时间表示出来，在

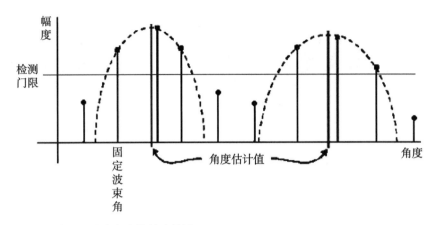

图 6-19 单时间片中角度的精确估计(L-3 Communications SeaBeam Instruments, 2000)

每个波束范围内,计算平均时间 t_{mean} 和方差 σ,保留与 t_{mean} 相差 1 倍 σ 内的击中,最后根据幅度加权计算出每个波束的 DOA 和 TOA,在图 6-20 中表示为 θ_B 和 t_B。为了问题的简化,这里没有考虑姿态补偿。

$$\text{DOA} = \frac{\sum \theta_i A_i}{\sum A_i} \qquad (6.20)$$

$$\text{TOA} = \frac{\sum t_i A_i}{\sum A_i} \qquad (6.21)$$

(2)WMT 处理方法

WMT 首先固定一系列的波束角,这些波束角已经进行了姿态补偿。然后计算出每个波束角精确的 TOA。因为姿态的影响,固定的波束角并不一定在波束轴中心。在每个时间片,都可得到每个固定角的幅度值,在整个发射接收周期内,可得到每个固定角的时序观测的幅度值,使用开始、结束门限和动态阈值,就可得到最后参与计算 TOA 需要的幅度值,然后按幅度加权就可得到精确的 TOA。如图 6-21 所示,图中粗线即为计算 TOA 保留的幅度值,处于开始门、结束门外和动态阈值下的均被忽略,最后的 TOA 计算同式(6.16)。

(3)相位检测

相位检测方法与 WMT 检测方法类似,也是在给定回波 DOA 的条件下计算回波的 TOA。该方法将换能器阵列分成两个具有部分基元相互重叠的虚拟子阵,子阵各自进行波束形成,如图 6-22 所示。

对相同波束号的回波信号提取每个时间采样对应的相位差。当相位差值为零时,该零相位差交叉点所在时刻即为预定波束方向回波的 TOA 估计。图 6-23(a)中 AB 线表示给定的回波 DOA,对该方向下的每个时间采样计算相位差,将时间采样的相位差成图(图 6-23(b)),在零相位差交叉点处(CD 线表示零相位线)获得该回波在给定 DOA 下的 TOA 估

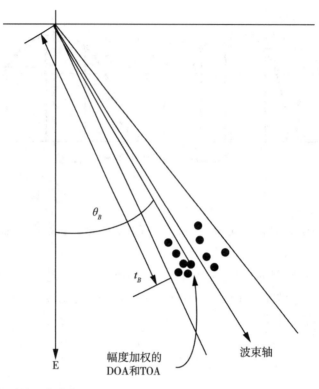

图 6-20　幅度加权平均一个波束的 DOA 和 TOA(L-3 Communications SeaBeam Instruments，2000)

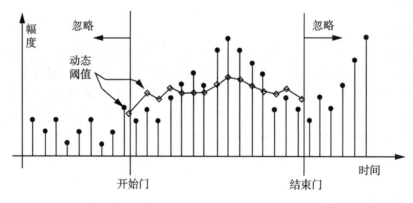

图 6-21　参与计算的幅度值(L-3 Communications SeaBeam Instruments，2000)

计，并且对应每个给定的 DOA 只有一个 TOA 估计。

　　由于 BDI 法已基本被相位检测法替代，具体的检测方法主要是 WMT 或相位检测法，至于选择哪种检测方法，要根据具体情况来决定。对于镜面反射，反射强度大，回波脉冲尖，持续时间短，此时相位检测不太适用，因为很难通过相位差零点来确定正确可靠的 TOA，因而采用 WMT 方法；相反，在非镜面区，反射强度小，回波脉冲平缓，持续时间

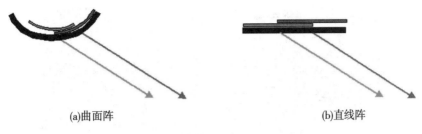

(a)曲面阵   (b)直线阵

图 6-22   相位检测法的虚拟子阵(Hughes Clarke,2010)

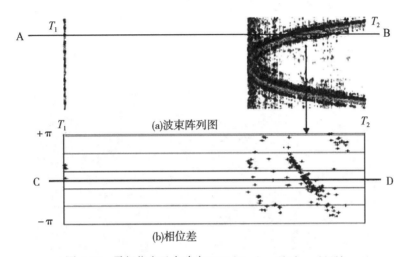

(a)波束阵列图

(b)相位差

图 6-23   零相位交叉点确定 TOA(Hughes Clarke,2010)

长,此时 WMT 不太适用,因为很难准确地计算回波时间,因而采用相位检测方法(阳凡林,2006)。

5. 实时运动补偿

由于测船在海上会受到风浪、潮汐等因素的影响,所以在测深过程中测船的姿态随时都在发生变化。实时运动补偿就是指测船的摇摆运动进行分解,通过控制发射或接收波束反向转动补偿因测船摇摆引起的声基阵转动,从而使发射或接收波束面相对地理坐标系稳定(白福成,2007)。以前的多波束系统大多采用后置处理的方法,现在很多新型的多波束仪器开始采用实时运动姿态补偿技术,从而较好地解决了测深过程中测船姿态变化引起的测点不均匀的问题。

当船只受横摇影响时,条带边缘会随横摇角的变化出现相应位置偏移(图 6-24(a)),要达到全覆盖,此时需要减小测线间距才能满足要求。引入实时横摇船姿补偿后,可明显消除条带边缘偏移现象,不需减小测线间距(图 6-24(b))。

当船只受纵摇影响时,沿航迹方向的前后条带间距随纵摇角变化,出现前后条带存在间隙或多余覆盖的情况(图 6-25(a))。引入实时纵摇船姿补偿后,可消除这种现象(图 6-25(b))。

153

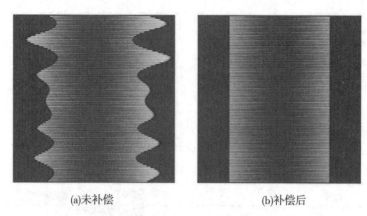

(a)未补偿   (b)补偿后

图 6-24 横摇补偿前后对照效果图(Hughes Clarke,2010)

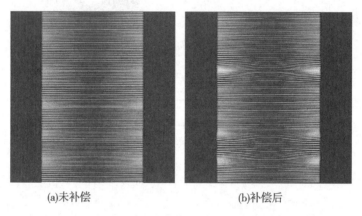

(a)未补偿   (b)补偿后

图 6-25 纵摇补偿前后对照效果图(Hughes Clarke,2010)

多波束测量时,除了受到横摇与纵摇的影响,还受到首摇的影响。当考虑首摇影响时,出现周期性的条带偏转现象(图 6-26)。

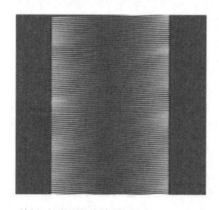

图 6-26 首摇对测深影响效果图(Hughes Clarke,2010)

横摇实时补偿时，在固定扇区开角情况下，通过接收时刻测船的横摇角度，对接收基阵各基元引入适当延时，使接收波束导向以补偿横摇影响，从而实现波束方向的稳定（图6-27）。

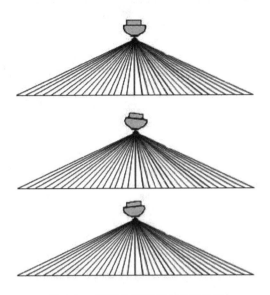

图 6-27　横摇补偿波束方向效果图

纵摇实时补偿时，通过获取发射时刻测船的纵摇角度，对发射基阵各阵元依次触发产生具有导向的发射波束，补偿纵摇角度，从而保证发射波束保持在船下方近似垂直的平面内（图6-28），最终获得沿航迹方向密度均匀的条带。

图 6-28　纵摇补偿波束方向效果图（Hughes Clarke，2010）

对于首摇实时补偿，这时依靠单扇区进行统一的发射导向是无法实现的，多波束系统可通过多扇区特性进行实时首摇补偿，当纵摇较大时，纵摇实时补偿也须分成多扇区进行，每个扇区补偿角不同。以 EM300 多波束系统为例，其可产生 9 个频率不同的扇区。相邻扇区脉冲发射间隔只有几毫秒，因此可认为所有脉冲信号同时在水体中传播。首摇实时补偿时，每个扇区根据发射时刻首摇角度（有时还同时考虑纵摇角度）进行发射波束导向，获得具有一定首摇补偿的单个扇区，经过连续发射获得 9 个单独且相邻的扇区（图6-29），最终获得近乎不受首摇影响的条带。

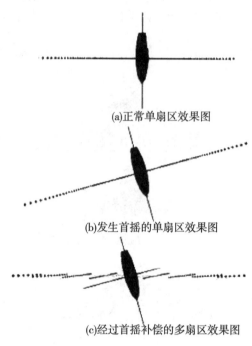

(a)正常单扇区效果图

(b)发生首摇的单扇区效果图

(c)经过首摇补偿的多扇区效果图

图 6-29　单扇区与多扇区效果对比图（Hughes Clarke，2010）

多波束测量过程中，测船通常同时受到横摇、纵摇和首摇的影响，实时运动补偿时根据姿态传感器获得船的瞬时姿态，对发射和接收换能器基阵各阵元同时引入适当延时，使发射波束或接收波束具有一定导向角以补偿船姿影响，从而获得较稳定的波束。图 6-30从左到右依次显示了未补偿、仅实时横摇补偿、实时横摇和纵摇补偿、同时实时横摇、纵摇和首摇补偿的效果对照图。经过实时船姿补偿后，基本上消除姿态变化对条带测量的影响，使相邻 Ping 条带边缘波束位置偏移较小，前后 Ping 间距基本均匀，从而易于实现全覆盖测量的要求。

图 6-30　实时姿态补偿效果对照图（Hughes Clarke，2010）

6.1.2 相干多波束工作原理

相干多波束声呐与电子多波束声呐相比,是另外一种类型的多波束,它实际上并没有像电子多波束那样在每 Ping 形成多个物理波束。相干多波束声呐换能器每次只发射一个波束,接收时通过密集采样进行相位测量以确定回波到达角度,从而计算多个采样点的水深。采样点的数量比电子多波束更多。由于工作形式上也像电子多波束,每 Ping 也有多个采样点,因此仍称它为多波束的一种。图 6-31 显示了相干多波束与电子多波束的波束示意图。

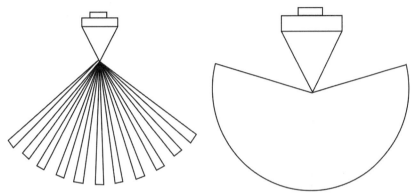

图 6-31 电子多波束(左)与相干多波束(右)的波束示意图

相干多波束声呐系统对回波信号检测时使用相位检测法,数据采集快速,并且短时间内能够处理大量数据。该系统集成了水深探测和成像两种技术,能同时得到水深和高分辨率的海底反向散射图。从前面叙述的多波束底部检测方法原理可知,由于采用相位检测法,相干多波束声呐存在船正下方水深数据不准确的缺点,需另外配置高度计或单波束测深仪同步工作,因而当前并未得到普遍应用。相干多波束声呐的典型代表是 GeoSwath 系列产品。

相干多波束声呐的换能器一般由 2~4 个基阵组成,发射阵和接收阵为一个整体。采样点的 DOA 与 TOA 通过测量回波信号到相邻基阵的相位差(等同于角度测量值)得到,再结合每 Ping 时刻换能器的位置,即可得到每个采样点的位置和水深。图 6-32 为 GeoSwath 声呐的换能器工作原理图。

相干多波束系统可同时从左右两边的基阵发射声波,发射波束遇到海底后,声波被反射或散射回来由换能器接收。根据回波到达换能器声基元的时间不同,计算出回波的相位差。

如图 6-33 所示,设经过海底一点 A 的声波返回到两个间距固定的接收单元的相位差为 φ,波长为 λ,接收单元间距为 d。由于相位差 φ 与波束到达角 θ 间存在固定关系,可计算出波束到达角的大小,再通过横摇补偿,结合记录的波束传播时间 t,即可计算出深度 H 与侧向距离 Y。

波的相位差 ϕ 有如下关系:

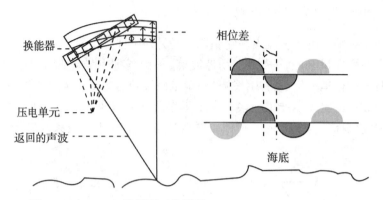

图 6-32　GeoSwath 换能器工作原理（GeoAcoustics Limited，1999）

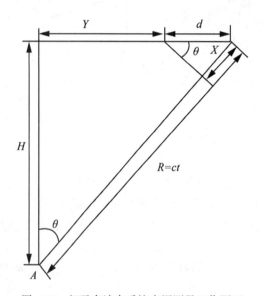

图 6-33　相干多波束系统水深测量工作原理

$$\frac{X}{\lambda} = \frac{\phi}{2\pi} \tag{6.22}$$

式中，X 为两接收单元的声程差，与接收单元间距的关系为：

$$X = d \cdot \sin\theta \tag{6.23}$$

则相位差为：

$$\phi = 2\pi d \cdot \frac{\sin\theta}{\lambda} \tag{6.24}$$

波束到达角为：

$$\theta = \arcsin\frac{\phi\lambda}{2\pi d} \tag{6.25}$$

根据声速 c 和声波单向传播时间 t 即可计算出水底点到接收单元的斜距 R：

$$R = c \cdot t \tag{6.26}$$

因此

$$Y + d = R \cdot \sin\theta \tag{6.27}$$

由于 d 相对于 Y 可忽略不计，有

$$\begin{cases} Y = R \cdot \sin\theta \\ H = R \cdot \cos\theta \end{cases} \tag{6.28}$$

各采样点的 TOA 直接由观测记录得到，然后计算出对应的 DOA，就可以确定各采样点在换能器坐标系下的坐标，即采样点侧向距离和水深值。再通过外部设备进行各类补偿和改正，即可完成各测点的精确归位，进而得到海底地形图或海图。对于其侧扫成像原理，与电子多波束类似，具体将在第 7 章介绍。

6.2 系统安装校准

多波束系统的换能器及其他辅助传感器应该要安装到理想的位置，但实际无法达到，为了消除或减弱安装偏差对测量结果的影响，需要在安装后精确测量各传感器的相互关系，包括位置偏差和角度偏差。另外，平面位置和水深测量采用不同的传感器，即使通过 GNSS 秒脉冲信号控制设备的同时触发，但传输延迟也会造成平面位置和水深数据的时间不匹配。一般来说，安装后各传感器的相对位置关系容易用全站仪、钢尺等传统方法测量，而安装角度偏差和导航延迟则需借助在野外实测的方式进行校准。多波束系统安装误差校准主要有横摇偏差、导航延迟、纵摇偏差及首摇偏差的校准等。通常可通过在典型区域采用经典方法进行校准，这个过程称为"斑片测试"（Patch Test）。

不同安装参数的校准对海底地形有不同的要求，因此校准需遵循一定的顺序。由于导航延迟和纵摇偏差会造成测点前后位移，而首摇偏差在平坦海底只造成波束横向排列角度的旋转，因此在平坦海底进行横摇校准不受其他偏差的影响，可首先进行，也可于导航延迟、纵摇校准后进行。可行的校准顺序是横摇、导航延迟、纵摇和首偏校准，或者是导航延迟、纵摇、横摇和首摇校准。

6.2.1 横摇校准测试

对一平坦海底，多波束沿同一测线往返测量地形，将所有波束沿航线方向进行垂直正投影。如果没有横摇安装误差存在，则两次地形应完全重合，否则在投影图上两次地形会出现交角，调整横摇参数使得交角为零，两次地形重合，此时的参数即为横摇偏差值，记录此时的横摇参数并在实际测量时进行改正，如图 6-34 所示。

从图 6-34 可知，垂直航迹方向的距离 D_C 处，往返方向测量的水深差为 D_Z，则横摇偏差 D_R 为：

$$D_R = \frac{1}{2}\arctan\frac{D_Z}{D_C} \tag{6.29}$$

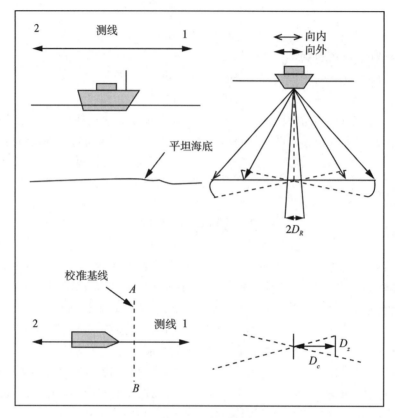

图 6-34　横摇校准(多波束技术组，1999)

6.2.2　导航延迟校准测试

选择一个较浅海域，具有斜坡或有明显特征的孤立点，沿同一测线使用不同速度重复同向测量。根据导航延迟特性，同一孤立点位置在不同速度测量时会移位，通过该移位长度及船速差即可计算出导航延迟偏差。为避免首摇偏差的影响，应尽量用中央波束穿过目标；为避免纵摇偏差的影响，应在浅水海域测试并以最高船速测量。导航延迟校准如图 6-35 所示。

从图 6-35 可知，用相同方向的不同船速测量一对测线数据，对应 T_0-T_1 的船速为高速 V_h，对应 t_0-t_1 的船速为低速 V_l，沿航迹方向的斜坡特征地形偏移量为 D_a，则导航延迟 D_T 为：

$$D_T = \frac{D_a}{V_h - V_l} \tag{6.30}$$

6.2.3　纵摇校准测试

选择一个斜坡较深海域，沿同一测线往返测量。根据纵摇特性，同一孤立点位置在往

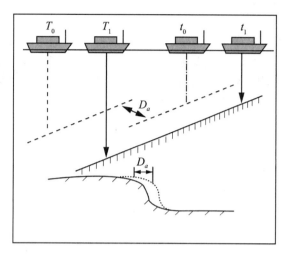

图 6-35　导航延迟校准(多波束技术组, 1999)

返测量中会移位, 通过该移位长度及水深即可计算出纵摇偏差。为了区别导航延迟, 应尽量降低船速, 并用相同船速往返测量。不同于导航延迟, 纵摇引起的位置偏差随水深的增加而增加。纵摇偏差校准如图 6-36 所示。

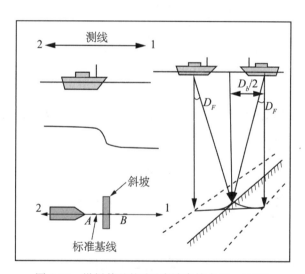

图 6-36　纵摇偏差校准(多波束技术组, 1999)

从图 6-36 可知, 在斜坡特征地形上方用方向相反、船速相同测量一对测线数据, 在水深 Z 处, 沿航迹方向两次测量的斜坡地形特征的偏移量为 D_b, 则纵摇偏差 D_p 为:

$$D_P = \arctan\left(\frac{D_b}{2Z}\right) \quad\quad (6.31)$$

6.2.4　首摇校准测试

首摇偏差主要引起波束沿中央波束旋转，仅影响波束平面位置，对边缘波束影响较大。校准时通过选择具有明显特征孤立点的海域，沿孤立点两边布设两平行直线，要求孤立点位于两测线中间，同时测线要求有大约 50% 的重复覆盖。通过孤立点在两次测量的位移及孤立点到测线距离即可计算出首摇偏差，如图 6-37 所示。

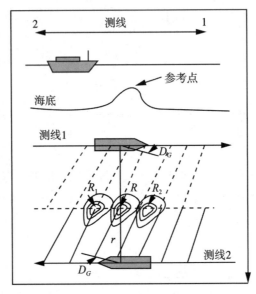

图 6-37　首摇偏差校准(多波束技术组，1999)

从图 6-37 可知，往返测量特征孤立点 R 得到参考点 R_1 与 R_2，两参考点之间距离为 d，特征孤立点沿侧向量至航迹的距离为 r，则首摇偏差 D_G 为：

$$D_G = \arctan\left(\frac{d}{2r}\right) \tag{6.32}$$

以上各安装偏差参数，既可通过编制程序在可视化界面中交互式调整得到，也可通过公式自动计算得到。

6.3　波束脚印归位

波束脚印的归位是多波束数据处理的关键问题之一。多波束测量的最终成果是表示在地理坐标系(或地方系)下的 DEM、水下地形图或海图，需要将各波束脚印(测点)在要求的坐标系中表示。由于多波束采用广角度定向发射、多阵列信号接收和多个波束形成处理等技术，为了更好地确定波束的空间关系和波束脚印的空间位置，必须首先定义各传感器坐标系，并根据它们同地理坐标系 GCS (Geographic Coordinate System)之间的关系，将波束脚印由换能器坐标转化到地理坐标系和某一深度基准面下的水深，该过程即为波束脚印的归位。

地理坐标系 GCS 即为大地坐标系或绝对坐标系。关于各传感器坐标系的定义及转换参见第 2 章，此处不再赘述。

正常来说，波束归位需要的参数包括船位、船姿、水位、声速剖面、波束到达角（DOA）和旅行时（TOA）等。归位过程包括如下四个步骤：

①换能器坐标系波束脚印位置的计算。

②经安装偏差改正、瞬时姿态改正至船水平坐标系波束脚印位置的计算。为计算真实入射角进行声线跟踪，以上两步一般需合并为一步进行。

③波束脚印地理坐标的计算。

④海底点高程或水深的计算。

在步骤①和步骤②计算时，为得到波束的侧向距和航向距，需进行波束的声线跟踪。由于海水的作用，声线在海水中不是沿直线传播，而是在不同水层界面处发生折射，因此声波束在海水中的传播路径为一复杂曲线。为了得到波束脚印的真实位置，必须沿着波束的实际传播路径跟踪波束，该过程即为声线跟踪。通过声线跟踪得到波束脚印位置的计算过程称为声线弯曲改正。为方便计算，一般作如下假设：

①波束的往、返程路径重合；

②忽略换能器发射与接收时的航向变化影响；

③换能器发射与接收时处于一个平均深度，静、动吃水仅对测点深度有影响，而对平面位置没有影响。

具体声线跟踪计算时需用到三个参量，即波束到达角、旅行时和声速剖面。为了计算方便，需对声速剖面作如下假设：

①声速剖面是精确的；

②声速在海水中的传播特性遵循 Snell 法则；

③换能器的动态吃水引起的声速剖面的变化对深度的计算忽略不计。

波束脚印在不同坐标系下的变换以及声线跟踪的具体过程，在第 2 章与第 9 章中有详细叙述，这里仅介绍各波束脚印在换能器坐标系下的表示方法。

假设换能器的坐标为 $(0, 0, 0)$，声速在波束形成的垂面内变化，不存在水平方向变化，则波束脚印在换能器坐标系下的点位 (x, y, z) 可表达为：

$$
\begin{cases}
x = 0 \\
y = \int C(t)\sin[\theta(t)]\,\mathrm{d}t \\
z = \int C(t)\cos[\theta(t)]\,\mathrm{d}t
\end{cases}
\tag{6.33}
$$

不考虑声速变化，其一级近似式为：

$$
\begin{cases}
x = 0 \\
y = \dfrac{C_0 T_p}{2}\sin\theta \\
z = \dfrac{C_0 T_p}{2}\cos\theta
\end{cases}
\tag{6.34}
$$

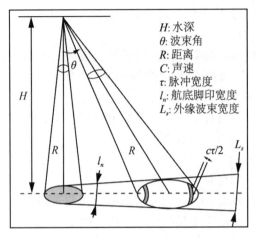

H: 水深
θ: 波束角
R: 距离
C: 声速
τ: 脉冲宽度
l_n: 航底脚印宽度
L_s: 外缘波束宽度

图 6-38　单个波束脚印坐标的计算

式中，T_p 为双程旅行时。式(6.34)确定的深度 z 仅为换能器面到达海底的垂直距离，测点的实际深度还应考虑换能器的吃水、上下升沉以及潮位的变化对深度的影响。换能器的静态吃水在测量前、中或后被量定，作为一个常量或时间线性变化量输入到多波束的数据处理单元中；动态吃水下沉量是船体因速度改变引起的，可通过直接观测法或经验估计法确定；上下升沉是由于船体随波浪的运动而产生的，它可通过姿态传感器中的 Heave 参数确定。船体姿态对波束脚印位置影响较大，一般通过姿态传感器的横摇 r 和纵摇 p 参数与波束入射角合成，直接进行声线跟踪得到波束正确的位置。

6.4　条带设计与测量效率的关系

多波束测深系统作业时，条带设计是测量前期的重要工作。通过综合考虑多波束系统特性与测区水深分布情况，在系统的不同工作模式下合理布设测线，测量时根据实际水深适当调整扇区开角并合理控制船速，以有效完成测区全覆盖测量。

6.4.1　条带设计技术要求

多波束测深系统应用于水下地形测量时，一般要求在满足测深精度条件下，对水底100%覆盖。国际海道测量组织(IHO)制定的国际海道测量规范 IHO S-44 的最新版本是2008 年 2 月出版的第五版，规定在 100m 水深范围内比较重要的区域，测量等级执行特殊等级、一等 a 等级标准，并要求水底全覆盖测量。

多波束测深系统进行海底全覆盖测量时，扫幅宽度的确定十分必要，它直接影响测线间距的选取。而不同多波束测深系统的扫幅宽度有所不同，扫幅宽度与多波束测深系统的扇面开角和作业水深有关。表 6-1 显示了几种典型的多波束测深系统可达到的扇面开角。

表 6-1   几种典型浅水多波束测深系统扇面开角对比

型号	波束个数	波束宽度	最大测深范围(m)	扇面开角(°)
Seabat7125	256/512	0.5°×1°/ 1°×2°	500	140/165
Sonic 2024	256	0.5°×1°/ 1°×2°	500	160
EM 2040-04	400/800	0.4°×0.7/ 0.5°×1°/ 0.7°×1.5°	635	140

多波束测深系统的扫幅宽度主要与水深有关，多波束作业时，随着水深增加，声波传播距离加大，边缘波束传播距离更大，声强衰减也更厉害，其扇区开角相应减小。图 6-39 显示了 EM950 多波束系统的波束开角及覆盖宽度与水深的关系。

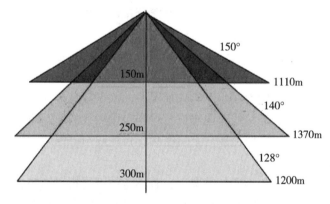

图 6-39   EM950 在不同水深的扫幅宽度变化(多波束技术组，1999)

多波束测深系统的扫幅宽度除与水深有关外，还与海底底质和水温有关，因此在确定扫幅宽度时需综合考虑以上因素，根据测区实际情况结合多波束系统特性选择合适的扫幅宽度。

多波束测深系统的扫幅宽度确定后，可根据测区深度变化灵活设计测线。设计测线时可在满足测深精度要求的前提下，尽量增大相邻测线间距，从而提高测量效率，但需注意相邻条带间应保持一定的重复覆盖。

6.4.2 条带设计

条带设计就是如何布设测线，其原则是根据多波束系统的技术指标和测区的水深、水团分布状况，以最经济的方案完成测区的全覆盖测量，以便较为完善地显示水下地形地貌和有效地发现水下障碍物(李家彪，1999)。

测线布设前需要确定测区准确范围和水深分布情况。测线布设是否合适对多波束测深

的质量与效率产生重要影响。测线布设的技术要求有以下几点(李家彪,1999):

①在满足精度要求的前提下,根据多波束系统在不同水深段覆盖率的大小,把测区按水深划分为若干区域,每个区域的水深变化均在多波束系统相同覆盖率的范围内。

②测线分为主测线与检查线。主测线要尽可能地平行等深线,这样可最大限度地增加海底覆盖率,保持不变的扫描宽度;检查线垂直于主测线布设。检查线跨越整个测区并与主测线方向垂直,长度一般为主测线的 5%~10%。

③测线间距以保证相邻条带有 10% 的相互重叠为准,并根据实际水深情况及相互重叠程度进行合理调整,避免测量盲区。

④在测线设计时尽量避免测线穿越主要水团,并根据海水垂直结构的时空变化规律采集足够的海水声速剖面。

条带设计时根据测区水深分布情况主要考虑两方面的工作:测线方向和测线间隔。下面从这两个方面具体阐述条带设计过程。

1. 测线方向

测线布设时首先需要确定测线方向。测线方向的确定与实际测量海区水深分布情况有关,根据测区内不同的水深分布划分出各个水深分布情况相近的子区域,对各个子测区具体分析,设计符合该子测区水深分布特点的测线。

对于远海区域或平坦海区,测线方向可与海底地形的总体走向保持一致,测线之间以平行方式布设。

对于沿岸海区或河道两侧存在水下斜坡情况,如水下斜坡等深线方向变化平缓或基本保持不变,一般将测线平行等深线方向布设,这样布设测线的原因主要有以下两点:

①多波束系统的测点沿侧向比航向上更密集,将测线与等深线方向平行布设,更有利于对海底地形地貌的表达。

②在多波束系统扇区开角不变的情况下,若不考虑声线折射影响,扫幅宽度与水深成正比变化。因此若测线布设方向与等深线垂直,对于倾斜海底,则会出现扫幅宽度在浅水区窄而深水区较宽的梯形变化(图 6-40),使得浅水区域相邻条带间出现测量盲区。

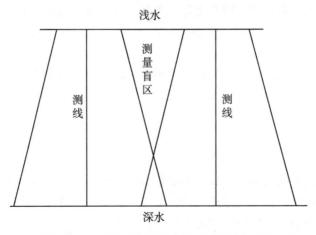

图 6-40　相邻条带扫幅宽度随水深变化示意图

对于岛礁周边、海湾、河口与河流等水下地形复杂区域，水深变化没有明显的规律，因此等深线方向变化较大，在此类测区内布设测线时，主要考虑的是作业的方便，尽量布设为直线，避免不必要的转向。

2. 测线间隔

在确定测线布设的方向后，还需考虑测线布设的间隔。测线间隔的确定同样需考虑测区内水深分布情况。根据不同的水深情况，相应选取等间隔测线或不等间隔测线的布设方式。

（1）平坦海区和远海区域

对于平坦海区，可使用相同扫幅宽度设计测线间距。此时测线设计可在满足测深精度要求的前提下采用最大扫描宽度，以提高测量效率。

以 Seabat7125 为例，选最大扇区开角进行测深，可达 5.5 倍水深扫幅宽度。考虑到可能的横摇影响和小量的地形起伏，保守选择 5 倍水深扫幅宽度，但考虑到相邻条带需要有不少于 10% 的重叠度，则应采用 4.5 倍水深的扫幅宽度来确定测线间距，如图 6-41 所示的虚线为 5.5 倍水深扫幅宽度边缘。

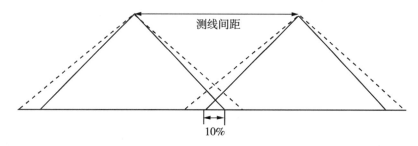

图 6-41　相邻条带重叠示意图

（2）沿岸海底斜坡区域

对于沿岸海底斜坡区域，从岸边开始，水深逐渐增加。如采用相同的测线间距布设测线，随着水深的增加多波束系统的扫幅宽度增加，相邻条带的重叠度也伴随增加，使得测量效率下降。为了避免出现测量盲区且兼顾测量效率，可根据海底斜坡的水深分布状况，保证相邻条带不少于 10% 重叠度下选用不等的测线间隔（图 6-42）。

图 6-42　不等间隔多波束测线布设效果图（Hughes Clarke，2010）

（3）水深变化较大的河道

河道一般水深变化剧烈，水深分布以两侧河岸区域浅、中间河床区域深为特点。测线布设方向与河道等深线方向平行。对于靠近河岸区域,水深变化明显,可选用不等间距测线布设方式。对于河道中央宽阔区域,水深变化平缓,可选用等间距测线布设方式。图6-43为测线布设效果图。

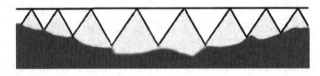

图 6-43　河道多波束测线间隔布设效果图(Hughes Clarke,2010)

(4)其他复杂区域

岛礁周边、海湾、河口与河流等区域水下地形复杂,因地理条件限制,少量测线布设为与等深线方向一致的曲线时,船速尽量保持较低的水平,并采用 GNSS 与惯导组合定姿方式改善姿态测量结果。不同水深区域的测线间距可根据相邻条带不小于 10%重叠度适当调整。图 6-44 为此类测区测线布设示例。

图 6-44　复杂测区测线布设示例图(Hughes Clarke,2010)

6.5　典型的多波束系统

6.5.1　电子多波束系统

电子多波束发展历史悠久,至今已到第五代产品,这里以国际上 SeaBat7125、R2Sonic2024、EM2040 三种主流的浅水多波束系统和 SeaBeam3012 全海深多波束系统为例,分别介绍它们的特点和优势。

1. SeaBat7125 多波束测深系统

Reson 公司作为目前全球知名的多波束测深系统、声呐、换能器和水听器等声学产品的制造商,其浅水多波束系统在国际上占据重要地位,SeaBat7125 型多波束测深系统是目前 Reson 公司最新的浅水型双频高分辨率多波束测深系统，应用于 500m 以内水深的测绘工作。

（1）主要特点

①动态聚焦技术和窄波束技术：采用动态聚焦波束确保系统具有高分辨率；系统接收机采用高速采样频率，再加上窄波束技术，保证了数据质量和分辨率。

②更新率：最大扫宽 165°，数据更新率 50Hz。

③数据输出：水深数据、侧扫数据等其他类型格式数据。

④底跟踪：使用中心能量、零相位交叉算法，结合幅度与相位来探测水底。

⑤横摇稳定性补偿：在测量过程中根据横摇姿态进行实时波束横摇补偿。

⑥不确定度输出：计算每一次测深的不确定度，并用图标的方式显示出来。

⑦扫宽可调：扫宽范围从 45°到 145°可调，允许用户控制扫测的覆盖宽带，且具有波束密度调节模式。

⑧自动导航测量：当自动导航测量模式被激活后，系统会自动引导测线、分析底部跟踪水深数据，自动判断平均水深和最大可用扫宽角度，自动优化测量参数设置，实现水深导航测量自动化。

⑨等距/等角模式选择：可选择以等角或等距模式测量。

⑩硬件同步脉冲输出：处理器能产生与发射脉冲同步的 TTL（Transistor-Transistor Logic）脉冲。

⑪自适应门限：可选择 3 种不同的门限，包括无门限、绝对门限和自适应门限。

（2）系统技术指标

工作频率：200/400kHz 双频可选；

覆盖宽度：5.5 倍覆盖宽度；

发射频率：每秒可达 50 次，根据水深不同而变化；

换能器波束角：1.0°×0.5°、2.0°×1.0°；

波束扫宽：140°、165°；

测量范围：0.5～500m；

发射脉宽：33～300 微秒；

测深分辨率：5mm，符合 IHO S-44 标准。

（3）系统组成

声呐显示单元；

处理单元，内置 PDS2000 数据采集后处理软件；

声呐发射和接收单元（声呐换能器）；

GNSS（信标机、RTK、星站差分等多种类型可选）；

定向罗经（电罗经、光纤罗经可选）；

三维姿态仪；

声速仪（表面声速仪和剖面声速仪）。

（4）系统单元介绍

SeaBat7125 声呐处理器为 5U 设计，19 寸机架安装结构，能连接声呐探头，运行数据采集软件 PDS2000。后面板为标准的 PC 接口界面，能连接键盘、鼠标、USB，此外声呐头也连接在后面板底部。内置 8 个 RJ-45 插口的串口卡，姿态仪、时间和声速输入将使用 3 个口，其他 5 个口可用于连接外部设备。图 6-45、图 6-46 为声呐处理单元前面板和后面板。

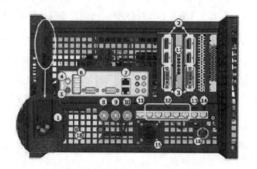

图 6-45　声呐处理单元前面板　　　　图 6-46　声呐处理单元后面板

SeaBat7125 型多波束声呐换能器(探头，图 6-47)为耐压钛合金 T 形结构，能长时间浸泡在海水中。探头里的电子单元包括：数字控制器、电源、发射机和接收器。

图 6-47　SeaBat7125 多波束声呐探头

2. R2Sonic2024 多波束测深系统

R2Sonic2024 多波束测深系统是美国 R2Sonic 公司在多波束领域的新一代产品，保持了前代多波束产品的灵活性、便携性和易于使用的特性，且在测量范围、扫幅宽度和更新率方面均有提高。

（1）系统特点

①属于宽带多波束，可在 200k～400kHz 范围内实时在线选择 20 多个工作频率；

②条带覆盖宽度在 10°～160° 范围内实时可调，可根据实际情况选择合适的覆盖角度。当选择一个较窄的覆盖扇区时，所有的波束集中在这个窄条带内，增加了系统的分辨率，可检测水底微特征和小目标；

③具有等角和等距波束模式、纵横摇实时补偿和量程自动检测能力；

④具有"测深"与"前视"声呐转换功能；

⑤具有近场聚焦功能。

（2）系统技术指标

工作频率：200k～400 kHz；

带宽：60 kHz；

波束角：0.5°×1°、1°×2°；

覆盖宽度：10°～160°；

最大量程：500m；

最大发射率：75Hz；

量程分辨率：1.25cm；

脉冲宽度：10μs～1ms；

波束数目：256 个；

接收阵重量：12kg。

（3）系统组成

R2Sonic2024 系统由基本声学系统、数据实时采集处理显示系统、辅助设备和后处理软件系统四部分组成，如图 6-48 所示。

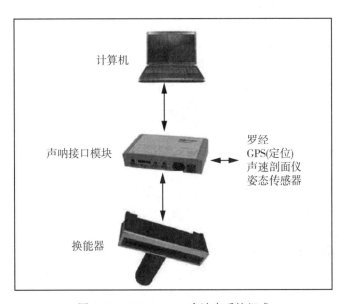

图 6-48　R2Sonic2024 多波束系统组成

3. EM2040 多波束测深系统

EM2040 多波束测深系统是 Kongsberg Maritime 集团（2003 年，Simrad 公司与其他几个公司合并组建 Kongsberg Maritime 集团）在 2010 年推出的一款浅水多波束产品。原 Simrad 公司是全球知名的多波束厂商，尤其深水多波束产品以性能稳定、技术先进著称。

EM2040 多波束是 Kongsberg Maritime 首次将深水多波束优点应用到浅水的多波束系统，属于宽带高分辨率多波束测深仪。

（1）系统特点

①工作频率为 200k~400 kHz，可根据应用环境选择不同的工作频率；

②每 Ping 双条带，测量速度和航向测点密度加倍，采用 FM chip 技术，测深范围更大；

③发射扇面分为 3 个扇区，频率各不相同，这一特性有效抑制了 60° 以外波束存在的多次回波反射干扰，也便于实现 Pitch、Yaw 实时运动补偿；

④波束角有 0.4°×0.7°、0.5°×1°、0.7°×1.5° 三种可选，波束具有 Roll、Pitch、Yaw 实时运动补偿功能；

⑤发射和接收都具有近场聚焦功能；

⑥脉冲宽度很短，小于 25μs，使得斜距分辨率达到 20mm，深度分辨率可达毫米级；

⑦耐压深度达到水下 6000m。

（2）技术指标（以 EM2040-04 为例）

工作频率：200k~400kHz；

最大 Ping 率：50Hz；

扫宽：140°（单声呐探头）、200°（双声呐探头）；

波束模式：等角、等距和高密度；

实时 Roll 稳定范围：±15°；

实时 Pitch 稳定范围：±10°；

实时 Yaw 稳定范围：±10°；

波束角：0.4°×0.7°、0.5°×1°、0.7°×1.5°；

最大测深值（海水）：工作频率为 200 kHz 时，635m，工作频率为 300 kHz 时，480m，工作频率为 400 kHz 时，315m；

单 Ping 双条带测深点数（单声呐探头）：800 个。

（3）系统组成

基本的 EM2040 系统由四部分组成：甲板处理单元、发射换能器、接收换能器和工作站，辅助传感器还需要姿态传感器、定位系统和声速剖面仪，系统可选择输入换能器表面声速数据。EM2040 多波束系统组成如图 6-49 所示。

4. SeaBeam 3012 多波束测深系统

SeaBeam3012 多波束测深系统是德国 L-3 ELAC Nautik 公司生产的深水多波束测深系统。该系统可在 140° 开角内采集测深数据和侧扫数据，并具备实时全运动补偿技术。

（1）系统特点

①工作频率为 12kHz；

②测深范围为 50~11000m；

③条带最大覆盖扇区开角为 140°，根据船的噪音水平和海水的条件最大覆盖宽度约为 31000m；

④航向波束宽度为 1° 或 2°，侧向波束宽度为 1° 或 2°，波束具有 Roll、Pitch、Yaw 实

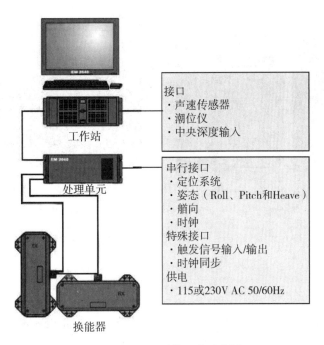

图 6-49　EM2040 系统组成示意图

时运动补偿功能；

⑤发射和接收都具有近场聚焦功能；

⑥脉冲宽度为 3~20ms，可手动或自动调节。

（2）技术指标

工作频率：12 kHz；

最大 Ping 率：50 Hz；

扫宽：140°；

波束模式：等角、等距；

实时 Roll 稳定范围：±10°；

实时 Pitch 稳定范围：±7°；

实时 Yaw 稳定范围：±5°；

波束角：1°×1°、2°×2°；

最大测深值（海水）：11000m；

单 Ping 测深点数：205 个。

（3）系统组成

SeaBeam3012 深水多波束测深系统由发射和接收控制单元、换能器阵列（包括发射阵列和接收阵列）、操作站、水柱影像工作站及辅助传感器（包括姿态传感器、定位系统和声速剖面仪等）组成。SeaBeam3012 多波束测深系统的发射和接收控制单元如图 6-50（a）所示，换能器阵列安装如图 6-50（b）所示。

(a)控制单元　　　　　　　　(b)换能器阵列安装图

图 6-50　SeaBeam 3012 主要组成(L-3 ELAC Nautik，2013)

6.5.2　相干多波束系统

相干多波束的发展已有 30 多年的历史，随着计算机技术的不断发展，相干多波束的硬件、软件都在不断地完善，系统的主要优势是扫测覆盖宽度大、成图分辨率高、设备较轻便，目前已成为多波束的发展方向之一。相干多波束声呐的典型代表是英国 GeoAcoustics 公司研制的 GeoSwath Plus 相干多波束系统(目前已被 Kongsberg 公司收购)，下面简要介绍其系统特点及技术指标。

1. 性能指标

GeoSwath Plus 有三种频率可选，分别为 12kHz、250kHz 和 500kHz，对应的工作水深分别为 200m、100m 和 50m，最大覆盖范围分别为 600m、300m 和 150m。具体的技术指标如表 6-2 所述。

表 6-2　　　　　　　　　**GeoSwath Plus 多波束系统主要技术参数**

	声呐频率	125kHz	250 kHz	500 kHz
	最大测量水深	200m	100m	50m
	最大条带宽度	600m	300m	150m
	斜距分辨率	6mm	3mm	1.5mm
	侧向采样间隔	12mm	12mm	12mm
	发射脉冲宽度	16μs~1ms	8μs~1ms	4μs~500μs
条带更新率	50m 条带宽度	30Hz	30Hz	30Hz
	150m 条带宽度	10Hz	10Hz	10Hz
	300m 条带宽度	5Hz	5Hz	
	600m 条带宽度	2.5Hz		

2. 系统组成

GeoSwath Plus 多波束系统主要由主机单元、换能器、数据采集与处理软件以及辅助传感器组成。主机单元将声呐处理与数据处理两个单元集成到一个箱体内；换能器阵由左右两个换能器组成，呈"V"字形安装，每侧包括一个发射单元和四个接收单元。数据采集部分，可发射声呐信号，同时又具备接收功能。换能器阵设计了外部设备安装支架，可附带安装高度计、声速计等设备；数据处理系统包含一套 GS+数据处理软件，是用户采集和处理数据的平台，它把数据采集和处理两部分集成一体，共包括测量管理、数据采集、系统校准、数据处理、数据网格化和数字化海底地形生成六大模块。系统组成如图 6-51 所示。

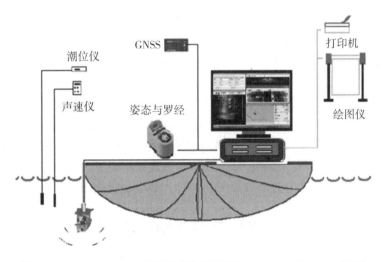

图 6-51　GeoSwath Plus 系统组成示意图（GeoAcoustics Limited，2006）

第7章 海底声学成像原理

在海水中，只有声波才能较好地传播。声波在水中传播时，有一个重要的现象，就是散射。探测的目的不同，对散射的需求也不同。比如，当使用声呐探测潜艇、水下工程结构、海洋生物等目标时，由海底声散射导致的界面混响是影响目标体回波质量的主要干扰因素；而当使用声呐对海底测量时，海底声散射又成为有用的信号。总的来说，海底声散射研究是海底声学成像的关键问题，它可为声呐设计和应用提供帮助(Jackson, 2010)。

本章主要介绍海底测量声呐成像的原理与应用，主要的测量对象是海底或海底小目标。从陆地地形图的概念来说，水下地形测量除获取各测点的几何位置外，还应得到表征各点的属性信息，也就是底质类型，或者是表征底质类型的回波强度。侧扫声呐和多波束声呐在海底声学成像中使用广泛，特别是前者。因此，本章重点阐释侧扫声呐和多波束声呐成像原理，研究声呐图像的镶嵌与处理，介绍声呐图像的判读与应用。由于多波束声呐成像与侧扫声呐有较多类似，且侧扫声呐一般为拖曳式测量，图像更为复杂，故本章在声呐图像的变形、改正、判读等方面，以侧扫声呐为典型进行介绍。

7.1 海底测量声呐成像原理

7.1.1 侧扫声呐成像原理

侧扫声呐(Side Scan Sonar, SSS)又称为海底地貌仪、旁侧声呐或旁扫声呐。顾名思义，侧扫声呐是运用海底地物对两侧入射声波反向散射(Backscattering)的原理来探测海底形态和目标，直观地提供海底声成像的一种设备，在海底测绘、海底施工、海底障碍物和沉积物的探测等方面得到广泛应用。

侧扫声呐主要由甲板和拖鱼(towed fish)两大部分组成，如图 7-1 所示。它的工作原理与侧视雷达很相似，如图 7-2 所示，拖鱼左右舷各安装一个换能器阵，由每个发射器向水柱区发射一个以球面波方式向外传播的短促声脉冲，发射波束在航向上很窄，在侧向上很宽。根据波的特性，当声脉冲被水中物体或海底阻挡时，便会产生反射或散射，一些反向散射波(也叫回波)会沿原路返回到换能器端，接收方向与发射波束正好相反，在航向上很宽，在侧向上很窄，接收到的回波，经过检波、滤波、放大，用一个时序函数对连续返回的散射波进行处理并转换成一系列电脉冲，将同一时刻的回波数据进行求均值处理，完成一次数据采集。当测船沿测线行进时，多次数据采集则形成了声呐图像。

由于海底凹凸不平，海底或者海底目标有的地方被照射，有的地方被遮挡，反映到图像上就是有的地方为黑色，有的地方为白色。图 7-3 为一架海底失事飞机的声呐图像，高亮区为飞机外形图像，飞机右侧暗区为飞机阴影，即为被遮挡处。由于声呐数据是在有信号反射时对其进行记录的，当信号没有到达海底时，对于水层一般是没有强回波信息的，所以图 7-3 中，左右舷发射线与海底线之间的阴影部分即为水层，也叫做水柱(water column)盲区。

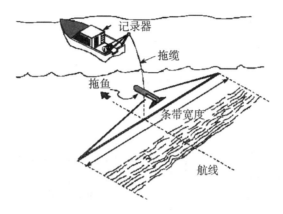

图 7-1 侧扫声呐系统构成示意图

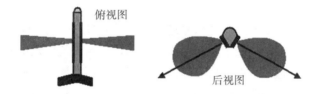

图 7-2 侧扫声呐波束指向性示意图

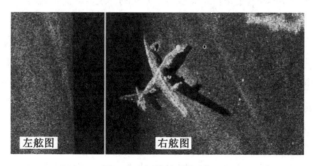

图 7-3 侧扫声呐图像

通常情况下，硬质、粗糙、凸起的海底回波强；软质、平滑、凹陷的海底回波弱；被遮挡的海底不产生回波；距离声呐发射基阵越远，回波越弱。如图 7-4 所示，第①点为发射脉冲，正下方海底为第②点，因回波点垂直入射，回波是正反射，回波很强；海底从第④点开始向上凸起，第⑥点为顶点，所以第④、第⑤、第⑥点间的回波较强，但是这三点到换能器的距离不同，第⑥点最近，第④点最远，所以回波返回到换能器的顺序是⑥→⑤

→④，这也充分反映了斜距和平距的不同；第⑥点与第⑦点之间的海底是没有回波的，这是被凸起海底遮挡的阴影区。第⑧点与第⑨点之间的海底也是被遮挡的，没有回波，也是阴影区。

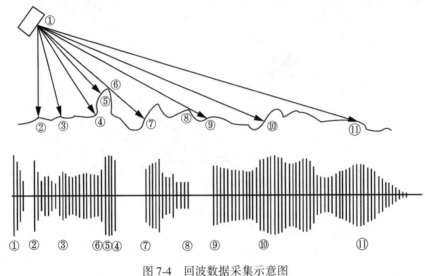

图 7-4　回波数据采集示意图

通过对接收到的强弱不同的脉冲信号进行数字信号处理，每一个回波数据按时间先后顺序显示在显示器的一条扫描线上，每一点显示的位置与回波到达的时刻相对应，即先返回的数据记录在前面，每一点的亮度与回波幅度有关，与海底具体回波点的位置无关。随着测船的行进，将周期地接收数据并逐行纵向排列，在显示器上就构成了二维的海底地貌声图。声图的一般结构如图 7-5 所示，零位线是换能器发射声脉冲同时接收其信号的记录线，也可以表示拖鱼运动轨迹；海面线表示拖鱼的入水深度；海底线是拖鱼到海底的高度；扫描线是声图的主要部分，其图像色调随接收声信号强弱变化而变化，反映具有灰度反差的目标或地貌影像。侧扫声呐得到的图像是斜距成像，如将海底看作为平坦地形，或利用测深仪等其他设备获得海底地形，则可进行斜距改正，得到反映平面位置的图像。

声图平面与真实的海底平面成逐点映射关系，声图的亮度反映了海底及目标的特征。声呐图像的质量与拖鱼的高度和速度以及海底具体的目标有关。一般情况下，拖鱼距海底的高度大致是声呐探测距离的 8%～20%。拖鱼越高，成像的阴影越短，则目标越不容易辨认；但也不能太低，否则覆盖范围太小，影响工作效率和作业安全。拖鱼的速度与被探测的目标大小有关。通常侧扫声呐可以测量尺寸在 1m 以内的海底块状目标，被探测的目标至少有 3 次被声波击中才能成像，因此对拖鱼的速度也有一定要求。如图 7-6 所示，右扇区中目标物只被 1 次击中，最终无法在侧扫图像中成像，在图像上表现为噪声。

声波从发射到接收的时间间隔为 Δt，其取决于声波往返传播路径的远近。设声波在海水中的传播速度为 $c(\mathrm{m/s})$，声波传播的单程距离为 $S(\mathrm{m})$，则

$$\Delta t = \frac{2S}{c} \tag{7.1}$$

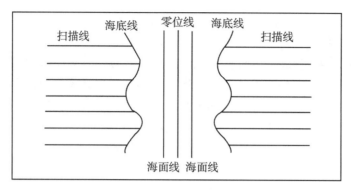

图 7-5 声图结构示意图

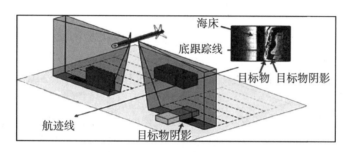

图 7-6 侧扫声呐目标探测示意图

侧扫声呐的工作方式一般为拖曳式,但考虑到测区地形条件和操作之便,拖鱼(换能器)也可为船侧固定安装,即舷挂式,类似于多波束安装方式;根据测量要求与目的不同,换能器还可在船首安装。拖曳式作业,拖鱼受船体噪声影响小,成像分辨率高,但由于作业中换能器被拖缆拖拉在测船后一定的位置和深度,除声速的不准确外,船速、风、海流等均会给声呐图像中目标位置的计算带来影响,对船舶驾驶速度、航向等要求较高;舷挂式作业,由固定杆等装置固定拖鱼,拖鱼吃水深度等几何参数可人工量取,与定位装置的位置关系容易换算,且不受风、流和拖缆弹性误差的影响,但是受船体噪声和姿态变化的影响较大。两种方式各有利弊,可结合具体工作环境条件,选择合适的安装方式。

7.1.2 多波束声呐成像原理

多波束声呐(Multibeam Sonar,当用于成像时,习惯上将多波束测深系统称为多波束声呐)不仅可通过测得的水深绘制高分辨率的海底地形图,还可利用海底反向散射强度绘制海底声呐图像,其在分析和解释海底地貌中扮演着十分重要的角色,可利用其反演海底底质特性,探测和识别水下目标,如鱼群行为定性描述、船只的避障、海底目标探测等(Hughes Clarke,2006)。目前,多波束海底成像有以下几种方法:

1. 平均声强方式

每个接收的窄波束只取一个声强值或平均声强值,这种方式获取的声强个数与水深个数相同。

2. 伪侧扫成像方式

多波束形成独立于测深的两个额外的宽波束，对宽波束覆盖扇面内的幅度时间序列采样，称为伪侧扫成像（Pseudo-sidescan Imagery）（刘晓，2012）。

多波束与侧扫声呐均能获得回波的反向散射强度，从而形成海底声学图像，从这点来说，两者具有较大的相似性，但从图像变形大小和分辨率高低来说，它们又有较大的不同。侧扫声呐通过海底声学反向散射和海底类型的角度关系，采用幅度调制原理实现。它的发射和接收采用相同的换能器，而多波束的接收阵列和发射阵列是分开的；侧扫声呐产生一个在航向上较窄的波束，如果拖曳体是稳定的且接收波束是受控的，侧扫声呐的接收波束与声照射区的脚印应完全吻合；多波束接收波束沿航向并不全在声照射区内，导致了分辨率的下降。另一个明显的不同是侧扫声呐的拖曳体和多波束阵列的相对位置。侧扫声呐采用拖曳式时，其换能器阵列是靠近海底的，这样入射角大，使物体投射产生较大的阴影，因此侧扫声呐比多波束系统更易于物体的识别；而多波束换能器通常与船固定安装，换能器距海底较高，使得声呐图像变形较小，但也引起分辨率的降低。

3. 片段法（snippet）

对每个接收到的窄波束都进行幅度-时间序列采样，得到多个强度值，具有较高的分辨率。

回波强度采样时，测量对象仍是海底的波束脚印。对于深度测量，探测的仅是代表波束脚印中心处的平均往返时间或相位的变化，是一个波束在声传播区内到海底的平均斜距；而对于声呐图像，探测的是一个反向散射强度的时序观测量，每一个时序观测量相对波束脚印要小得多，单位时间内，时序采样的个数是测深采样的几倍或十几倍（视声呐图像的分辨率而定）。每个时序采样仍然是球形面的发射波束模式与环形面的接收波束模式在 $[t, t+dt]$（对于连续波 CW，dt 为脉冲宽度）时间段内形成的交界面，其工作原理如图 7-7（多波束技术组，1999）所示。

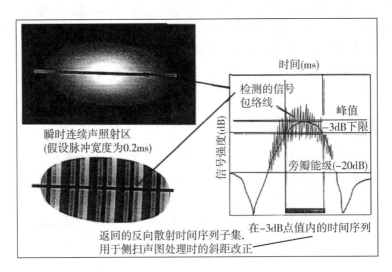

图 7-7　单个波束脚印内的声呐图像时序采样原理图（多波束技术组，1999）

多波束每完成一次测量，便在扇面与海底的交线上形成一组回波强度时序观测量，经过多次测量，可获得测区内不同位置的回波强度。为了绘制声呐图像，声强必须从时间序列转化为横向距离序列，并将一条测线上的多次测量值合成，绘制成表示这条测线声反向散射强度变化的图，也就是声呐图像，还必须完成声线斜距改正和图像镶嵌两项工作。多波束在测定回波强度的同时，也获得了波束的往返时间和到达角，利用声线改正，容易进行波束的斜距改正，再进行内插即可获得每个波束内的时序采样点的横向水平距离和深度。图 7-8 显示了侧扫声呐和多波束回波强度采样的对比图。

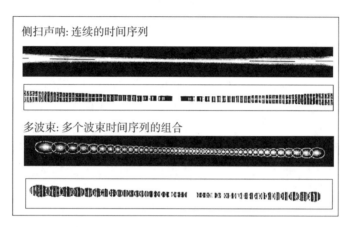

图 7-8　多波束与侧扫声呐波束脚印信号强度和时间取样的组合图(多波束技术组，1999)

多波束片段法与前两种方法相比，避免了声强数据与测深数据的融合问题，能同时获得高信噪比与高分辨率的声呐图像，因此应用更为广泛。每个波束内除主轴方向外其他强度样本的空间位置是通过假设波束内为平坦海底情况下内插得到的，而这种不准确的假设可能使得强度数据与其空间位置数据不能准确融合，在地形复杂变化下更为明显，如图 7-9 所示(刘晓，2012)。

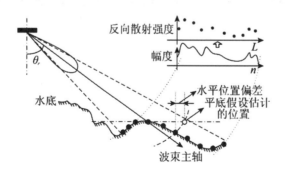

图 7-9　复杂海底多波束成像水平位置估计原理图

4. 相干成像方式

类似于相干多波束测深原理，对每个接收的窄波束输出信号进行采样、相干处理，估计各个海底检测点的到达角，从而得到空间位置和回波强度，并根据实际水声环境以及角度的影响对成像数据进行修正，得到具有良好空间分辨率的海底图像。最终获得的海底声图像的分辨率必然要高于前几种方法。集水深测量和高分辨率成像两种技术于一体的测深侧扫声呐就是基于该方法设计而成的。

5. 多波束 SAS 逐点成像法

这种方法基于多波束测深和合成孔径声呐(SAS)技术原理，在每一个航向位置向海底发射信号，声呐接收侧向距离方向上经处理后的回波信号，对每一个波束输出信号进行合成孔径处理后可得到航向上具有高分辨率的波束，并可得到更多的目标信息以及更好效果的海底图像(姚永红，2011)。

6. 快拍法(snapshots)

该方法沿着每个窄波束记录完整的波束输出信号，包括幅度和相位，对每个波束、每个时间片上的采样样本进行处理，计算该样本在垂直平面内的位置信息和反向散射强度信息，并利用它们形成水体图像(袁延艺，2012)。该方式成像主要是对整个水体及海底成像，以探测水体目标为主要目的，与前五种海底成像侧重点不同。图 7-10(Hughes-Clarke，2006)显示了利用多波束声呐水体影像探测沉船桅杆高度，如仅凭水深数据，由于采样点很少，桅杆很可能作为噪声被过滤掉；而通常的多波束反向散射图像是二维影像，利用其不能得到桅杆高度。

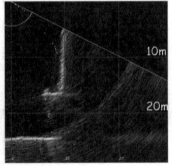

图 7-10　利用多波束声呐水柱影像探测沉船桅杆高度

7.2　海底测量声呐图像镶嵌

数字图像镶嵌(Mosaicking)是将两幅或多幅数字图像拼在一起，构成一幅整体图像的技术过程。图像镶嵌技术的目的就是把一系列真实世界的图像合成一个单一的、更大的、更复杂的全维场景(何强，1998；朱述龙，2000)。

图像镶嵌的技术问题之一是如何将多幅图像从几何上拼接起来，这一步通常是先对每幅图像进行几何校正，将它们规划到统一的坐标系中，然后对它们进行裁剪，去掉重叠的部分，再将剪裁后的多幅图像装配起来形成一幅大的图像；图像镶嵌的技术问题之二是如何使多幅图像在拼接后不出现明显的灰度或色彩拼接缝。

多波束和侧扫声呐在成像时，通常通过 GNSS 定位设备直接或间接地提供了换能器瞬时位置，能顺利推算出成像的各点所代表的海底平面位置，这样每个像点都有了平面位置和声强，为其图像镶嵌创造了条件。多波束换能器通常与船固定安装在一起，图像表示的海底平面位置精度更高，图像镶嵌的质量更好。

7.2.1 声呐图像的拼接与采样

1. 条带图像间的拼接

不管是多波束声呐还是侧扫声呐，由于各种成像因素的影响，各像点的位置和声强总存在多种误差，甚至出现粗差。经过滤波后，系统误差不可能消除，条带边缘像点更为明显，因此，相邻条带(测线)获得的同一位置像点的声强总是存在差异，需要采用各种办法尽可能地解决这个问题。一般从两个方面入手，一是消除各种系统误差的影响，图像自然就能拼接在一起，然而声呐成像复杂，有些机理并不完全清楚，因此，系统误差的处理只能到一定的程度；二是从数字图像拼接技术上入手，类似于摄影测量的航带拼接问题。关于声呐图像改正，后面将进一步叙述，本节主要从第二方面来介绍条带图像间的拼接问题。实际上这两方面并不矛盾，一般需要尽可能地进行系统误差处理后，再采用数字图像拼接技术实现声呐图像的拼接，否则系统误差过大，单纯的数学分析方法不可能很好地解决声呐图像拼接问题。

图像拼接的关键问题是解决接边线的问题，即选择出一条曲线，按照这条曲线把图像拼接起来。待镶嵌图像按照这条曲线拼接后，曲线两侧的声强变化不显著或者闭环最小，这条理论上的曲线被称为接边线或镶嵌线。最简单的办法是取重叠区的中点，但如果该点的两个声强相差较大，将影响拼接效果，因此镶嵌线一般从重叠区声强相差比较小的区域中选择。

若相邻条带的两个图像为 f_1 和 f_2，重叠区宽度为 L，要在重叠区找出镶嵌线，只要找出该线与每 Ping 断面线的交点即可。为了避免异常值和偶然误差的影响，不能仅凭重叠区一个点的较差来确定该 Ping 断面线的接边点。为此，选取一个长度为 d 的一维窗口，让该窗口在断面线内逐个采样点上滑动，若窗口内所有重合点声强值之差的绝对值和最小，则该窗口的中点即为镶嵌线与该断面线的交点(接边点)，如图 7-11 所示。选取原则为：

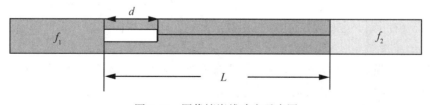

图 7-11 图像镶嵌线确定示意图

$$\sum_{j=0}^{d-1} |f_1(i, j_0 + j) - f_2(i, j_0 + j)| = \min \quad (j = 1, 2, \cdots, L - d + 1) \qquad (7.2)$$

式中，$f_1(i, j_0 + j)$ 和 $f_2(i, j_0 + j)$ 为滑动窗口内重合点 $(i, j_0 + j)$ 在图像 f_1 和 f_2 上对应的声强（灰度）值；i 为重合点 $(i, j_0 + j)$ 所对应的断面行；j_0 为窗口左端点对应的列；$j_0 + j$ 为点 $(i, j_0 + j)$ 对应的列（赵建虎，2007）。

满足以上条件的点即为接边点，将重叠区内相邻断面行上的接边点连接起来，便形成了镶嵌线。为了改善镶嵌效果，应该对镶嵌线进行平滑处理。接下来，就需要对每条带镶嵌线及周边一定范围内像点的声强进行重新计算。

最简单的改正方法是强制镶嵌法。该方法是先统计镶嵌线上任意位置两侧的声强差，然后将声强差在该位置两侧的一定范围内强制改正。首先统计镶嵌线上每个位置在其法线方向上的两侧一定范围内的声强差 Δf，为了避免改正结果出现条纹效应，每个位置的声强差 Δf 应在该位置前后的多个位置上统计平均值得到。然后将声强差 Δf 在该位置法线方向上的两侧一定范围（w）内改正掉，参数 w 称做改正宽度，它的大小与声强差 Δf 成正比。声强改正时，离镶嵌线越近的像点，声强值改正得越多，离镶嵌线越远的像点，改正得越少。

镶嵌线上重合点声强的处理方法除了直接平均以外，还可采用加权平均法，它考虑了不同条带中重合点声强的权重，就多波束而言，利用这种方法获得最终的声强值是比较恰当的。设 w_1 和 w_2 为重合点在两个条带中的权值，则最终声强为：

$$f'(i, j) = w_1 f_1(i, j) + w_2 f_2(i, j) \qquad (7.3)$$

$$w_1 = 1 - \frac{x - 1}{L - 1} \qquad (7.4)$$

$$w_2 = \frac{x - 1}{L - 1} \quad (x = 1, 2, \cdots, L) \qquad (7.5)$$

式中，L 为重叠区的宽度；x 为重合点至重叠区靠近 f_1 一侧的距离。

2. 声呐图像的采样

为了便于计算机图像处理，需对测区的声强进行格网化，每个小的格网代表一个回波采样，该格网即为图像的像素。由于每个声强具有位置信息，因此格网化可在地理框架下进行。

声强采样的不均匀性可能导致格网内出现没有声强数据、一个声强数据和多个声强数据的情况。为了真实反映海底特性，对于没有声强数据的格网，在灰度量化时，可将之设置为背景灰度级；对于存在单个声强数据的情况，用该声强反映格网所对应实际海床的回波强度；若存在多个声强，最终声强可根据实际情况选择为平均值、加权平均值、最大值或最小值。

格网化和声强抽样工作完成的优劣，直接影响着声呐图像质量的好坏，也影响着图像对海底底质类型的反映。格网划分过粗（像素少），像素代表区域较大，难以详细反映海底类型的变化；像素过多，达到饱和，图像质量将不再提高，相反还会造成计算量的增大。

7.2.2 回波强度的量化

声照区的回波强度是通过一定的灰度水平量化来形成声呐灰度图像，反映了回波强度水平，也反映了海底沉积物的物理属性。回波强度向灰度级的转换实际上是将回波强度同描述图像的灰度量级对应起来，实现回波强度的量化。量化的方法较多，一般根据具体情况而定。经过量化后，便形成了声呐图像。图像中的每个像素可用两组量确定，即像素的位置(i, j)和对应的灰度$f(i, j)$。

在声强向灰度级的转换过程中，灰度级的选择十分重要。灰度级可设置为256、128、64、32、16、4、2等，若灰度级选择得较大，则图像的明暗变化可反映出细微海底底质的变化；反之，在图像中，原来浓淡平滑变化的部分，因为粗量化使浓淡产生较大的差别，从而造成假轮廓。另外，由于失去了浓淡的细微变化，量化后的图像质量将大大降低。若灰度级选为2，图像将成为黑白图。与确定像素个数的情况一样，灰度级大到一定的程度，对图像质量的提高不再起作用，相反会加大计算量。

灰度级水平范围一般取0~255色，声强的变化范围主要取决于海床的底质类型和声呐系统的声强接收范围。若声强值变化范围为$GBs_{min} \sim GBs_{max}$，量化后的灰度级为$G_{min} \sim G_{max}$，则声强GBs量化后的灰度级G可表达为：

$$G = G_{min} + \frac{G_{max} - G_{min}}{GBs_{max} - GBs_{min}}(GBs - GBs_{min}) \qquad (7.6)$$

图7-12(Fonseca，2009)为EM1002多波束声呐数据产生的镶嵌图。

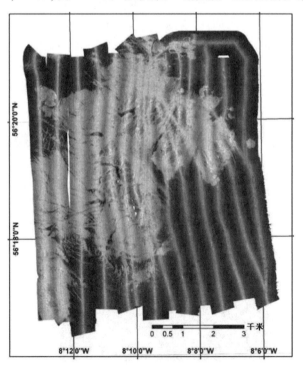

图7-12 EM1002多波束系统测量的声呐镶嵌图

7.3　典型的侧扫声呐系统

根据不同的特性，侧扫声呐可分为不同的类型。根据发射信号可分为调频脉冲（Chirp）和连续（CW）脉冲；根据发射频率可分为高频、中频和低频；根据扫测方式可分为拖曳式和悬挂式。下面从系统的组成、性能指标和采集软件等方面介绍几种典型的侧扫声呐系统。

7.3.1　EdgeTech 4200FS 侧扫声呐

EdgeTech 公司是生产民用声呐的鼻祖，产品种类较多，主要生产 CW 波产品，偶尔也有 Chirp 产品（如 4200-FS），其技术特点是拖鱼安全性好，且软件"Discovery"属于自主开发，可在任何计算机上回放和处理；缺点是软件的功能较弱。EdgeTech 系列侧扫声呐系统有 EdgeTech 4100P、4200FS 和 4300-MPX 等几种类型，下面重点介绍 EdgeTech4200FS 侧扫声呐系统。

1. 系统组成

EdgeTech 4200FS 是一种双模式侧扫声呐系统，应用 EdgeTech 的全频谱 Chirp 技术得到宽频带、高能量发射脉冲和高分辨率、高信噪比的回声数据。该系统采用了宽频带、低噪音的前置电子电路，减小了仪器引起的相位误差和漂移（EdgeTech company，2008）。EdgeTech 4200FS 侧扫声呐系统能和其他备选传感器（磁力仪等）集成。EdgeTech 4200FS 的拖鱼如图 7-13 所示，采用可拼接加长的发射/接收换能器阵，通过控制软件，可选择高分辨率模式（HDM）和高速模式（HSM）两种工作模式。HDM 模式下可同时进行双频 120kHz/410kHz 操作，HSM 模式时以双脉冲单频进行工作，最大工作速度为 12kn。单侧最大量程 500m，拖鱼额定工作水深 1000m，内置有首向、横摇和纵摇传感器，同轴拖缆最长可达 6000m。

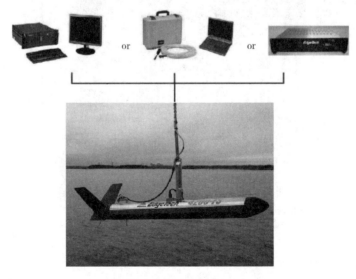

图 7-13　EdgeTech 4200FS 拖鱼

2. 技术指标

侧扫声呐的主要性能指标包括工作频率、最大作用距离、脉冲宽度及分辨率等，各指标相互有联系。工作频率主要影响扫测的最大作用距离，脉冲宽度直接影响距离分辨率；水平波束宽度直接影响水平分辨率，垂直波束宽度影响扫测宽度，开角越大，扫测范围就越大，在拖鱼正下方的盲区就越小。EdgeTech 4200FS 主要性能指标如表 7-1 所示。

表 7-1 　　　　　　　　　　　**EdgeTech 4200FS 主要性能指标**

频率	120kHz/410kHz 双频
调制方式	全频谱 Chirp 调频脉冲，可通过加权技术对发射脉冲进行处理
工作量程(最大)	120kHz：单侧 500m；410kHz：单侧 150m
垂直航迹方向分辨率（HDM 模式）	120kHz：8cm 410kHz：2cm
沿航迹方向分辨率（HSM 模式）	120kHz：200m 量程为 2.5m 410kHz：100m 量程为 0.5m
水平波束宽度（HDM 模式）	120kHz：0.64° 410kHz：0.3°
水平波束宽度（HSM 模式）	120kHz：1.26° 410kHz：0.4°
数据通信链	4 通道侧扫数据和传感器数据
垂直波束宽度	50°
工作深度	1~1000m
脉冲长度	120kHz：4ms；410kHz：10ms

3. 操作软件

EdgeTech 4200FS 侧扫声呐系统所使用的操作软件是 EdgeTech Discover 4200FS，图 7-14 为软件主界面，包括上半部高频图像区域和下半部低频图像区域；设置（Configuration）菜单提供了关于记录、显示、打印、导航、触发脉冲和网络连接等几方面的基本设置。

操作软件还提供了一些基本操作菜单，主要来控制侧扫图像数据，包括 Towfish Control、View Gains、Display、Disk、Bottom Track 等。其中 Towfish Control 用来控制 HDM 和 HSM 高/低频的打开与关闭及范围的设定，View Gains 调节图像灰度增益，Disk 用来回放数据，Bottom Track 用来进行海底跟踪、设定数据采集的深度门限、滤除噪声。

7.3.2　Klein 3000 侧扫声呐

Klein 公司主要生产 CW 波产品，产品市场名气较大。声呐的采集和处理软件 SonarPro 属于自主开发，优点是图像品质较好；缺点是价格偏高，软件的功能较弱，有些

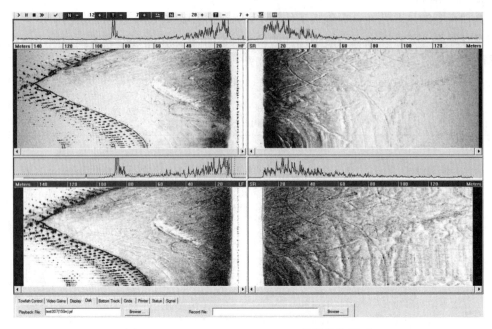

图 7-14　EdgeTech Discover 4200FS 软件操作界面

产品的数据不能在通用工作站上处理。下面简要介绍 Klein 3000 声呐系统，其具有对海底精密条带成像的功能。

1. 系统组成

Klein 3000 声呐系统由拖鱼、收发机、处理单元(TPU)、Windows 计算机显示和控制单元、拖缆以及各种连接电缆构成，如图 7-15 所示。拖鱼包含换能器阵列和电子电路子系统，用于发射、接收数据和远程传输，系统还包括标准和选配传感器，用来监测拖鱼位置、姿态、压力、水深和高度(声学测量)、磁力和其他相关信息。拖缆是同轴电缆，为拖鱼传输电力，并在拖鱼和 TPU 之间双向通信。TPU 处理来自拖鱼的数据，并由网络输出数据。声呐处理器对 TPU 的控制是通过局域网实现的(胡毅, 2006)。

图 7-15　Klein 3000 拖鱼与甲板处理单元(TPU)

2. 技术指标

表 7-2 　　　　　　　　　　　　**Klein 3000 主要技术指标**

声呐通道	4
声呐频率(双频)	名义值 100 kHz（实际值 132 kHz）；名义值 500 kHz（实际值 445 kHz）
发射脉冲	CW，25~400μs 可选；每个频率的脉冲独立控制
最大量程	100kHz：600m；500kHz：150m
水平波束宽度	100 kHz：1°；500 kHz：0.2°
垂直波束宽度	40°
俯仰角度	−5°~−25°，默认−15°
扫宽	100kHz：最大 1200 m；500kHz：300m
工作深度	标准型 1500m，可选配 6000m
结　构	不锈钢
标准传感器	横摇、纵摇、首向
大　小	长 122cm，直径 8.9cm
重　量	空气中 29 kg
电　源	120W @ 120/240 VAC，50/60 Hz(包括拖体)
数据格式	可选 SDF 或 XTF 或 两者兼备
基本操作系统	Windows 或是相当的系统
导航输入	NMEA 0183
首向精度	±0.5°　　RMS
纵横摇精度	±0.2°　　RMS

3. 操作软件

操作软件采用 Klein 公司开发的 SonarPro 软件，工作界面如图 7-16 所示。它工作在 Windows 环境下，主要功能模块见表 7-3。

表 7-3 　　　　　　　　　　　　**SonarPro 软件基本功能模块**

基本模块	主程序，数据显示，目标管理，导航，数据存储及回放，传感器显示
多窗口显示	多窗口实时观察，或回放各类不同的参数及目标。多窗口显示声呐通道、导航、传感器、系统状态、目标等
测线规划	测线设置简易，可改变参数，设置容限，监察实际覆盖范围，存储设置文件

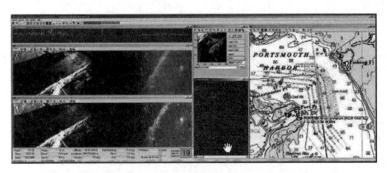

图 7-16 SonarPror 软件工作界面示意图

续表

目标管理	独立窗口，可进行几何测量、记录、比较、文件归档、分类、定位、时间及测量目标分层，特征增强。导航窗口内定位目标
传感器窗口	显示所有传感器数据，有多种数据格式(包括一些警示)；应答器设置，适应多种不同频率及脉冲重复率
网络	通过局域网 LAN，允许多台实时处理工作站同时工作
向导	帮助操作人员设定各种参数，或返回缺省参数
实时数据比较	实时测量数据与历史数据比对

7.3.3 SIS-1600 系列侧扫声呐

美国 Benthos 公司(原 Datasonics 公司，Benthos 于 1999 年兼并了 Datasonics 公司)主要生产 Chirp 声呐，优点是抗干扰能力强，中远距(100m 及以上)的数据质量好，随机软件采用专业软件，性能较好；缺点是近程(50m 内)分辨率稍差于 CW 声呐。SIS-1600 系列是 Benthos 公司生产的一款侧扫声呐系列产品，SIS-1622 单频和 SIS-1624 双频侧扫均采用了 Chirp 和常规的连续波(CW)技术(Teledyne Benthos，2009)，使远近程均能得到较高的图像质量。

1. 系统组成

SIS-1622 单频和 SIS-1624 双频侧扫系统的主要组件是 CL-160 通信链路(图 7-17)和拖鱼(图 7-18)。SIS-1622 系统包含 TTV-196 拖鱼，以单频获取大量程、高分辨率的 Chirp 侧扫声呐图像；SIS-1624 系统包含 TTV-196D 拖鱼，同时使用两个频率获取大量程、高分辨率的 Chirp 侧扫声呐图像。两个拖鱼运载器在物理外形上相似。除了 Chirp 侧扫声呐，两个拖鱼都能提供 CW 侧扫声呐图像，用于获取小量程的高分辨率图像。

2. 技术指标

SIS-1600 系列侧扫声呐相关技术指标如表 7-4 所示。

图 7-17　CL-160 通信链路

图 7-18　TTV-196D 拖鱼

表 7-4　　　　　　　　　　　　　　SIS-1600 系列侧扫声呐主要技术指标

拖鱼物理特征	结构	316 不锈钢
	尺寸	长 177.8cm，直径 11.4cm
	甲板电缆	长 75m，Kevlar 加强
	空气中重量	36kg
	工作深度	1750m
	拖曳速度	1~8 kn
发射/接收换能器	Chirp 频率范围(TTV-196)	190k~210kHz
	Chirp 频率范围(TTV-196D)	可在 110k~130kHz 和 370k~390kHz 频段之间同时工作
	CW 频率(TTV-196)	200kHz
	CW 频率(TTV-196D)	可在 123kHz 和 382kHz 频段同时工作
换能器发射角	TTV-196	0.5° 水平，55° 垂直
	TTV-196D	0.5° 水平，55° 垂直(110k~130kHz 频段)； 0.5° 水平，35° 垂直(370k~390kHz 频段)。
标准传感器	纵摇和横摇	范围，±20°；精度，±0.2°；分辨率，0.1°
	首向	范围，0~360°；精度，±1° rms；分辨率，0.1°

3. 数据采集软件

Benthos SIS-1600 系列侧扫声呐系统采用第三方声呐数据采集和显示软件，如 Triton Isis、Eiva、Oceanic Imaging、Chesapeake Technologies、Coda 等公司的专业软件。下面

以 Triton Isis 软件为例，对其主要功能予以介绍。Isis 主窗口上共有 File、Configure、Color、View、Tools、Window、Help7 个下拉式主菜单和 13 个快捷键，具体功能如表 7-5 所示。

表 7-5 **Triton Isis 软件主要功能**

文档 （File）	数据回放（Playback）	数据起点、调取文件、保存图像、声呐设置、接口设置、采样格式、拖鱼设置、海底跟踪、数据记录等
	记录设置（Record Setup）	
	数据采集（Start Recording）	
配置 （Configure）	回放速度（Playback Speed）	
	实时滚动（Realtime Scrolling）	
	声音报警（Audible Alarms）	
	潮汐改正（Ocean Tide）	
	声速改正（Sound Velocity）	
	数据交换（HYPACK DDE）	
	日期时间（Set Date and Time）	
	安全（Security）	
	恢复出厂设置（Reset to Factory Config）	
颜色 （Color）	颜色板（Palette）	
	格网颜色（Grid Color）	
查看 （View）	比例线（Scale Lines）	
	水深延迟和周期（Depth Delay and Duration）	
	覆盖（Overlay）	
	记录采样（Downsample）	
	拖鱼速度（Towfish Speed）	
	首向（Heading）	
	后延距（Layback）	
	到点方位（Bearing to Point）	
工具 （Tools）	目标（Target）	编辑、导航、缩放、增强等
	目标设置（Target Setup）	
	数字化线和多边形（Digitize Lines and Ploygons）	
	覆盖图和镶嵌（Coverage Map and Mosaic）	
	串口测试（Com pot Test）	
	空间滤波（Spatial Filter）	
	波束角、掠射角（Beam Angle、Grazing Angle）	
	ASC Ⅱ码报告（ASC Ⅱ Report）	
	输出遥测（Output Telemetry）	

续表

窗口 （Windows）	瀑布滚动、信号、多波束测深、相干测深、回波强度、极性、曲线图（各种数据显示窗口、设置比例量程）、状态控制（参数、海底跟踪、TVG 平衡、传感器、拖鱼状态、时钟时间、测深置信度）等。
帮助 （Help）	获得信息、在帮助中搜索、如何使用帮助等

7.3.4　C3D-LPM 测深侧扫声呐

C3D-LPM 系统是 Benthos 公司推出的一款测深侧扫声呐，使用 Simon Frazier 大学为 Benthos 公司提供的 SARA CAATI（Small Aperture Range Angle and Computed Angle of Arrival Transient Imaging）专利技术，类似于相干测深，对到达角进行估计，但不同的是，它解决了多角度同时到达的问题。由于它结合了多波束测深技术，故在浅水获取高分辨率侧扫声呐图像的同时获得了高分辨率宽条带测深信息，测量结果生成高分辨率的侧扫声呐图像并附带统一地理位置的测深数据（Teledyne Benthos，2010）。如图 7-19 所示，相对普通侧扫声呐来说，C3D-LPM 系统的三维图像提高了图像的判读性。

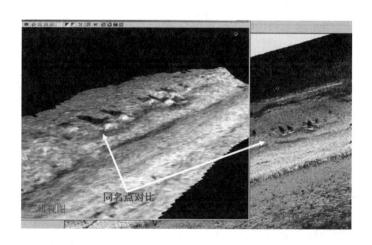

左图：测深侧扫叠加图像，右图：侧扫图像

图 7-19　C3D-LPM 系统目标的侧扫成像和三维测深图像的比较

1. 系统组成

C3D-LPM 系统的主要水上部件有收发机和处理电脑（图 7-20），水下主要部件是换能器导流罩（图 7-21）。收发机和换能器导流罩直接连接，发送和接收声信号，并将接收信号进行模数转换，收发机还提供了声速传感器接口。换能器导流罩由两个甲板电缆和收发机直接连接，包括左右舷侧扫换能器，可用支架和换能器导流罩上的法兰盘连接，安装在船舷。系统水下部分的尺寸和重量较小，在小船上即可安装。

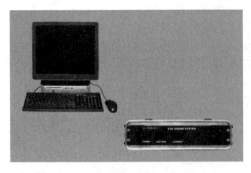

图 7-20 C3D-LPM 收发机和处理电脑

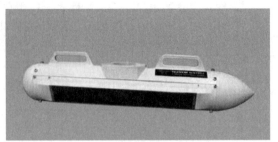

图 7-21 C3D-LPM 换能器导流罩

2. 主要技术指标

C3D-LPM 系统主要技术指标如表 7-6 所示。

表 7-6 **C3D-LPM 系统主要技术指标**

物理特征	构造	316 不锈钢框架，高密度聚乙烯壳体
	总尺寸	直径 17.5cm，长 100.0cm
	甲板电缆	2 根 10 m
	重量	19kg
	船速	1~10 kn
侧扫声呐	换能器	左右舷各 1 个发射换能器和 6 个接收水听器
	频率	200kHz
	声源级	+224 dB re 1μPa@ 1m
	侧扫量程	单侧 25~300 m（200kHz） 单侧 25~600 m（100kHz）
	测深扫宽	6~10 倍水深
	侧扫横截航向分辨率	4.5cm
	测深横截航向分辨率	5.5cm
	测深垂直分辨率	1.0cm
	脉冲宽度	0.125~3ms，随量程选择变化
	脉冲重复率	最大 30 Pings/s，随量程选择变化
	换能器发射角	水平 1°，垂直 100°
	数据格式	XTF

3. 操作软件

C3D 系统操作软件包括 C3D Server 和 C3D Display 软件，C3D Server 软件管理 C3D-LPM 收发机之间的双向网络通信，并用 CAATI 算法计算测深数据；C3D 显示软件提供了系统设置和诊断显示等工具。可以选配第二个处理电脑以运行第三方声呐数据采集和显示软件。

7.4 侧扫声呐图像的变形与改正

声呐图像由于受到海底地形、船速、波束指向性、噪声等因素的影响而产生变形、扭曲，严重影响资料解释的准确性，因此，在图像使用前应尽可能地进行各种变形的改正，同时图像判读人员必须了解声呐图像产生的各种变形及原因。

7.4.1 声呐图像畸变

声呐图像失真变形的干扰因素可分为几何形状、周围环境和仪器自身三个方面。声图的变形类型主要包括几何畸变和灰度畸变。由于船速、波束倾斜和海底坡度等多种因素影响，经常会产生声图几何变形，从而扭曲了海底目标物的真实形态；由于声学散射模型的不准确、声呐参数的突然变化、海底起伏等多种因素的影响，声图灰度并不与海底底质对应，产生灰度畸变。

1. 几何畸变

几何畸变是指声图并不是严格的按比例记录海底地貌，以及由于船速、波束倾斜和海底坡度等各种因素的影响而产生的变形，扭曲了海底地貌，使图像目标失真（王闰成，2002）。几何畸变主要分为以下六种情况：

①比例不等变形（速度失真）。以前声呐图像是记录在图纸上的，现在数字图像记录仍是模拟图纸记录的方式。声图图纸横向记录的距离比较固定（即量程），纵向上的记录速率相对来说也是固定的（走纸速度）。当二维声图的纵向与横向的单位长度所表征的实际长度相等时，能够真实地反映海底目标的形状；实际测量时由于船速的不同，在单位长度记录纸上，其记录的实际距离不同，即纵横比例不同，从而产生纵横比例不等变形，即速度失真。

②声线倾斜变形（斜距变形）。声呐拖鱼的换能器向海底发射扇状声波，并接收倾斜方向海底的反向散射声波，声图上的扫描线反映的是换能器至海底的倾斜距离，因此声图上横向比例不统一，引起声图目标横向变形。未经过斜距改正的声图，横向比例随波束的倾角变化而变化，目标在近距离地方横向压缩较大，在远距离地方压缩较小，即距离拖鱼远近不同的两个高出海底的目标物，当高度相同时，其阴影长度随目标至拖鱼的距离增加而被拉长。

③目标距离变形。由于波束角发散效应影响，其照射海底的水平开角宽度随距离增长，同样的目标，在声图的不同位置被照射的次数也不同，距离越近，被照射次数越少，目标纵向变形越小。反之，距离零位线越远，被照射次数增多，目标纵向变形越大。

④倾斜坡面引起的横向比例变形。测船垂直于海底倾斜面的走向扫测，换能器两侧波

束覆盖面积不同，而图像为固定幅面。向高坡一侧的声图横向比例放大，向低坡一侧的声图横向比例减小，即海底倾斜坡面引起声图比例变形。

⑤双曲变形。当测船沿测线前进时，一次发射具有水平开角的声波，在目标倾斜方向的声线照射到目标的下端，因而斜距较长；测船继续航行，对目标所照射的声线逐渐缩短，直至测船与目标处于正横位置时的照射声线最短；离开正横位置，声线逐渐拉长，使目标沿测线方向的两端点至零位线的扫描线最长，中点至零位线的扫描线最短。实际的直线目标变成凸向零位线的弓形目标，因此称为双曲变形。

⑥拖鱼高度变化使声图横向比例变形。根据声图结构，零位线至海底线的长度，表示拖鱼在海底线以上的高度；海底线至声图边缘的长度，记录横向扫描线的长度图像，即实际的海底宽度。由于声图的宽度一定，当拖鱼距海底更高时，零位线至海底线的长度增大，横向扫描线缩短，海底图像占用的声图宽度就变窄，因此使声图的横向比例缩小，目标被横向压缩变形。反之则使声图的横向比例放大，目标被横向拉伸变形。

2. 灰度畸变

灰度畸变指声图记录的灰度与实际海底的反向散射强度存在偏差，这是由于声呐采用的声学模型不准确或简化造成的。存在的声学散射模型不可能完全概括反向散射强度、入射角和频率等因素的关系（Stanic et al. ，1998），波束指向性、发射阵列不对称、波束照射区的不准确量化以及时变增益（TVG）函数的计算与实际的物理属性不匹配等方面的因素，都可能造成灰度畸变（Hellequin et al. ，2003）。

理想情况下，声呐应发射出强度一致或连续变化的波束，但实际上很难做到，即使通过水池或野外标准试验场校正，波束指向性曲线仍存在残差。对于多波束声呐，有些产品可变换子扇区个数以适应姿态动态变化时条带实时均衡补偿需求，在子扇区边界结合处往往声波强度不一致，造成声呐图像子扇区出现明显的不一致现象。

声波与海底进行交互，波束指向性、波束开角、入射角、脉冲宽度、发射功率、接收增益、信号频率等均影响交互过程，这些参数的变化影响声呐采集的数据。尽管数据采集时声呐指向性应尽可能准确、理想化，但复杂的海洋环境、不完善的校准或声呐参数的变化，仍会给回波数据带来误差。脉冲宽度、频率、发射功率、接收增益等参数变化时，波束指向性曲线发生变化，即使声呐考虑了这些参数的变化，但由于其对回波强度的量化不准确，仍会引起声呐图像出现明显的变化。

声呐通过声传播的时间差计算距离，而声传播会引起能量衰减。近场声呐信号的传播损失较小，而远场信号的传播损失较大，使得回收信号的强度为整体呈指数衰减的脉冲串。经过时间增益改正后的声图仍然存在灰度不均衡，声呐系统本身和声学散射模型的准确性都对时间增益改正的效果有影响（Martin，1991）。

7.4.2 声呐图像改正

声呐图像通常存在大量的异常值、噪声和系统误差，在进一步利用前必须进行相应的处理。声图属于数字图像，因此许多常规的数字图像处理技术也适用于声图处理，但声图系统误差有其特殊性，一些滤波、增强技术并不适用于声图的处理，或者说效果一般，因此需要根据声图系统误差来源，采用针对性的方法进行处理。

采用常规的数字图像滤波技术可过滤异常值、平滑噪声，例如中值滤波、小波滤波、高斯滤波等。中值滤波是一种非线性滤波方法，优点是在移除异常值的同时不损害边缘特征，缺点是损害了图像细节，故许多研究者认为使用线性滤波方法效果更好。考虑到声呐图像一般采样率高，这时中值滤波的缺点基本可忽略，采用中值滤波能满足基本的需要（Bangham et al.，1990）。另外，一些基本的图像处理技术，例如直方图均衡化和对比度增强等，虽然改善了图像显示效果，但也改变了图像灰度间的相对比例，不利于其用于海底底质分类，因此这些方法应慎重使用。

原始的声呐图像，对应于回波强度，但并不直接反映真实的海底底质特征，因为回波强度除了受海底底质影响外，还受到时变增益、入射角、声照区面积、海底粗糙度等多种因素的综合影响，必须对回波强度进行处理，得到一个仅反映海底底质特性的观测量，称之为海底反向散射系数 BSc（Backscatter Strength Coefficient）。一般对原始反向散射强度数据经过声信号传播损失改正、声线弯曲改正、入射角效应改正，再经过海底地形起伏及波束照射区面积改正、船底正下方镜面反射区影响改正后，最后得到海底反向散射系数，如图 7-22 所示。

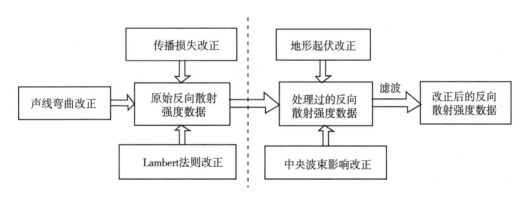

图 7-22 反向散射强度数据预处理流程图（唐秋华，2006）

1. 传播损失改正

声波在海水中传播时，受波阵面扩展、吸收及散射等影响，声强将逐步减弱。传播扩展损失是波阵面随距离变化而产生的声强衰减。设距离声源 R_1 和 R_2 处的两个波阵面面积分别为 $S_1 = 4\pi R_1^2$ 和 $S_2 = 4\pi R_2^2$，在波阵面上所对应的声强为 I_1 和 I_2，则扩展损失为：

$$\text{TL} = 10\lg \frac{I_1}{I_2} \tag{7.7}$$

在无损耗介质中，声波穿透波阵面的功率应保持不变，则有关系式：

$$4\pi R_1^2 I_1 = 4\pi R_2^2 I_2 \tag{7.8}$$

因此有：

$$\text{TL} = 10\lg \frac{I_1}{I_2} = 10\lg \left(\frac{R_2}{R_1}\right)^2 = 20\lg \frac{R_2}{R_1} \tag{7.9}$$

当 $R_1 = 1\text{m}$ 时，

$$TL = 20\lg R_2 \tag{7.10}$$

海水吸收是降低声能的又一因素，声波在海水中传播时，水中含有大量的自由离子，对声能具有较强的吸收作用。考虑海水的吸收，距离声源为 R 处的声强表示为：

$$I_R = \frac{I_1}{R^n}10^{-aR} \tag{7.11}$$

式中，a 为衰减系数；n 为波束的传播形式，对于柱面传播，$n=1$，对于球面传播，$n=2$；I_1 为距离声源 1m 处的声强值。假设海底底质类型相同，不考虑声波散射损失，则海水中声能的传播损失为：

$$TL = 20\lg R + aR \tag{7.12}$$

式中，第一项为波束的球面扩展损失；第二项为海水吸收损失，其中衰减系数 a 是频率 f、盐度 S、温度 T 和深度的函数。

当水文因素和信号频率无法改变时，衰减与传播距离（时间）存在近似正比例关系，传播距离越大，声强衰减越显著。为了得到远近场均匀一致的声呐图像，需对回波信号进行增益控制，包括时间增益控制、自动增益控制和手动增益控制，使声图具有最佳的效果（蒋立军，2002）。如图 7-23 所示，时变增益（TVG）是用来补偿随距离增大而下降的反向散射强度，使信号的输出在系统的动态范围内。不同的声呐系统，TVG 函数不同。有些声呐系统中，TVG 函数并不是连续的，而是由一系列具有一定步长的指数函数组成（Mitchell et al.，1989）。在后处理时，需要将阶梯状的函数改为连续性的函数。

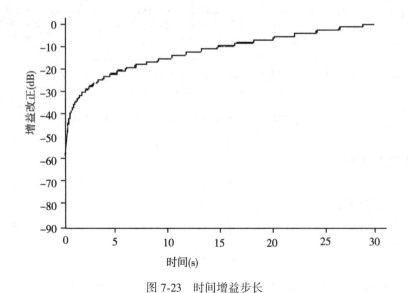

图 7-23　时间增益步长

一些声呐系统增益估值准确度不高，例如 6dB，反映在声图上即为航向不均衡，故对不同时间返回的声强还须进行精细改正。Johnson 和 Reed 等通过计算每一列（航向）的改正系数来改正灰度的不均衡（Johnson，1991；Lingsch et al.，1995）：

$$C_j = \frac{\overline{I}}{\overline{I}_j} \tag{7.13}$$

式中，$\overline{I}$ 为整幅图像的灰度平均值；$\overline{I}_j$ 为第 j 列的灰度平均值，$j=1, 2, \cdots, n$ 为波束号。

2. 声线弯曲改正

波束的扩展损失和衰减损失与波束经历的传播路径密切相关。为了得到准确的传播损失 TL，就需要对声波的传播路径进行追踪，即声线弯曲改正。关于声线跟踪的具体介绍，参见第 9 章。根据 Snell 法则，结合声速剖面和波束入射角，便可追踪到波束在每个水层的旅行路径，进而得到整个水层的传播路径，实现声线弯曲改正。

3. 入射角效应改正

单位面积上的反向散射强度并不直接由声呐测得，而是通过一定的模型计算得到（Johnson et al.，1996）。通常反向散射强度在入射角 $\theta = 0° \sim 25°$ 时有较大的变化；当 $\theta > 25°$ 时才满足 Lambert 法则：

$$BS_B = BS_o + 10\lg[\cos^2(\theta - 25)] \tag{7.14}$$

式中，BS_B 表示单位面积海底固有反向散射强度，是海底类型和入射角的函数；BS_o 是入射角 $\theta = 25°$ 时海底反向散射强度值。

当 $\theta \approx 0°$ 时，BS_B 用 BS_n 表示，是海底类型和粗糙度的函数，对于某一特定海底区域，该值通常近似为一常数；当 $0° < \theta < 25°$ 时，海底固有散射强度随入射角呈线性变化（Hammerstad，2000）；当 $\theta \geq 25°$ 时，海底固有散射强度随入射角服从 Lambert 法则，如图 7-24 所示。

$$BS_B = \begin{cases} BS_n, & \theta \approx 0° \\ BS_o + \dfrac{(BS_n - BS_o)(25 - \theta)}{25}, & 0° < \theta < 25° \\ BS_o + 10\lg\cos^2(\theta - 25), & \theta \geq 25° \end{cases} \tag{7.15}$$

4. 地形倾斜改正

声呐系统在进行回波强度计算时，假设海底地形是平坦的。然而，当海底并不平坦时，这个假设会引入误差，海底坡度越大，则引入的误差就越大。如果海底存在相应的数字高程模型（DEM）或者多波束测深数据，可据此计算出地形坡度角来改正入射角，重新计算反向散射强度。

设波束在平坦海底的入射角为 θ，由于受到海底地形的影响，实际的入射角为 θ'。

①当坡面同测量断面走向相同时，实际入射角 θ' 只是偏离了一个固定的海底坡度角 β，波束在海底的实际入射角（特殊情况）为：

$$\theta' = \theta - \beta \tag{7.16}$$

②当坡面同测量断面走向不同时，声照区的法线会偏离波束平面，任意坡面将产生二维入射角（一般情况）：

$$\theta' = \arccos\left[\frac{1 + \tan(\theta - \psi_R)\tan\theta}{\sqrt{1 + \tan^2\psi_T + \tan^2(\theta - \psi_R)}\sqrt{1 + \tan^2\theta}}\right] \tag{7.17}$$

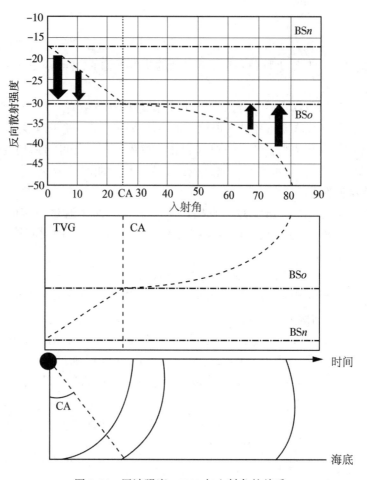

图 7-24　回波强度、TVG 与入射角的关系

式中，Ψ_R、Ψ_T 分别为二维入射角在海底坡面沿横向和纵向投影的分量。

取坡面上三个点 $M_1(x_1, y_1, z_1)$，$M_2(x_2, y_2, z_2)$，$M_3(x_3, y_3, z_3)$，其中 $z_1 > z_2 > z_3$，则坡面方程为：

$$A(x - x_1) + B(y - y_1) + C(z - z_1) = 0 \qquad (7.18)$$

系数 A、B、C 可通过坡面的法向量确定，则坡度 β 为：

$$\beta = \arccos\left(\frac{|C|}{\sqrt{A^2 + B^2 + C^2}}\right) \qquad (7.19)$$

坡度 β 的计算精度主要受测深精度、波束分辨率的影响，因此建议采用与波束分辨率相适应的 DEM 来计算局部坡度，以及二维入射角在横向和纵向的分量。

5. 声照区面积变化改正

反向散射强度 BS 取决于海底底质类型、地形条件和波束在水底的投射面积 AE，它可表达为：

$$BS = BS_B + 10 \lg AE \tag{7.20}$$

若海床平坦，根据是否镜面反射，波束脚印的面积 AE 为（图 7-25）：

$$AE = \begin{cases} \theta_T \theta_R R^2, & \theta \leqslant 5° \\[2mm] \dfrac{c\tau\theta_T R}{2\sin\theta}, & \theta > 5° \end{cases} \tag{7.21}$$

式中，τ 为脉冲宽度；θ_T、θ_R 分别为 X、Y 方向上的波束角宽度；c 为声速。

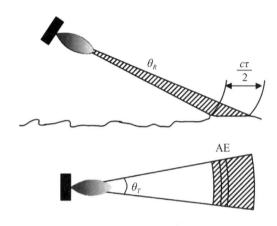

图 7-25　海底声照区面积计算

由于海底地形的倾斜，实际投射面积 AE′ 与数据采集时平坦海底假设得到的投射面积 AE 会有所差别，其计算公式（Hammerstad，2000）为：

$$AE' = \begin{cases} \dfrac{\theta_T \theta_R R^2}{\cos\varPsi_T \cos\varPsi_R}, & \varPsi_R \leqslant 5° \\[3mm] \dfrac{c\tau\theta_T R}{2\cos\varPsi_T \sin\varPsi_R}, & \varPsi_R > 5° \end{cases} \tag{7.22}$$

式中，$\varPsi_T$，$\varPsi_R$ 的意义同式（7.17）。

7.5　侧扫声呐图像的分辨率与判读

　　侧扫声呐与多波束声呐的分辨率计算模型相同，但因设备参数和作业方式不同，二者分辨率也不同。波束宽度决定波束脚印面积，假设每个波束宽度内，回波强度采样个数相同，即采样频率不变，那么波束脚印面积越大，该面积内采样的密度就越小，分辨率就越低。在波束宽度一定的情况下，仪器越靠近目标，波束脚印越小，单位面积内回波强度采样率就越高，分辨率就越高。另外，脉冲宽度越小，波束角越小，波束越尖锐，分辨率越高。在声速、距离和入射角一定的情况下，分辨率与波束宽度、脉冲宽度成反比关系；或者说，分辨率取决于波束宽度和带宽（CW 波带宽是脉冲宽度的倒数）。侧扫声呐的波束宽度和脉冲宽度一般小于多波束，因此其分辨率一般要高于多波束声呐。

7.5.1　声呐图像分辨率

声呐图像有两个方向的分辨率，即纵向分辨率和横向分辨率。纵向分辨率是指航向上两个目标之间的最小可区分距离；横向分辨率是指垂直于航向上两个目标之间的最小可区分距离(许枫，2002)。

如图 7-26 所示，要在声呐图像上辨别出一个小目标，一般认为需连续记录出 3~5 个回波数据。当换能器至海底的深度为 h 时，每发射一个脉冲，它在海底形成的照射范围为梯形 $ABCD$，图中 L 和 W 分别代表横向分辨率和纵向分辨率，表达式为：

$$L = \frac{c\tau}{2}\sin\theta \tag{7.23}$$

$$W = R\theta_T \tag{7.24}$$

式中，R 为目标到换能器的距离；θ_T 为波束水平开角；c 为声速；τ 为脉冲宽度；θ 为声波入射角。

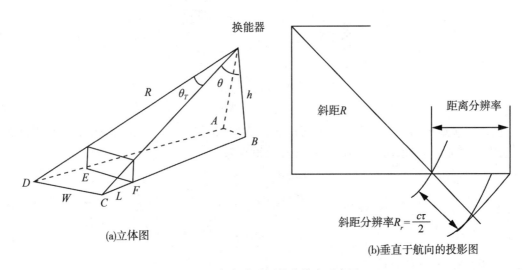

(a)立体图

(b)垂直于航向的投影图

图 7-26　侧扫声呐图像分辨率示意图

为了提高纵向分辨率，可通过减小波束宽度、提高信号频率、靠近目标观测以及采用线性调频调制技术(Chirp)来实现，但这些方法各有优缺点，窄波束会产生旁瓣，过分靠近海底会威胁拖鱼的安全，高频信号容易被海水吸收。因此，实际工作中需根据成像目的加以选择。

要分辨竖直面内两个目标间的最小距离，取决于目标的反射能力、目标的高度、声图的比例尺以及脉冲宽度等因素(刘雁春，1998)。在不影响其他测量指标的情况下，小的发射脉宽将提高横向分辨率。一个横向分辨率为 10cm 的侧扫声呐系统，会辨别相距 10cm 的两个物体，相距小于 10cm 的多个物体会被声呐处理成一个物体。

7.5.2 声呐图像判读

侧扫声呐图像判读是声呐扫海中的一项主要工作,经验丰富的判读人员可以比较确切地描述扫测海域的地貌特征,判断声图中碍航物和非碍航物,为潜水探摸和打捞提供详细的信息。声图判读对象是声图中的各类目标和地貌。为了能从繁杂的声呐图像中判读出目标图像及地貌图像,必须对各类声信号的图像进行分类,建立相关特征,为判读所需的目标图像和地貌图像提供必要的特征指标。

1. 声呐图像主要内容

声呐图像可分为四类,即目标图像、海底地貌图像、水体图像和干扰图像(周立,2013)。目标图像包括沉船、鱼雷、礁石、海底管线(图7-27)、鱼群及海水中各类碍航物和构筑物(图7-28)的图像。根据各类目标在海底的状况,又可以进一步分类,沉船图像可分为整体沉船、断裂沉船(图7-29);礁石图像可分为孤立礁石、礁石群;鱼群图像可分为水面鱼群、水中鱼群和水底鱼群。

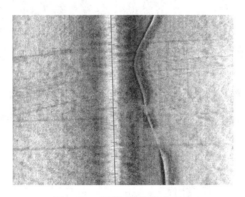

图7-27 海底管线声呐图像

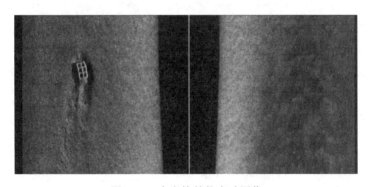

图7-28 水底构筑物声呐图像

海底地貌图像包括海底起伏形态图像、海底底质类型图像、海底起伏和底质混合图像。海底起伏形态图像(图7-30),如沙波、沙洲、沟槽、沙砾脊、沙丘、凹洼等形态;海底底质图像,如漂砾、沙带、岩石等。

图 7-29　沉船声呐图像

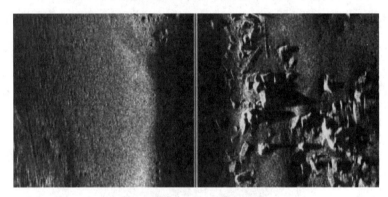

图 7-30　海底起伏形态声呐图像

水体图像包括水体散射、温度阶层、尾流、海面反射等水体运动形成的图像。

干扰图像包括换能器基阵横向、纵向和首向摇摆产生的干扰图像，海底和水体等的混响干扰图像，以及各种电子仪器与交流电源噪声产生的干扰图像。

2. 声呐图像判读技术

侧扫声呐主要用于海底目标物和海底地貌成像，需要判读的内容主要包括海底目标、海底地形和底质类别，这些目标本身差别较大，因此声呐成像后也有较大的区别。

①目标判读。侧扫声呐适用于高出海底平面的凸起物或水体中的物体，如沉船、礁石、水雷等目标的探测，其成像的主要特点是有阴影图像。海底凸起目标，其朝向换能器的一面(阳面)，回波能量强，在图像上表示较亮；背向换能器的一面，由于被遮挡，在声图上表现很暗，即目标的阴影。有些声呐系统的显示方式正好相反，目标为深色，阴影为浅色，但是原理相同，都是回波强度和图像灰度值的映射关系。阴影通常比目标回波包含更多的细节信息，国内外众多学者利用其对目标进行检测、识别和分类。

②地形判读。因为侧扫声呐图像的高分辨率，利用其可检测出水深图像无法辨识的细小地形、沙波的变化。在开阔的测区，可通过障碍物周围沙波大小、高度和方向的变化，判定流速和流向的变化。一般而言，海底地形凸起时，阳面回波信号强而阴面回波信号弱，在距离向(侧向)上形成先浅后深的图像特征。地形凹陷时，正好相反。

③底质判读。声图的灰度主要反映两种信息：地形和底质。回波强度与底质的作用主要有两个因素：底质的声学特性和粗糙度。海底的粗糙度是指声图分辨率大小范围内海底起伏的程度，与沉积物类别直接相关。

声呐图像的特点决定了判读人员需要有广泛的理论知识和一定的实践经验。判读方法有目视判读和计算机模式识别两种。早前的声图判读很困难，随着系统的改进、图像质量的提高以及经验的积累，目前的声图判读工作变得更容易、可靠。限于声呐图像强噪声特点和人工智能水平，当前声呐图像判读还是以目视判读为主，下面主要介绍目视判读的特点和方法。

声呐图像是海底目标、海底地貌、水体和干扰等多种反射或散射回波信号特征的记录，这些特征称为判读特征，也称判读标志。回波信号的强度、尺寸、形状，声影的尺寸以及目标的相对位置等都可作为海底目标或底质探测与识别的重要特征。对于目视判读，因为这个处理过程是由人眼完成的，所以从声呐图像中判读目标或地貌图像的特征应符合视觉的特征。声呐图像具有如下六种判读特征：

①形状特征。形状特征是指某类目标图像外部轮廓形状。目标和地貌的实际形状不同，其在声图上的图像形状也不同，图像形状在一定程度上反映出目标的性质及地貌类型。因此，形状特征是判读目标和地貌的重要依据之一，应结合声图各类变形来判读图像形状特征。

②大小特征。大小特征是指在声图上的尺寸。根据声图纵横比例尺能明确给出目标或地貌大小的概念，因此判读图像之前应弄清声图比例尺的变化情况。

③色调和颜色特征。色调特征是对黑白声图而言，彩色特征是对伪彩色声图而言。色调特征是指声图上所表示的灰阶由深到浅的灰度变化。在声图中，人眼可以感受到 8 个层次灰阶的灰度变化。

④阴影特征。阴影特征是指目标和地貌高出海底面阻挡声波照射的地段，在声图上表示为无灰度的小区域。阴影长度反映目标和地貌隆起高度，是测量隆起高度的依据。

⑤纹理特征。纹理特征是指声图上强灰度的灰阶形成的各种形态特征，如鱼群的椭圆形态、燕尾形态，沙波的波状形态，浅层气体的条带状、椭圆状。纹理特征在声图反映中呈多种形态，如点状、线状、环状、条带状、栅状等形态。

⑥相关体特征。相关体特征是指伴随某类图像同时出现的无固定纹理特征的相关图像，如沉船图像周围必然伴随有堆积和沟槽图像。

在充分理解声图的结构、分类和特征的基础上，建立各类典型声图的判读特征。反复识别、熟悉各类典型声图的判读特征及其数量和排列组合特征，能够在大脑中形成深刻的印象。具备判读声图的基本技能后，还需结合相关理论知识，在判读过程中逐步深化。在判读声呐图像时，还应特别注意参考作业过程的详尽记录，过滤非目标图像，筛选出所需的目标图像。一般可采用以下四种方法判读声呐图像：

①直接判读法：利用判读特征，直接对一张声呐图像判读目标和地貌；

②对比判读法：把粗扫测与细扫测的声图进行对照比较来判读声图中的目标和地貌；

③邻比判读法：把两次扫测的重叠带图像相拼接，对照比较判读目标和地貌；

④逻辑推理判读法：根据扫测区的水体情况、潮流和气象等动力因素、海底底质分布

状况、海区特点及海底地貌、海事资料，并结合扫测记录，来判读声图的目标和地貌图像。

7.5.3　图像目标位置的确定

目标判读之后还要对其地理位置进行确定，有条件时还需估计目标的高度。通过拖鱼的位置、拖鱼和目标的相对位置关系，经过换算即可实现对海底目标的定位；目标的高度可通过声呐的几何关系来表达。

声呐图像除了可以直观地给出目标形象之外，还可以计算目标的形状、尺寸和深度等几何信息。不管拖鱼采用拖曳式还是舷挂式的安装方式，根据测船导航位置、拖缆长度、拖鱼入水深度或拖鱼偏移量等信息，可以较容易地估算出拖鱼的瞬时位置。

海上作业受外界环境影响大，其中风影响船的航向和姿态，海流还会对拖缆、拖鱼产生影响。实验证明，潮流的影响远大于风的影响。因此，拖曳式作业时如果风、流较大，应进行风流压差角改正。

如图 7-31 所示，目标阴影的长度为 R_{ot}，换能器中心至海底的垂直距离为 H_f，波束到达目标的斜距为 R_{fo}，目标到达换能器中心垂线的水平距离为 S，设测船航向为 A，位置为 (x, y)，采用一级近似，则目标的高度 H_0 和位置 (x_{op}, y_{op}) 为：

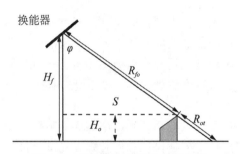

图 7-31　换能器与目标的位置关系

$$H_o = \frac{R_{ot}}{R_{fo} + R_{ot}} H_f \qquad (7.25)$$

$$\begin{cases} x_{op} = x - S\sin A \\ y_{op} = y + S\cos A \end{cases} \qquad (7.26)$$

其中，$S = \sqrt{R_{fo}^2 - (H_f - H_o)^2}$。根据图像中目标的大小 $d_{图}$，结合图示比例 Scale，实际目标的尺寸 $d_{实际}$ 为：

$$d_{实际} = d_{图} \times \text{Scale} \qquad (7.27)$$

上述通过拖鱼来计算目标的位置，其精度还受拖鱼本身位置精度的影响，除了风、流外，还有声速误差、船位误差、拖缆的弹性误差等。如果测船和拖鱼之间配置有水声定位系统，例如水下超短基线定位系统(USBL)，可以更准确地得到拖鱼的位置；如果拖鱼再配置有高精度姿态传感器，给拖鱼提供更准确的瞬时姿态，则大大改善声图中目标的定位精度。由于增加了传感器，系统成本较高，这种方式主要应用于深拖系统，如图 7-32 所示。

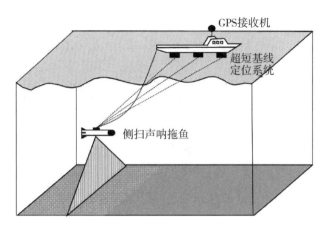

图 7-32　水下定位系统与侧扫声呐组合测量示意图

7.6　声波回波强度与底质类型的关系

回波强度是目标或底质类型、声波束频率和入射角的函数。不同的底质类型(基岩、砾石、砂、泥等),由于其粒度大小、孔隙度、密度等物理属性的不同,即使对相同入射方向和强度的声波信号也会产生不同的反向散射强度(或振幅)回波信号。它依赖于声波入射角、海底粗糙度、沉积物的声学参数(如密度、声速、衰减、散射等)以及声波在水体中的传播状况,反映了海底不同底质类型特征(唐秋华,2009)。由此可见反向散射强度和底质类型之间具有一定的对应关系。但是,基于不同区域的同一种沉积物,由于其含水量、密度和力学强度等物理特性以及海底沉积环境的不尽相同,会产生不同的反向散射强度,因此并不能简单地通过建立反向散射强度与底质类型的关系进行海底底质分类。

根据声呐方程,可计算获得纯粹反映海底底质特征的"纯"反向散射强度信息 BS_o,为海底底质类型划分以及地貌解释提供基础数据和判读依据。设回收信号的能级为 EL(Excess Level),它可认为是声照区无限多个点反射器反射能量的和(Hellequin,1998)。

$$EL = SL - 2TL + BS - NL + DI \quad (dB) \tag{7.28}$$

波束在传播过程中,随着球形扩展和海水的吸收,传播损失为:

$$TL = 20 \lg R + \alpha R \quad (dB \quad re \quad 1m) \tag{7.29}$$

式中,α 为吸收系数,是声波频率、海水浑浊度等参数的函数;"re 1m"表示距离声源1m 处。

当回声水平高出噪声水平(NL)一定数量时,接收换能器才能检测和接收到回波信号。NL 的能级水平为:

$$NL = N_0 + 10 \lg BW \tag{7.30}$$

式中,N_0 为环境噪声的谱能级,BW 为接收机的带宽。

将式(7.20)代入式(7.28),则有:

$$EL = SL - 2TL + BS_B + 10 \lg AE - NL + DI \tag{7.31}$$

将式(7.15)、式(7.21)代入式(7.31)，得：

当 $\theta \leqslant 5°$ 时，

$$EL = SL - 2aR - 20\lg R + BS_n + 10\lg\theta_T\theta_R - NL + DI \tag{7.32}$$

当 $\theta \geqslant 25°$ 时，

$$EL = SL - 2aR - 30\lg R + BS_0 + 10\lg\frac{c\tau\theta_T\cos^2(\theta-25)}{2\sin\theta} - NL + DI \tag{7.33}$$

当 $5° < \theta < 25°$ 时，EL 根据 BS_B 的变化而变化，参见式(7.15)。由以上两式可知，声呐方程具有计算系统探测距离的能力，还能反映海底底质类型的变化，因而具有解释海底地貌的作用。

7.6.1　海底反向散射强度的影响因素

根据声呐方程式，发射波束与海底的直接作用体现在 BS 项上，它可理解为海底介质对声波反射和散射能力的一种反映。根据式(7.20)，海底对声波的散射强度与声波在海底的照射面积 AE 有关，还与海底物质的物理属性 BS_B 有关。BS_B 可表达为：

$$BS_B = EL - SL + 2TL + NL - DI - 10\lg AE \tag{7.34}$$

只要能够准确获得式(7.34)右边各项，便可求得 BS_B，再根据其与海底物质的关系，则可以反演海底不同底质类型的区域分布，即海底底质分类。声学底质分类是通过遥测海底沉积物的声学特性(如反射系数、声速、衰减、散射等)来了解其物理特性(如底质类型、粒度大小等)，它具有工作效率高，获取资料连续、丰富等特点，为海底底质分类提供了一种迅速而可靠的方法。多波束声呐不仅能获取高精度的水深数据，还能同时获得高分辨率的海底反向散射强度数据。多波束声呐图像具有高精度的几何位置和海底反向散射属性，因此利用多波束进行底质分类具有较大的优势。

BS_B 不仅与海底类型有关，还与波束的入射角有关，式(7.15)描述了 BS_B 与入射角的关系。图 7-33 显示了实测的海底不同底质的平均反向散射强度随入射角的变化(金绍华，2014)。

由于声呐通常是条带式的扫测，一次条带成像，每个波束声照区通常只对应一个入射角。在未知海底底质类别的情况下，如果要完全确定某种底质类型的反向散射强度与入射角的关系，需增加扫测趟的次数，缩小测线间距，使得声呐图像同一像点对应多个入射角，但这种情况下增加了作业时间和成本，因此实际作业时以不同入射角多次测量同一区域是不太现实的。

海底不同类型的 BS_B 与入射角关系曲线还可能相交，如图 7-34 所示，因此简单地通过式(7.34)确定反向散射强度与底质特征之间的关系进行底质分类是不够科学严谨的，可能会造成分类失败。应根据实际情况，构建适合测区场景的反向散射强度与底质类型特征之间数学关系模型，获取不同入射角反向散射强度与底质类型之间的改正系数，并将其应用到声学底质分类中，从而提高分类精度(Goff 等，2000；Gonidec 等，2003；Collier 等，2005)。一般情况下，可采用其他手段获取测区适当分布的少量真值数据，如底质取样、海底照相，应用多元统计分析方法详细分析沉积物的粒度大小、孔隙度等特征矢量与反向散射强度之间的关系，从而构建反向散射强度与底质类型特征之间的数学关系模型。

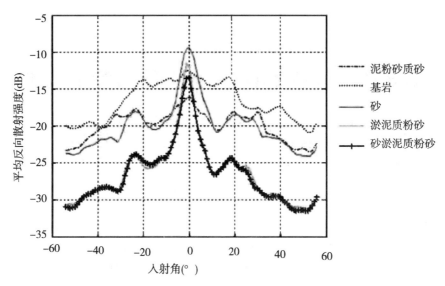

图 7-33 平均反向散射强度随入射角变化

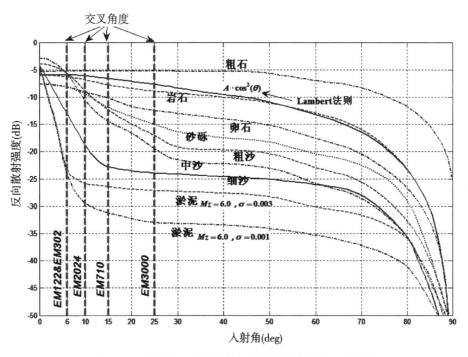

图 7-34 海底反向散射强度与底质特征之间的一般关系

第8章 机载 LiDAR 水下地形测量技术

水下地形测量的发展与测深手段的不断完善是密切相关的。传统的水下地形测量主要利用船载声学测量手段，包括单波束测深和多波束测深。由于声学信号本身特性的限制，采用船载测深手段，测量速率低、精度低和成本高等问题突出，难以进行灵活、快速的大面积测量。

机载激光测深简称"测深 LiDAR"（Bathymetric Light Detection and Ranging），是近二三十年发展起来的海洋测深技术之一。机载 LiDAR 测深技术是集成激光、GNSS、自动控制、航空、计算机等前沿技术，以飞机为搭载平台，从空中发射激光来探测水深的先进测深方法。该技术具有精度高、覆盖面广、测点密度高、测量周期短、低消耗、易管理、高机动性等优点，是在浅海、岛礁、暗礁及船只无法安全到达水域等区域进行快速高效水深测量最具发展前途的手段之一，在近海浅水区域，具有广泛的应用发展前景。本章主要介绍机载 LiDAR 测深工作原理、数据采集过程与处理方法。

8.1 机载 LiDAR 测深工作机理

机载 LiDAR 测深系统是利用机载激光发射系统发射激光信号，对海面进行扫描测量，通过接收系统探测海面和海底的激光回波信号，并经过光电转换和信号处理，从而确定海底地形和海水深度的工作系统。

8.1.1 激光扫描测量技术分类

激光扫描测量技术克服了传统的测量技术限制，无需合作目标，采用非接触主动测量方式直接获取高精度的三维数据，能够对任意物体进行扫描，具有扫描速度快、测点密度大、测量效率高、测量精度高、主动性强、不受白天和黑夜限制等优点。三维激光扫描测量技术被誉为"测绘领域继 GNSS 技术之后的又一次技术革命"（原玉磊，2009）。根据激光系统测量平台的不同，可分为地面固定式三维激光扫描、车（船）载激光扫描和机载激光扫描。

1. 地面固定式三维激光扫描测量技术

地面固定式三维激光扫描测量是通过在地面固定测站架设三维激光扫描系统对目标物体进行扫描测量来实现的。地面三维激光扫描系统由三维激光扫描仪、数码相机、扫描仪旋转平台、软件控制平台、数据处理平台及电源和其他附件设备共同构成，是一种集成了多种高新技术的新型空间信息获取手段。

三维激光扫描仪主要是由一台高速精确的激光测距仪和一组可以引导激光并以匀速角

速度扫描的反射棱镜构成。激光测距仪主动发射激光,同时接收经自然物体表面漫反射后,沿几乎相同路径返回的反射信号,从而得到每一个测点的斜距 S;精密时钟控制编码器同步测量每个激光脉冲横向扫描角度观测值 φ 和纵向扫描角度观测值 θ。根据获取的斜距和扫描角度数据(图 8-1),即可得到测点在扫描仪坐标系(X 轴在横向扫描面内,Y 轴在横向扫描面内与 X 轴垂直,Z 轴与横向扫描面垂直,构成右手坐标系)下的三维坐标。若结合测站点的已知地理坐标,即可将测点从相对坐标转换到地理坐标系下。此外,根据反射信号的反射强度,与经过校正的彩色相片相结合,还可得到激光点的颜色匹配信息。

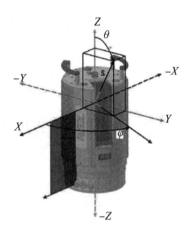

图 8-1　扫描坐标计算原理

测点在扫描坐标系下的坐标计算公式为:

$$
\begin{cases}
X = S \cdot \sin\theta \cdot \cos\varphi \\
Y = S \cdot \sin\theta \cdot \sin\varphi \\
Z = S \cdot \cos\theta
\end{cases}
\tag{8.1}
$$

2. 车(船)载激光扫描测量技术

车(船)载激光扫描测量是通过车(船)载激光扫描系统对目标物体进行移动式扫描测量来实现的。车(船)载激光测量系统主要包括车辆或船只、车(船)载稳定平台、主控计算机、时间同步控制系统、激光扫描仪组、CCD 相机组、GNSS 模块、IMU(惯性测量单元)、测量信息数据库等。

车(船)载激光测量系统将多传感器集成到车(船)载平台上,在载体行进过程中,扫描仪在垂直于行驶方向作二维扫描,以载体行驶方向作为运动维,构成三维扫描系统;GNSS/IMU 构成组合导航系统,实时提供平面位置和运动姿态参数;CCD 相机同时进行彩色图像连续采集。经过上述多传感器数据融合后输出具有绝对地理坐标及色彩信息的三维场景,可以快速获取大范围的点云模型并实现与 GIS 系统的数据对接。

3. 机载激光扫描测量技术

机载激光扫描测量技术通过机载激光扫描系统从空中向地面发射激光束来探测地面、海面或海底上的物体,后两种称为机载 LiDAR 测深技术,后面将详细叙述,这里先以陆地测量为例来简要介绍机载激光扫描测量原理。

机载激光扫描系统(Airborne Laser Scanner，ALS)是一种集激光、GNSS 和惯性导航系统(INS)三种技术于一体的系统，用于获得数据并生成精确的 DEM(张永合，2009)。系统组成包括激光测距仪、GNSS 接收机、惯性测量单元(IMU)、激光器机械扫描系统、数码相机和配套的计算机及其软件。

系统工作原理为：通过飞机上搭载激光扫描设备，沿着飞机飞行方向对地物实现激光沿航线的纵向扫描，再通过扫描旋转棱镜实现横向扫描；同时，利用 GNSS 定位系统提供的飞机精确位置信息和 INS 提供的飞行姿态数据(航向、侧滚、俯仰和加速度)，可获取大范围带状区域内的地物点云数据(李树楷，2000)。系统工作原理如图 8-2 所示。

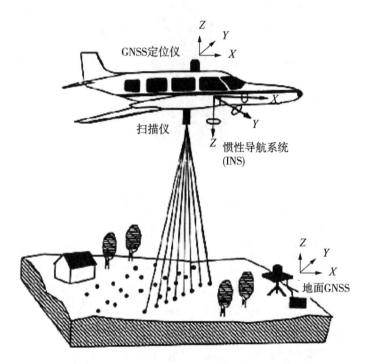

图 8-2　机载激光扫描系统工作原理图(Carms，2010)

机载 LiDAR 测深的优点主要体现在以下几个方面：

①浅水测量能力较强。最小探测深度可达 0.15m，可实现船只无法到达的浅水海域的水深测量。

②测深效率与海域水深无关。常规的多波束测深系统测幅一般为水深的 4~8 倍，而机载测深的测宽是固定的，仅与飞行高度及宽度比有关，在飞行高度为 600m 的情况下，扫宽能够达到 320m。

③测量效率高，测点密度大，测量成本低。据统计，在浅水中机载 LiDAR 测深的成本仅为多波束的 6%~10%；多波束系统每小时可以测量 0.5km² 海域，而机载 LiDAR 测深系统可以完成 8~12km² 的测量任务，且测点密度能够达到分米级(Niemeyer，2014)。

④可以高效地获得水上水下一体化地形数据。机载 LiDAR 测深通过近红外激光获得陆地及水面高程，蓝绿激光探测水底，大大提高了水上水下一体化地形无缝拼接的效率，如图 8-3 所示。

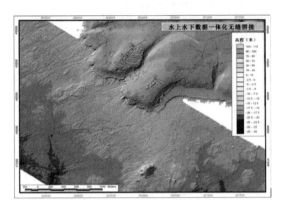

图 8-3　水上水下数据一体化无缝拼接效果图(Steven，2007)

目前，陆地上的激光探测已经达到相当完善的程度。然而，在海洋领域由于受海洋环境因素的制约，其应用程度尚不及在陆地广泛。

8.1.2　系统组成与工作原理

测深系统以飞机为搭载平台，一般为固定翼飞机和直升机，机动性能好，加之采用激光扫描、GNSS 和惯性导航技术，能实现快速大面积高密度扫描，被海洋大国广泛应用于沿岸大陆架海底地形测量之中。除了常规的海底地形测量之外，机载 LiDAR 测深的高覆盖率决定了它还能提高航行障碍物的探测率，水下运动目标(如潜艇)的发现概率。对无深度信息的登陆场，机载 LiDAR 测深可迅速、安全地获取信息，从而提高快速反应部队的作战能力。机载 LiDAR 还可用来测量海区的混浊度、温度、盐度。在海洋工程中，机载 LiDAR 测深可以测定港口的淤积等。

当然，由于海水对激光吸收和散射严重，使得机载 LiDAR 测深系统的测量深度有限，机载 LiDAR 测深并不能取代传统的回声测深，在深海水域仍需要船载声学等传统测深方法。所以，机载 LiDAR 测深系统的作用是补充船载海洋测深能力的不足。在近海，机载 LiDAR 探测技术或许是最有效的直接水深测量方法之一。

1. 系统组成

机载激光测深系统主要由两部分组成(叶修松，2010)：机载系统(图 8-5)和地面处理系统(图 8-4)。机载系统包括激光收发器、扫描器、光学接收、数据采集、控制和实时显示等多个分系统。地面处理系统主要完成数据的后处理，包括深度信息处理、飞机姿态校正等，并最终产生数字产品，如海底地形图、海图、剖面图、DEM 等。若具体划分，激光测深系统还可分为六大组成部分：

①测量系统：由激光收发器、扫描棱镜等组成；

②定位和测姿系统：多采用 GNSS/IMU 组合导航系统进行定位和测姿；

213

　　③数据处理分析系统：由高度计数器、深度计数器、数据控制器等组成，用于记录位置、水深以及其他数据；

　　④控制-监视系统：包括系统监视仪、导航显示器、控制键盘、数据显示器等，由操作员在控制平台对系统进行实时控制和监视；

　　⑤地面处理系统：包括计算机、系统控制台、制图系统等，对采集的数据进行处理并出图；

　　⑥飞机与维护设备：飞机与维护设备也属于系统的一部分，飞机要提供飞行状态参数和工作电源。

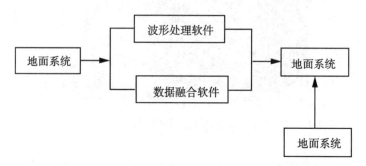

图 8-4　地面处理系统

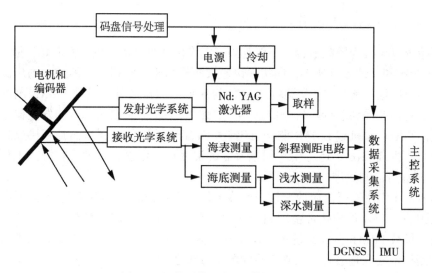

图 8-5　机载系统组成(叶修松，2010)

2. 系统工作原理

1)扫描测量

　　机载 LiDAR 测深系统一般采用扫描方式测量(图 8-6)，通过扫描镜的局部运动，实现测深点的条带式展宽。目前国际上常用的扫描方式主要有类圆锥扫描和直线扫描两种(叶修松，2010)。类圆锥扫描的轨迹为圆形线或椭圆螺旋线，如 ABS 系统、SHOALS 系统和 LARSEN 500 系统均采用圆形扫描方式(图 8-7)；直线扫描方式(图 8-8)轨迹为横向平行线,如澳大利亚的 LADS MKII 系统。飞行测量时,高频激光雷达采用横向扫描方式发射,在垂直于飞行方向以数百米的扫描带、很小的扫描间隔进行数据采集,从而达到全覆盖测深的目的(昌彦君,2002)。

图 8-6 机载 LiDAR 测深系统扫描测量

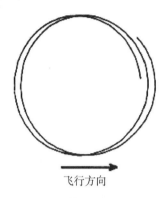

飞行方向

图 8-7 圆形扫描方式

扫描方向

飞行方向

图 8-8 直线型扫描方式

以椭圆形扫描(图 8-9)为例,其系统结构比较简单,激光器输出 1064nm 和 532nm 激光,通过扩束镜后,激光束到达高速旋转的反射棱镜,经发射在海面形成椭圆形激光脚点。角度编码器与反射镜一起固定在反射镜驱动电机的转轴上,以便统计反射镜转过的角度 ϕ。反射镜法线与驱动电机转轴呈一定夹角,驱动电机的转轴与水平线成 45°倾角,激光水平入射且位于或者平行于驱动电机转轴所在的垂直面。这样水平入射的激光束经反射棱镜反射后会以不同的方向折向海面,从而实现大范围扫描。同时,扫描镜将海面和海底反射信号反射给接收系统,用于计算水深。

扫描测量时,可通过设置激光发射频率和扫描角度等系统参数,调节测点密度和条幅宽度。结合飞行器高度和速度,根据测量的目的可在测点密度和条幅宽度之间取得合理匹配。测点密度大,条幅宽度需变窄,飞行速度也受到限制;测点密度降低,覆盖率成倍增加。

2)姿态测量

姿态测量是指通过 INS 来测量飞机的姿态数据(航向、横滚、俯仰和加速度)。INS 是由惯性测量单元(Inertial Measurement Unit,IMU)和导航电脑组成。IMU 包含三个单轴的

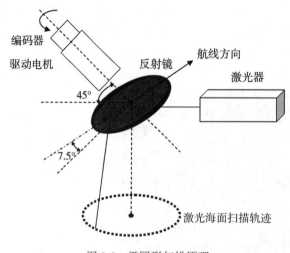

图 8-9　椭圆形扫描原理

加速度计和三个单轴的陀螺加速度计。加速度计用来对比力进行测量，以确定载体的位置、速度和姿态信息。陀螺仪的配置，既可以建立参考坐标系，也可以用来监测载体相对于导航坐标系的角速度信号。这些信号传输至导航电脑进行系统误差补偿之后完成相对姿态矩阵计算、重力改正、加速度积分及速度积分等计算，从而输出载体在导航坐标系中的定位导航与姿态信息，包含三个位置、三个速度及三个姿态(刘春，2009)。

INS 需要初始位置及姿态供加速度的转换及积分运算。载体的初始位置可通过 GNSS 给定，但初始姿态则需花费一定时间进行初始对准；初始的水平姿态可由加速度计在完全静止的模式下的输出来决定，而初始的方位角则要通过陀螺监测地球自转的速度来计算。初始化结束后，在飞机飞行过程中，IMU 能实时提供横滚、俯仰和航向信息，这些姿态数据都具有精确的时间标记，经记录后用于数据后处理。

3) 定位测量

差分 GNSS(DGNSS)接收机实时记录飞机的位置信息，主要作用有三个：①提供激光扫描仪传感器在空中的精确三维位置；②为 INS 提供外部数据，消除 INS 中陀螺系统的漂移并同时参与陀螺系统的修正计算；③为导航显示器提供导航数据(刘春，2009)。

目前，机载 LiDAR 测深系统大多采用 GNSS/IMU 组合导航来定位，DGNSS 和 IMU 都能进行定位。DGNSS 测量精度高，误差不随时间积累，但动态性能较差(易失锁)、输出频率较低；而 IMU 能够连续定位，但是定位误差随时间积累。可以看出 DGNSS 与 IMU 在定位方面正好互补，将两个系统的数据进行融合，可得到高精度、高可靠性的位置数据，IMU/DGNSS 数据处理主要通过卡尔曼滤波来实现，通常将融合后的系统称为 POS。

4) 水深测量

机载 LiDAR 测深技术是一种主动式遥测技术，利用光在海水中的传播特性。研究表明，波长为 520~535nm 的蓝绿光被称为"海洋光学窗口"，海水对此波段的光吸收最弱。正是利用这一特性，研制开发了利用蓝绿激光进行水深测量的机载 LiDAR 测深系统，按照波段数量可分为双色和单色激光机载 LiDAR 测深系统。

（1）双色激光测深

双色激光机载 LiDAR 测深发展较早，其利用装在飞机下部的激光发射器经扫描反射镜向海面以扫描测量的方式发射激光脉冲，激光脉冲以一定角度倾斜向海面入射，激光束分为波长为 1064nm 红外光和波长为 532nm 的蓝绿光。以红外光与蓝绿光共线扫描为例，红外光与蓝绿激光向下发射，到达海面后，红外激光因无法穿透水面而被海面反射，且沿入射路径返回，被光学接收系统所接收；蓝绿激光以一定的折射角度穿透海面而到达海底，并被海底反射沿着入射路径返回，亦被光学接收子系统接收。光电检测子系统测得红外激光和蓝绿色激光返回的时间，结合蓝绿激光的入射角度、海水折射率等因素进行综合计算，即可获得测量点的瞬时水深值（图 8-10）。再与 GNSS 测得的定位信息、INS 测得的飞行姿态信息（侧滚角、俯仰角和航向）、潮汐数据等进行综合处理，就可得到测量点在地理坐标系下的位置和基于深度基准面的水深值，最终得到 X、Y、Z 格式的数据，可导入 CAD、GIS 软件或者其他数字地形成图软件进行成图。

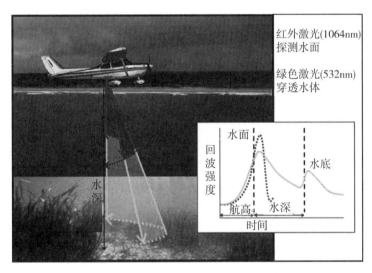

图 8-10　机载 LiDAR 测深原理图（Kuus，2008）

由于是共线扫描，蓝绿激光返回的时间扣除红外光返回时间后，可得到蓝绿光在水中的往返传播时间（图 8-11）。

由光学知识可知，根据激光入射角 θ_i，激光在空气中的折射率 $n_{空气}$ 和海水对激光的折射率 $n_水$，可求出折射角 θ_i'：

$$\theta_i' = \arcsin\left(\frac{n_{空气}}{n_水} \cdot \sin\theta_i\right) \tag{8.2}$$

激光在海水中的传播速度为：

$$c_水 = \frac{c}{n_水} \tag{8.3}$$

式中，海水折射率 $n_水$ 在波长 532nm 处的值为 1.334；c 为激光在真空中的速度。探测得的

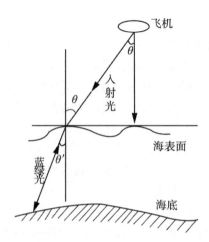

图 8-11　机载 LiDAR 测深激光传播路径示意图

瞬时水深值 D 的计算公式可表达为：

$$D = \frac{1}{2} \frac{c}{n_{水}} \cdot \Delta t_i \cdot \cos\theta'_i \qquad (8.4)$$

式中，Δt_i 为所接收红外光与蓝绿光的时间差。

测深点归位涉及多个坐标系的转换，包括扫描仪坐标系、惯性导航坐标系、载体坐标系、当地水平坐标系和大地坐标系等。通过这几种坐标系的旋转转换，最终将测点归算到大地坐标系下，详见第 2 章。

对扫描仪坐标系而言，其原点位于激光发射（接收）参考点，X 轴指向飞机飞行方向，Y 轴指向右机翼，Z 轴垂直于 XY 平面向下，$O\text{-}XYZ$ 构成右手系。测点在扫描坐标系下的相对位置归算简单描述如下：

$$\begin{bmatrix} x_i \\ y_i \\ z_i \end{bmatrix}_{SM} = \begin{bmatrix} 0 \\ \dfrac{1}{2}c \cdot \Delta t_i^{IR} \cdot \sin\theta_i + \dfrac{1}{2}\dfrac{c}{n_{水}} \cdot \Delta t_i \cdot \sin\theta'_i \\ \dfrac{1}{2}c \cdot \Delta t_i^{IR} \cdot \cos\theta_i + \dfrac{1}{2}\dfrac{c}{n_{水}} \cdot \Delta t_i \cdot \cos\theta'_i \end{bmatrix} \qquad (8.5)$$

式中，x_i，y_i，z_i 为第 i 个测点在扫描仪坐标系中的坐标，Δt_i^{IR} 为第 i 束激光往返时间差。

（2）单色激光测深

早期的机载 LiDAR 系统采用双色激光的原因，是 532nm 的蓝绿激光在海面反射微弱，无法得到准确的海面回波的旅行时间。但采用单色激光作为发射源，即简化系统结构，又不需双色激光同步，从而提高测深精度，因此采用单色激光是机载 LiDAR 测深系统追求的目标。随着技术的进一步发展，当前出现了单色激光机载 LiDAR 测深系统，仅采用一种波长为 532nm 的蓝绿激光作为激光器发射光源。装载在飞机上的半导体泵浦大功率、高脉冲重复率的 Nd：YAG 激光器发射大功率、窄脉冲的蓝绿激光，一部分激光到达海面后反射回激光接收器，另一部分激光束穿透水体到达海底，经海底反射后，被激光接收器接收。根据海面与海底反射激光到达接收器的时间差，即可计算出海水的深度（翟国君，

2014)，其原理与双色激光系统基本相同，只是减少了一色激光。

8.1.3 系统关键性能参数

测深系统一般可以获得 8m×8m 密度的测深数据，在降低飞行高度的情况下可获得 2m×2m 甚至更密的数据，测深精度能满足 IHO S-44 一级测深标准。

1. 最大穿透深度

相对于声波，激光在水中吸收较快，机载 LiDAR 测深系统一般最大仅能探测几十米的水深。最大穿透深度是衡量测深系统性能的一项重要指标，系统测深能力主要取决于水质参数和系统参数（如航高、接收视场角等）。系统理论最大探测深度可表达为：

$$L_m = \ln(P_m/P_b)/(2\Gamma) \tag{8.6}$$

式中，P_b 为背景光功率，Γ 为海水有效衰减系数，P_m 是一个系统参量，其值可表达为：

$$P_m = \frac{P_L RA\eta}{\pi H^2} \tag{8.7}$$

式中，P_L 为激光峰值功率，R 为海底反射率，A 为接收面积，η 为接收效率，H 为航高（刘士峰，1999）。P_b 和 Γ 取决于海区自然条件与海水特性，背景噪声 P_b 与阳光有关。

上式计算的最大穿透深度仅仅是理论上的，首先背景光信号功率不易估计，其次海底反射率随海底状况的不同也有很大变化。实际中，一般多用塞齐盘透明度（Secchi Disc Depth）来推算激光最大穿透深度，塞齐盘透明度是通过塞氏盘法测定的，即利用一个白色圆盘逐渐沉入水中，直至刚好看不到盘面白色时记录的深度。一般认为，对于典型的机载 LiDAR 测深系统，在清水中（塞齐盘透明度>8m），激光最大穿透深度为 2~3 倍塞齐盘透明度，在浑浊的海水中，激光最大穿透深度为塞齐盘透明度的 3~5 倍（李松，2002）。目前机载 LiDAR 测深系统的测深能力最大可达 80m（王越，2014），一般在 50m 左右，测深精度在 0.3m 以内。当然，浑水影响系统最大探测深度，反过来，利用其最大探测深度也可反演海水浑浊度，其成果对环境保护部门非常有用。

2. 最浅探测深度

对于机载 LiDAR 测深系统，由于激光脉冲宽度的限制以及近水面区域反向散射信号的叠加，在极浅区域，海表面和海底信号将"混叠"在一起，无法辨认是海表面信号还是海底信号，从而使其存在最浅探测深度。要想实现高精度的陆海无缝拼接测量，机载 LiDAR 测深系统必须具备良好的最浅水深探测能力。对海岸带测绘等浅海测量应用来说，机载 LiDAR 测深系统的一个重要指标是最浅探测深度。能够得到较浅的水深，对于研究海岸带变化、沙滩变迁等具有重要作用。随着科技的发展，系统最浅水深探测能力已经从最初的 2m 提高到目前的 0.2m、0.15m。现阶段，加拿大 Optech 公司研发的 CZMIL 系统的最小探测深度达到 0.15m。

提高机载 LiDAR 测深系统的最浅探测能力，关键问题在于如何从叠加的回波信号中准确分离海表面和海底反射信号。目前的主要解决办法是采用窄激光脉冲、高速探测器、小接收视场角、窄带干涉滤光片和正交偏振方式接收信号，这样可以改善海表和海底反射信号的叠加（姚春华等，2004），使信号分离变得相对简单，从而降低了系统的最小探测深度。

3. 测点密度

测点密度是数据质量优劣的一个关键影响因素。机载激光测深点密度 ρ（每平方米测点个数）可表示成：

$$\rho = \frac{r}{2v\left[\sin 0.5\varphi(\tan\theta \cdot H)\right]} \tag{8.8}$$

式中，r 为激光重复频率；v 为飞机飞行速度；H 为飞机航高；φ 为扫描角度；θ 为波束天底角。

在一定的飞行高度、速度和扫描角条件下，激光的重复频率与测点密度成正比。可见，在机载激光测深系统中，激光器的重复频率是一个非常重要的系统参数，它直接影响到系统的测量点间隔大小。因此，研制大功率高重复频率激光器是提高测深点密度的有效方法，但也是难点。现阶段机载 LiDAR 测深激光重复频率已达到 550kHz，测深点密度达到了 $0.12\text{m} \times 0.12\text{m}(69\ \text{points}/\text{m}^2)$。

4. 测深精度

测深精度是海底地形测量或水深测量重中之重的参数。2009 年 8 月，瑞典 Airborne Hydrography AB（AHAB）公司进行了机载 LiDAR 与多波束测深比对实验，为两系统的测深精度比较及分析提供了宝贵的数据资源。

实验中，机载 LiDAR 测深采用 Hawk Eye II 系统，测深频率为 4kHz，水深测量精度为 0.25m（RMS），最大探测深度为 2~3 倍圆盘透明度，飞行高度为 250m 时，测深点密度能够达到 1.8m×1.8m；多波束测深采用 Simrad EM 系统。为了确保环境因素和天气状况的影响相等，实验在相同海域、相同时间段进行，然后对机载 LiDAR 和多波束获得的水深数据进行定量比对。通过分析得出结论：Hawk Eye II 采集的数据与多波束测深数据基本吻合，两系统采集的水深差异大部分集中在 10cm 之内（图 8-12），表明机载 LiDAR 测深能够满足海洋测绘的精度要求。

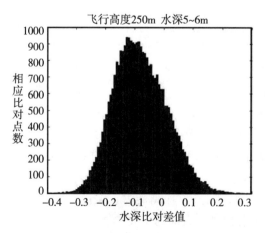

图 8-12　机载 LiDAR 与多波束的浅水测深精度比对（AHAB，2010）

8.2 系统校准及数据采集

8.2.1 系统校准

机载 LiDAR 系统主要由 GNSS 接收机、IMU、激光扫描仪等传感器组成,在飞机上安置各传感器后,各传感器之间由于几何中心不重合,主要轴向也不平行,存在系统性误差(张汉德,2011)。系统最大的误差就源于这些系统性误差,一般几何中心的偏移容易测量,不容易直接测量的主要是激光扫描仪与惯导系统安置角误差,即激光扫描仪坐标系与惯性平台参考坐标系不平行而引起的误差,包括航向角(heading)误差、俯仰角(pitch)误差、横滚角(roll)误差,这些误差会对测量结果产生系统性差异。为此,在系统工作前,必须进行系统的校准工作,精确地确定各设备之间的安置角。

机载 LiDAR 测深系统能够兼顾水部与陆部测量,由于激光在海洋中受各种地球物理环境因素的制约较大,获取的激光信息不如陆地准确;同时,考虑到陆地上特征物更为明显,因此系统校准时采用陆部校准为主,本节以陆部校准展开介绍,通过在地面布置检校场进行系统安置角参数检校。

1. 检校场选择

检校场选择原则如下:

①检校场选择需考虑飞行便利、测量方便等因素;

②检校场地形平坦,有规则地物标志和检查点(明显倾斜地形或地物,如尖顶房等);

③检校场内目标应具有较高的反射率;

④检校场面积不小于 2km×2km。

2. 检校布设

检校布设原则如下:

①检校测量条件:卫星数量≥10,PDOP≤5,基站距离≤30km;

②选择地形平坦且局部具有典型垂直倾斜地形或地物进行重叠飞行、平行飞行,平行航线重叠 30%~50%(图 8-13);

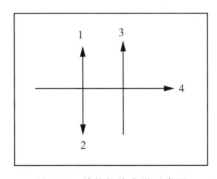

图 8-13 检校航线布设示意图

③检校航线中包括一条与②中航线垂直交叉的航线(图 8-13);

④检校飞行高度应尽量与测区飞行高度一致;

⑤检校飞行设备的视场角、脉冲频率等参数以测区飞行时使用的最大参数为准;

⑥在检校场内用 GNSS 测量若干个检查点,检查点应选在能准确判断点位且高程变化不大的地点;

⑦检校结束后,应飞一个验证航线对检校参数进行验证(也可结合实际项目进行),验证航线与检校航线的重叠率不小于 50%。

3. 安置角检校方法

选择好检校场后,根据检校原则,确定检校场及检校方案,根据预先布设的航线进行在航检校,可参考示意图 8-14(张汉德,2011)。

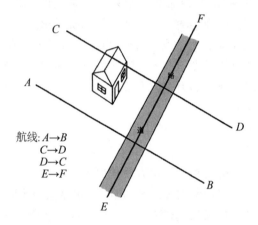

航线: $A \rightarrow B$
　　　$C \rightarrow D$
　　　$D \rightarrow C$
　　　$E \rightarrow F$

图 8-14　飞行试验航线图

(1)横滚角校准

横滚角安置误差的存在,使得水平面上的一条本来水平的扫描脚点连线倾斜,且会使被扫描物体的平面位置沿扫描方向(垂直于飞行方向)产生偏移。因此,可以利用水平特征地物(如平直公路、机场跑道等)的激光脚点数据来恢复横滚角安置误差(张小红,2007)。校准时,通过往返重叠航带的垂直于航向的平直特征地物来检校,其飞行方式如图 8-14 中 CD 和 DC 所示。往返飞行后,由于横滚角安置误差的影响,两条异向重合航带采集的道路数据会产生夹角,如图 8-15 所示。横滚角 r 的计算公式如下:

$$r = \arctan \frac{d}{2l} \tag{8.9}$$

式中,r 为横滚角改正值;d 为往返飞行时倾斜水平特征地物剖面的相对距离;l 为水平距离值。

(2)俯仰角校准

俯仰角安置误差的存在,使被扫描物体的真实位置沿垂直于扫描方向产生偏差,一般采用航线下方有尖角房屋的异向重合航线设计方法对俯仰角进行检校,飞行方式如图 8-14 中 CD 和 DC。由于俯仰角的存在,同一地物在往返飞行航带内的记录位置不相符(图

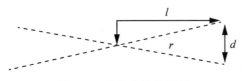

图 8-15 横滚角检校原理

8-16），往往是地物在其原位置沿航线方向发生位移，据此可得到俯仰角 p 的计算公式：

$$p = \arctan\frac{d}{2H} \tag{8.10}$$

式中，H 为平均航高；d 为同一地物中心位置在往返航带之间的距离。

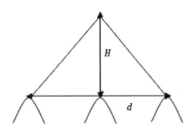

图 8-16 俯仰角检校原理

（3）航向角校准

航向角安置误差（偏航角）的存在，不但会使地物产生位移，还会使地物发生形变。对偏航角的检校一般采用航线下方有尖顶房屋的同向平行航线设计方法（飞行方式如图 8-14 中 AB 和 CD 所示），由于航偏对航线边缘的地物影响最大，对航线正下方的地物几乎没有影响，故选房屋人字顶时可选择位于两条航线的边缘重叠区域。如图 8-17 所示，由于偏航角的存在，位于实际地面上的尖顶房屋在两条航带内被记录在两个位置，通过量测两条航带尖顶房屋的不符值 d，同时量测出两条平行航线之间的距离 l，即可获得偏航角值 h：

$$h = \arctan\frac{d}{l} \tag{8.11}$$

8.2.2 数据采集

外业数据采集主要包括飞行计划与设计、外业测量两个过程。在外业数据采集开始前，应制订详细的工作计划，做好前期准备；机载 LiDAR 测深系统是多传感器融合系统，外业测量需多个传感器同时采集数据，并注意各传感器的实时质量控制。

1. 飞行计划与设计

飞行计划与设计是数据采集工作的重要组成部分，直接关系数据采集的质量和效率，主要包括：测区资料收集；设备准备；飞行航线设计；根据精度要求，确定飞机飞行高度

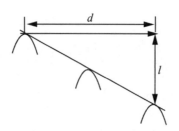

图 8-17　航向角检校原理

和速度；根据测区情况，确定地面 GNSS 基准站位置等(927 工程总体技术组，2010)。

(1)前期准备

飞行前对飞行区域及其邻近地区进行相关资料收集与实地踏勘，主要包括以下方面：

①飞行区域地图(海图)资料收集；

②飞行区域及其周边区域的潮汐资料收集；

③飞行区域的地形类别、开发现状等；

④飞行区域的行政区划、通信、交通和自然地理等情况；

⑤飞行区域及邻近地区内各类型地面控制点、GNSS 水准点的情况。

(2)航线设计

利用出版时间较近的地形图(海图)并根据飞行区域范围、地理环境及传感器技术参数，以满足成果的技术要求和精度要求来进行航线设计。

(3)地面 GNSS 基站布设

机载 LiDAR 测深系统一般采用差分 GNSS 方式进行定位，为提高系统定位精度，需要在测区内或一定范围内布设一台或几台差分 GNSS 基准站，与机载 GNSS 接收机同步观测，以对机载接收机的定位结果进行差分改正。

根据测量区域，收集测区内及测区附近现有的国家控制点。在此基础上确定需要联测的控制点。

2. 外业测量

机载 LiDAR 测深系统外业同步测量的数据包括地面基站的 GNSS 观测数据、激光扫描数据(得到水深或高程)、飞行姿态数据(俯仰、侧滚、航向)、载体定位数据以及数码相机的影像数据等。由于系统实时获取的水深数据为瞬时水深数据，还需在测区布设合理的验潮站同步获取测区潮位数据，以便进行潮位改正。

(1)GNSS 基站数据采集

根据基线长度确定观测时间。确认 GNSS 基站电池和其他设备的准备，设置采样率和卫星截止高度角。在做好准备工作后，进行数据采集工作。

(2)机载系统数据采集

机载系统数据采集前，将飞行计划导入飞行控制系统，并设置相关设备参数。通知基准站开启 GNSS 接收机，然后 POS 系统记录 5~10min 静态 GNSS 数据，进行测量初始化和 IMU 姿态置平初始化。对于可自动寻北的惯导/GNSS，可在静态观测后直接进入测区；对需要激活的惯导/GNSS，在进入测区前5~10min应飞行一个"8"字形航线完成寻北，作业完成后5~10min内再飞行一个"8"字形航线。

飞机进入测区后，按照预定航线飞行，实时监视设备工作状态，保证设备状态正常。整个飞行过程获取激光测量数据、水平位置数据、飞行姿态数据以及其他传感器数据。

（3）潮位观测

在飞机作业期间，需要根据测区范围及测区的潮汐特点等因素设立验潮站，同步进行潮位观测，其目的是对瞬时测深值进行潮位改正，以获得基于某一垂直基准面的水深或高程值。

8.3 点云数据的海底地形信息处理

机载 LiDAR 测深最终需要获得测量点在地理坐标系下的位置、高程或基于深度基准面的水深值，然而，在外业采集后，直接获得的是各传感器的测量数据，需进行各项归算，得到激光点云，并改正系统误差的影响，因此，需要对点云数据进行相应处理。下面简要介绍机载 LiDAR 测深点云处理过程。

机载 LiDAR 测深系统所获取的数据主要有激光测距数据、GNSS 数据、姿态数据和潮位数据等，其数据处理的基本流程是：首先从激光波形数据中提取飞机到海面及海底的相对斜距等信息，计算海面点和海底点在扫描仪坐标系下的相对位置；然后联合 GNSS 数据、姿态数据共同解算出激光在海面点和海底点的绝对地理位置；接着改正海面波浪的影响；最后，根据潮位观测数据，将海面至海底的瞬时斜距归算成海图图载水深或计算出海底点的高程。

1. 数据预处理

数据预处理主要是对各相关传感器的外业数据进行整理，得到相应的位置、姿态、角度等信息。通过外业测量，得到各传感器原始测量数据，对激光束入射角、激光回波、GNSS 定位和 IMU 姿态数据进行预处理。根据激光入射角度、折射率求出折射角度；对GNSS 定位数据和 IMU 姿态数据进行卡尔曼滤波，实现高精度的定位和定向；并对数据进行粗差剔除处理，为后续数据处理做好准备工作。

2. 信息提取

信息提取主要是从激光回波信号中提取有效的海面信号和海底信号。需要克服机载激光测深信号强度动态范围大、回波信号微弱、背景噪声干扰多等不利因素，将有效的微弱回波信号从噪声信息中提取和分离，通过分析和识别激光回波信号波形，确定回波信号从海表到海底的时间差和返回强度(翟国君，2014)。

这一数据处理过程需要明确分辨出海面信号和海底信号，需要信号具有较高的信噪比，要有较高的水深提取精度，这也是系统研制过程面临的一个难点。采用传统方法很难准确识别海底回波的拐点，如此势必影响水深测量的精度。解决问题的方法主要有两方面：第一，采用自适应阈值以及匹配滤波方式，提高检测准确性；第二，采用灵敏度高的激光器元件，提高信号检测的精度。

3. 数据同步

数据同步是将各个传感器采集数据的时间统一到参考的标准时间下（刘钊等，2009），实现多源数据按时标——对应，以保证数据的统一性。这是多传感器集成的基础，是数据融合的关键，如果时间同步没有控制好，会导致后续点云错位、变形。一般采用 GNSS 秒脉冲信号作为标准时标，实现各传感器的时标同步。

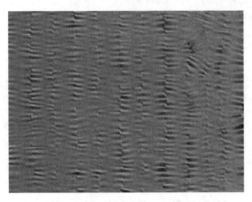

图 8-18　数据同步紊乱的测深效果图

除确定标准时标外，还存在各传感器测量频率不同或时延的问题。当前激光测深的测量频率已达 550kHz，测深数据量巨大，GNSS/INS 更新频率相对有限，一般不超过200Hz。因此，机载 LiDAR 测深数据与 GNSS 定位、姿态数据同步处理时，需要进行GNSS、姿态数据内插，从而实现机载 LiDAR 测深数据与 GNSS 数据、姿态信息——对应，为接下来的空间配准提供数据源。而各传感器的时延通常较小，在系统校准后时延误差可忽略不计。

4. 空间配准

空间配准的实质是利用多源数据实现坐标转换，将原始激光数据与 IMU/GNSS 解算结果相结合，并加入检校参数进行校正，计算出每束激光测点的三维地理坐标，由此获得所需的点云数据。

空间配准的过程中实现了载体姿态效应改正。机载 LiDAR 测深属高动态条带式测量系统，这种动态效应无疑增大了数据后处理的复杂性。因此要通过对这种动态测深技术涉及的空间结构分析和研究，建立起严密的测深数学模型，在此基础上通过引入惯导坐标系和当地水平坐标系来描述载体的姿态，通过载体的姿态角、激光扫描装置的扫描角来计算确定测点位置和深度值。

机载 LiDAR 测深系统最初获得的点云数据是扫描仪坐标系下的坐标，需要通过坐标转换，将扫描仪坐标系下的坐标经惯导坐标系、当地水平坐标系转换到大地坐标系下，以此获得地理坐标系下的点云数据。具体参见第 2 章，本节不再赘述。

5. 波浪改正

机载 LiDAR 测深最初获得的海水深度为瞬时海面深度，受波浪和潮汐影响，因此必须进行相应的深度归算。波浪改正是机载 LiDAR 测深技术中关键的测量环境改正，改正精度的高低直接影响测深系统的整体测量精度水平。波浪信息需要通过机载 LiDAR 测深系统测量的数据计算获得(胡善江,2007),结合潮位改正最终获得海底点的精确高程和对应的水深信息。波浪改正和潮汐改正的目的是为了通过平均海面的高程来计算海底点的高程,或者推估深度基准面来得到图载水深。如果仅需得到海底点的大地高,则不需波浪与潮汐改正。机载 LiDAR 测深系统的空间结构如图 8-19 所示。

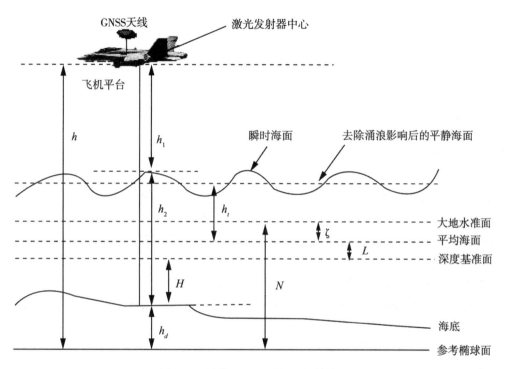

图 8-19　机载 LiDAR 测深空间结构图

具体的波浪改正方法主要有三种:无修正法、滤波法和惯导辅助修正法(Guenther,2000;欧阳永忠,2003;陈卫标,2004),下面分别进行介绍。

(1)无修正法

无修正法,即不进行波浪和潮汐改正,基于 GNSS 能够提供机载平台高精度的三维坐标,采用海底作为过渡面,直接得到海底点的高程和对应的水深,其深度归算过程完全避开了波浪改正项和潮汐改正项的干扰,不需同步验潮,缺点是需已知大地水准面高度和海面地形高模型信息。无修正法的具体计算过程如下:

①由 h、h_1、h_2 计算海底点的大地高 h_d:

$$h_d = h - h_1 - h_2 \qquad (8.12)$$

②利用大地水准面模型和海面地形模型计算平均海面高度(即平均海面至参考椭球面的距离)h_m 为:

$$h_m = N - \zeta \qquad (8.13)$$

其中,N 为大地水准面高度(即大地水准面至参考椭球面的距离),ζ 为大地水准面与多年平均海面的差异(即海面地形)。

h_m 的计算, 除以上方法外, 也可直接由卫星测高手段求得, 或是通过在沿岸验潮站附近的水准点上进行 GNSS 高程测量间接求出。

③由 h_d 和 h_m 计算海底点相对平均海面的距离:

$$H_m = h_m - h_d \tag{8.14}$$

④计算海底点相对于深度基准面的深度 H 为:

$$H = H_m - L \tag{8.15}$$

其中, L 为平均海面与深度基准面的差异。

如果需要得到海底点的高程, 只要已知大地水准面高度 N, 直接与大地高 h_d 求差即可得到。

(2)滤波法

波浪改正实质上是计算一个超短期平均海平面(不受波浪影响, 但受潮汐影响)。不同类型的机载 LiDAR 测深系统对应有不同的平均海平面确定方法, 需根据型号确定。对于双色激光系统, 分两种情况进行平均海平面的确定。一种是红外激光和绿色激光不做共线扫描, 而是红外激光垂直射到海水表面。由于红外激光的波束角较宽, 其在海面的光斑直径为 20~30m, 经过一定的波形处理可得到该范围内的平均海面;另一种是红外激光和绿色激光做共线扫描, 飞机上的加速度计和姿态传感器可实时提供飞机的姿态和垂直运动量, 这样在一定时间段内, 通过滤波的方法可确定出相应的平均海水面。对于单色激光系统, 类似于双色激光系统中红外激光和绿色激光做共线扫描的情况, 但其绿色激光在海面的光斑直径仅有 50cm(飞行高度控制在 500m 之内), 也可利用在一定的时间段内, 通过滤波的方法确定出相应的平均海面。

滤波法是利用差分 GNSS 技术得到激光器中心精确的大地高, 用激光测得飞机到海面的瞬时距离和海底斜程, 通过测点附近多次平均进行滤波, 消除波浪影响, 或者对扫描线上的点云时间序列, 根据波浪所处的时间周期, 采用小波分析、傅里叶变换、数字滤波器等数学工具直接分离出波浪信息。该方法的优点是不需已知大地水准面高度和海面地形高等模型信息, 借助系统本身密集的点云即可实现波浪改正, 缺点是滤波过滤了一部分海底细节。

(3)惯导辅助修正法

前两种方案都是建立在定位系统能够提供高精度大地高 h 基础之上的, 惯导辅助修正法克服了需要高精度大地高观测值 h 的限制(欧阳永忠, 2003;黄谟涛, 2003), 通过飞机平台上的惯性导航系统测得的加速度信息改正飞机航高的变化, 将机载 LiDAR 测深系统的瞬时水深值归算到图载水深, 其主要计算步骤为:

①以某个时间段 $\Delta t = [t_1, t_2]$ 的开始时刻 t_1 为基准, 计算激光发射器中心在 $t(t_1 \leqslant t \leqslant t_2)$ 时刻的高度变化量 Δh。

②计算瞬时海面起伏的高度变化值 h_1':

$$h_1' = h_1 - \Delta h \tag{8.16}$$

③在 $[t_1, t_2]$ 时间段内求 h_1' 的平均值 $\overline{h_1'}$:

$$\overline{h'_1} = \sum \frac{h'_1}{n} \tag{8.17}$$

其中，n 为样本个数。

④由 h'_1 和 $\overline{h'_1}$ 计算波浪改正数 Δh_b 为：

$$\Delta h_b = \overline{h'_1} - h'_1 \tag{8.18}$$

综上所述，无修正法和滤波法需要定位系统提供高精度大地高观测值 h，这在沿岸及岛礁区域比较容易实现，因而这两种方案应用广泛。但是如果没有大地水准面和海面地形模型，无修正法不能作为首选方案。由于卫星测高在近岸精度不高，其得到的平均海面高将失去可靠性(黄谟涛等，2001)。惯导辅助修正法要求飞机平台上的惯性导航系统能够提供载体在高度方向上的高精度变化量 Δh，这种方案不要求已知载体的大地高，其应用范围较为灵活。

6. 潮汐改正

由于日月引潮力的影响，使得海面总是处在周期性不停地升降过程中。为了得到不受海洋潮汐影响的稳定的水深，就必须对水深测量进行潮汐改正。机载 LiDAR 测深的区域在大陆沿岸附近，也可能在远离大陆的岛屿附近，这就决定了其潮汐改正可采用以下方法：一是测量期间在沿岸附近布设验潮站，利用实际的潮汐观测数据对机载 LiDAR 测深结果进行改正；二是利用全球卫星定位技术，通过采用无验潮作业模式，达到所谓的潮汐改正的目的；三是在远离大陆的岛礁附近，如果难以布设验潮站，可采用潮汐数值预报的方法进行潮汐改正；四是通过在测区内安置海底自动验潮仪实施潮汐改正。

7. 质量控制

机载 LiDAR 测深系统是由多个传感器组成的综合性测量系统，由于水质、水团、海藻、鱼群、漂浮物等因素的影响，测深信号难免受到各种因素的影响而产生异常数据和系统误差。为了获得高质量、高精度的海底地形探测成果，必须对整个测量过程进行质量监测和质量控制。粗差是影响测深数据质量的一个非常重要的问题，需要对测深数据进行粗差定位与剔除，在数据后处理阶段可综合应用曲线移动判别法、抗差估计判别法和立体仿真判别法等，对测深数据进行质量控制。

8. 融合处理

机载 LiDAR 水深测量属于条带式面状测量的一种，为了满足全覆盖测量要求，测线布设及测量时要求相邻条带之间须有一定宽度的重叠部分。由于受各种干扰因素的影响，在相邻重叠区域内的公共点上，必然存在一定大小的深度不符值。与多波束水深测量类似，需要在往返测条带的重合部分进行合理拼接，以便消除重合部分的不符值。如何利用公共点上的不符值信息来提高机载 LiDAR 测深成果的整体精度，是数据后处理的一项重要内容。可采用以下措施来处理相邻条带测深数据的融合问题：通过对机载 LiDAR 测深系统中各个传感器的误差特征分析，建立合理的系统误差模型；通过相邻条带重叠区内的公共点，建立包含随机噪声和系统误差在内的带有附加参数的自检校平差模型；在最小二乘条件约束下，通过合理选权，求解平差模型，从而消除各类误差的综合影响，最终达到提高测量成果整体水平的目的。

8.4　回波数据的海底底质分类

精确可靠的海底底质分类对于沿海规划、地质研究以及海洋环境监测等方面都具有重要意义。目前对海底底质分类方法进行了广泛研究，但大多基于船载声学测量手段，主要有剖面声呐结合测深仪法、侧扫法、多波束法(陶春辉，2004)。但由于船载作业的局限性，利用声学方法采集海底底质信息的效率还是比较低的，尤其是在沿岸浅海、暗礁及船只无法安全到达的水域，难以获取海底底质的声学信息。利用被动光学成像系统在浅水区域获取光谱影像进行海底底质分类的方法已得到应用，当不同底质类型的光谱反射明显时，具有较好的海底底质分类能力。光学成像系统的优势在于能在短时间内获取大范围区域的数据，但是系统校准很难，受环境因素影响大，反演深度非常有限，往往不超过 1.5 倍的圆盘透明度水深(一般在 10m 左右)(李庆辉，1996；Wang，2007)。目前发展起来的机载 LiDAR 测深系统，通常能探测到 2~3 倍圆盘透明度水深，测点密度大，并可在船只无法到达海域进行数据采集，能够高效快速地获取大面积水域的水深数据和海底底质信息。

激光回波波形(图 8-20)可分为三部分：水表面回波(water surface return)、水体反向散射(water volume backscattering)和海底反射回波(bottom return)。水表反射首先到达，通常是反射的最强烈部分；水体反向散射从光脉冲进入水体开始，一旦整个脉冲进入海水，水体反向散射以指数方式衰减；海底反射是到达传感器的最后信号。机载 LiDAR 测深系统通过对波形处理，除了获取浅水区域的水深数据，还可利用系统接收器所获取的绿色激光脉冲波形(海底反射波形)的大小和形状衡量海底反射强度，与声呐图像底质分类相似，将反射强度(反射率)数据转换成海底底质类型，用于底质分类。

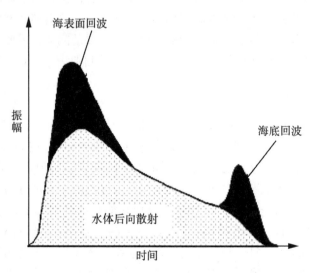

图 8-20　测深 LiDAR 回波波形示意图

激光 LiDAR 的反射率是接收能量与发射能量的比率。处理激光脉冲返回波形得到水深和反射率的区别是：水深处理利用海底回波前沿，而反射率需要对整个海底回波脉冲积分(图 8-21)，从而得到反射率。

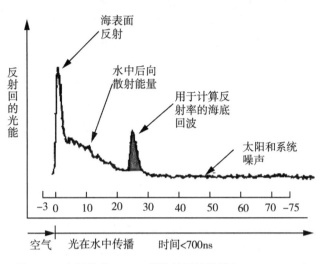

图 8-21　实际机载 LiDAR 系统的回波波形(Collins，2007)

激光 LiDAR 测深系统提取的回波强度反映了海底点的绝对反射率。然而，绝对反射率不能用于海底分类，因为它包含了各种不准确的因素，这些因素分为两类：单点系统偏差和区域环境的影响。在消除不确定性因素后，绝对反射率转换为相对反射率，利用其进行底质分类。不同的海底底质体(如沙、泥、岩石或海藻)的分布可利用像素值范围从相对反射率中得到。图 8-22 是利用相对反射率得到的海底底质分类结果，不同颜色代表不同的底质类型。机载 LiDAR 测深系统用于底质分类的结果可与真实采样数据、声学底质分类数据或者被动光学系统分类数据进行比较，进行分类准确性评估，还可进行多源数据的融合以提高分类精度和效率。

图 8-22　使用机载 LiDAR 相对反射率进行海底底质分类(Collins，2007)

分类方法可分为监督分类和非监督分类。在监督分类方式下，需对分类系统进行训练，通过分析在不同的海底类型中采集的一系列数据，获取海底光脉冲反射的波形，建立起特征波形与海底类型之间的对应关系。非监督分类仅可对海底类型进行逻辑分类。

由于测深 LiDAR 仅可提供海底反射单色图，即只有单一的变量用于表征海底特征，而被动光学系统如高光谱传感器可利用高光谱信息进行底质分类，表征海底特征的变量有多种。这意味着激光测深 LiDAR 和被动光学系统结合进行海底底质分类可能是在极浅水区的最佳选择。

利用机载 LiDAR 测深采集的反射率数据进行海底底质分类将成为传统手工或海底声学底质分类方式的有力补充。结合航空/卫星成像或人工获取的海底真实底质信息，激光 LiDAR 的海底分类产品将在水域调查、沿海植被研究、近海渔业和沿海监测中发挥巨大作用。

8.5　典型的机载 LiDAR 测深系统

自 20 世纪 60 年代末 70 年代初第一套机载激光海洋测深系统问世以来，世界上已有美国、加拿大、瑞典、澳大利亚、俄国、法国、荷兰等近 10 个国家，先后开展了机载 LiDAR 测深系统的研究和开发工作，经过不断地试验和改进，现已进入实用阶段。总的来看，美国、加拿大、瑞典、澳大利亚四国开展研究的时间比较长，技术水平一直处于领先地位，基本上代表了机载 LiDAR 测深的发展水平和方向（昌彦君，2002）。目前发展比较成熟，得到国际上认可的机载 LiDAR 测深系统主要有五类，分别是加拿大的 SHOALS 系统及其升级产品 CZMIL 系统、澳大利亚的 LADS 系统、瑞典的 HawkEye 系统、美国 NASA 的 EAARL 系统（翟国君，2012）以及奥地利 RIEGL 公司的 RIEGL VQ_880_G 等，下面分别介绍。

8.5.1　SHOALS 与 CZMIL 系统

20 世纪 80 年代中期，美国陆军工程兵部队（USACE）与加拿大 Optech 公司联合研制了实用的水文勘测系统 SHOALS（Scanned Hydrographic Operational Airborne Lidar Survey），后来经过十多年的改造和升级，于 20 世纪 90 年代开始进行应用作业。SHOALS 系统为最早发展成熟的测深 LiDAR 之一，最开始应用于导航线路环境测量，后来发展成为海岸区域作图系统。目前，SHOALS 已经成为近海测深的主要手段之一。

Optech 公司经过三十多年的研发，SHOALS 系统得到不断更新，系列产品包括 SHOALS 200（1994 年推出）、SHOALS 400（1998 年推出）、SHOALS 1000T（2003 年推出，图 8-23）、SHOALS 3000T（2005 年推出）、SHOALS 3000（2010 年推出）。其中，SHOALS 3000 应用多年，集结了 Optech 公司多年的研究成果和实际作业经验，在机载 LiDAR 测深领域相当成熟。该系统可配置高分辨率数码相机、高光谱遥感、超光谱等先进配件，具有水部和沿岸陆部同时测量的功能。

SHOALS 系统总体上可分为两个部分：机载系统和地面处理系统。机载系统可安装在各种类型的飞机上。机舱内放置激光发射接收器、激光光学装置、惯性导航系统以及相机。此外，机舱里面还有两个控制台。一个控制台包含操作面板和电脑以及原始数据存储器。另一控制台拥有视频监控、记录器、激光控制面板和飞机定位设备。地面处理系统采用 SUN 工作站，系统软件采用了美国海洋和大气管理局（NOAA）开发的一种深度提取算法（NOM），内业处理与外业采集所耗时间比为 1∶1。地面处理系统通过数据处理获得包含每个测深点的经度、纬度和水深值（Irish，1999）。

图 8-23　SHOALS 1000T

SHOALS 系统采用半导体泵浦固体激光器，即 Nd∶YAG 激光器，激光重复频率高，测点密度大。采用波长为 1064nm 的红外光和倍频后波长为 532nm 的绿色激光共线扫描来进行水深探测和平均海平面确定，扫描固定开角为 20°。同时增加了第三个光学通道，利用由绿光激发的波长为 645nm 红光的拉曼反向散射进行海面检测和陆地、海面的区分。表 8-1 描述了 SHOALS 1000T 和 SHOALS 3000T 两个系统的主要技术参数。

CZMIL（Coastal Zone Mapping and Imaging LiDAR）机载 LiDAR 测深系统（图 8-24）是 SHOALS 3000T 的升级版本。该系统是在联合机载激光雷达地形专业技术中心（JALBTCX）技术支持下，由加拿大 Optech 公司专门为美国陆军工程部（USACE）设计，2012 年交付美

图 8-24　CZMIL 机载 LiDAR 测深系统

国军方使用。CZMIL 系统的测深雷达与高光谱成像系统和数字摄像机高度集成,可对浅水海底地形、海岸区域地形以及水柱特征同时获取高分辨率三维数据。该系统采用绿色激光同时采集陆地和沿岸水域的高程和深度数据,能够实现陆地和海洋界面的无缝拼接。

CZMIL 系统的主要特征有:

①通过发射窄脉宽的激光获取高精度的陆地和水深测量数据;

②圆形扫描模式(图 8-25),能够很好地实现物体探测;

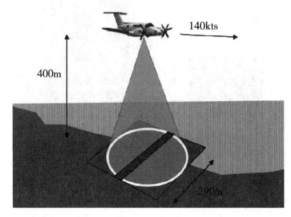

图 8-25　CZMIL 系统圆形扫描测量

③激光雷达、高光谱传感器以及 RGB 相机高度集成;

④光学孔径大、空间分辨率高,在浅层浑浊水域优势明显。

表 8-1　　　　　　　　　　　　　　**SHOALS 系统主要技术参数**

参数 ＼ 系统		SHOALS-1000T	SHOALS-3000T
测深模式	测量频率	1000Hz	3000Hz
	飞行高度	200～400m	300～400m
	水深测量精度	IHO Order1(0.25m, 1σ)	IHO Order1
	水平精度	IHO Order1(2.5m, 1σ)	IHO Order1
	最小探测深度	0.2m	0.2m
	最大探测深度	50m	50m
	测点密度	2m×2m, 3m×3m, 4m×4m, 5m×5m	2m×2m, 3m×3m, 4m×4m, 5m×5m
	扫描宽度	可调(最大值可达飞行高度的 0.58 倍)	可调(最大值可达飞行高度的 0.75 倍)
	典型宽度	215m(@4m×4m)	300m(@4m×4m)
	飞行速度	125～180 节	125～360 节

续表

参数＼系统		SHOALS-1000T	SHOALS-3000T
测地模式	测量频率	10kHz	20kHz
	飞行高度	300~700m	300~1000m
	水平精度	DGNSS, 2m, 1σ； KGNSS, 2/1000×飞行高度	DGNSS, 2m, 1σ； KGNSS, 2/1000×飞行高度
	垂直精度	25cm, 1σ	25cm, 1σ

表 8-2 介绍了 CZMIL 系统的主要技术指标。

表 8-2 **CZMIL 系统主要技术参数**

飞行速度		140 节
飞行高度		400m
人眼安全高度		>200m
高光谱传感器		CASI-1500
数字相机		Optech T-4800 16 万像素相机
姿态与定位		Applanix AP50-IMU-8；GNSS and GLONASS
测深模式	测量频率	10kHz
	水深测量精度	$\sqrt{0.3^2 + 0.013d^2}$ m, 2σ, 0~30m
	水平测量精度	(3.5+0.05d)m, 2σ
	最大探测深度	3.75~4.0 倍的圆盘透明度
	最小探测深度	小于 0.15m
	测点密度	2m×2m
	扫描最大开角	20°(固定天底角，圆形扫描)
	扫描宽度	0.73 倍的飞行高度
测地模式	测量频率	70kHz
	水平精度	±1m, 2σ
	垂直精度	±0.15m, 2σ

　　此外，Optech 公司在 2011 年还推出了一款新产品——Aquarius 系统，它可与测量地面的 ALTM Gemini 机载激光系统协同使用，有时也被称为 ALTM Aquarius 系统。Aquarius系统采用绿色激光，可同时测量陆地和浅水区域。由于该系统的激光频率很高，对于水深在 10m 以内的浅水区域可获得亚米级分辨率的海底地形，有利于实现陆海地形无缝测图

（Fernandez-Diaz，2014；Optech，2014）。

8.5.2　LADS MK 系统

澳大利亚从 1972 年开始机载 LiDAR 测深系统的研究。1975 年研制了第一台机载 LiDAR 测深系统的原型样机 WRELADS-I 系统，后来升级为具有扫描、数据记录和定位能力的 WRELADS-II 系统。20 世纪 90 年代，澳大利亚国防科技组织在 WRELADS-II 系统基础上为澳大利亚皇家海军成功研制了第一代实用的 LADS 系统。1998 年以后，第二代 LADS 系统即 LADS MK II 系统研制成功，并分别在澳大利亚、挪威、英国等国家的不同环境条件下进行了多次商业飞行，均取得了满意的结果，能够为较深的海域提供有效、便捷和高精度的测量服务。到目前为止，LADS MK II 系统已在不同国家测量了 50000 平方公里面积的水域，其精度均满足 IHO S-44 的测深精度标准。

LADS MK II 系统（图 8-26）以固定翼飞机作为载体，发射波长为 1064nm 的红外光和波长为 532nm 的蓝绿激光脉冲，激光器的重复频率为 900Hz，脉冲能量 5mJ，脉冲宽度为 5ns。激光扫描采用直线扫描方式，扫描宽度范围为 50~288m，测点密度可从 2m×2m 到 6m×6m 可调；LADS MK II 系统同时具有海洋测深和沿海陆地地形探测功能，最大测量水深可达 70m（Guilford，2008）。

(a)机载平台　　　　　　　　　　　　　　(b)测量系统

图 8-26　LADS MK II 系统（Guilford，2008）

与 SHOALS 系统每个光束都包含较窄的红外光用于海面探测不同，LADS 系统只有一束比较宽的红外光垂直发射到海面，用于平均海平面的求算，蓝绿激光通过扫描镜沿与飞行方向垂直的方向进行扫描发射，最外围激光束与垂直方向的夹角最大为 15°。

LADS MK II 系统自 1998 年开始进入商业应用以来，已经过几次硬件和软件的更新，数据采集和后处理能力越来越强（Guilford，2008），系统对浅水区进行测量的效率是传统声学方法的 10~20 倍，但总的经费只需传统方法的 20%~30%。该系统目前已在全球范围内得到广泛使用，包括海图制图，石油、天然气开发和生产，专属经济区基线划定，海洋学研究，渔业管理，珊瑚礁和海洋资源管理。LADS MK Ⅱ 系统主要技术参数见表 8-3 和表 8-4。

2011 年，FUGRO 公司推出了 LADS 系列的最新型号 LADS MK Ⅲ 系统。该系统适应能力更强，效率更高，数据质量更好。它最大的特点体现在其浅水测深功能更加强大，可通过分析海底反射率来进行目标探测和海床分类，此外还可同时获取高光谱影像，使其数据源更加丰富。缺点是 FUGRO 公司的机载激光测量系统是水陆分开设计和使用的，LADS MK Ⅲ 系统仅用于水域探测，如果要实现海陆一体化测量，需要与其他陆地激光测量系统同步使用，所以该公司的产品需要搭载飞机具备两个观测窗口。

表 8-3　　　　　　　　　　　　　　**LADS MK Ⅱ 系统主要技术参数**

飞机类型	固定翼/直升机
激光器	Nd：YAG
测量频率	海面 900Hz，地形 3240kHz
飞行高度	366~671m
飞行速度	140~210 节
扫描宽度	50~288m
水深测量精度	IHO S-44，Order1
水平精度	5m
探测面积	64km²/h
探测深度	0.5~70m
水面上的光斑大小	2.5m
测深数据密度	2m×2m，2.5m×2.5m，3 m×3m，4 m×4m，5 m×5m，6m×6m
数据格式	ASCII
外业与内业时间比	1：1

表 8-4　　　**LADS MK Ⅱ 系统各种扫描模式的技术参数(Guilford，2008)**

测点密度(m)	扫描宽度(m)	测线间距 100%覆盖(m)	测线间距 200%覆盖(m)	飞行速度(m/s)
2×2	50	40	20	72(140 节)
2.5×2.5	80	70	35	72(140 节)
3×3	100	80	40	77(150 节)
4×4	192	120	60	90(175 节)
4a×4a	150	170	85	72(140 节)
5×5	240	200	100	90(175 节)
6×6	288	250	125	108(210 节)

8.5.3　HawkEye 系统

20 世纪 70 年代末，瑞典国防研究机构成功研制了直升机载的 FLASH 激光海底测绘系统和相关水质参数测量仪 HOSS。20 世纪 90 年代，瑞典将 FLASH 系统改进成为 Hawk Eye 系统。当时该技术的主要驱动来自潜艇探测。2002 年，瑞典 AHAB 公司研发了 Hawk Eye II 系统(图 8-27)，该系统能够在水质清澈的水域探测到 30m 以内的水深，同时能够探测沿岸陆地地形，是一种同时兼备海洋测深和陆地地形的机载 LiDAR 测量系统。第一台 Hawk Eye II 系统于 2005 年开始在海军沿岸测量队(Admiralty Coastal Surveys)投入使用，至今效果良好。

图 8-27　HawkEye II 集成传感器

HawkEye II 系统飞行高度范围为 100~1000m，正常飞行高度为 200~300m，扫描最大开角为 15°~20°。相对于之前的 HawkEye I 系统，HawkEye II 采用更短的激光脉冲，更好的接收器和处理算法，拥有更好的识别能力。该系统可以进一步优化来满足浅水探测的特殊任务。

HawkEye II 系统可以同时采集 4kHz 测深数据和 64kHz 陆地地形数据以及测量区域的数字图像数据，使得该系统成为全球市场上测量效率最高的系统之一。以最大幅宽 330m，每秒 75m 的典型飞行速度，系统每天可调查 350km²。

HawkEye II 系统的测深密度为 1.7m×1.7m 到 3.5m×3.5m，测量精度满足 IHO1b 级精度，小于 25cm(均方根误差)，测深范围从 0.3m 到 3 倍的圆盘透明度。地形数据密度为每平方米 1~4 点，测量精度在 15cm(均方根误差)范围内。HawkEye II 系统主要技术参数见表 8-5 与 8-6。

表 8-5　　　　　　　　　　　**HawkEye II 系统的主要技术参数**

飞机类型	固定翼/直升机
作业高度	250~500m
飞行速度	150 节(290km/h)
激光器	Nd：YAG

测量频率(测深模式)	4kHz
测量频率(测地模式)	64kHz
地面影像分辨率	25cm
最大扫描宽度	100~350m，飞行高度的 0.55 倍
激光光斑直径大小	2.9m
测深密度	1.7m×1.7m 到 3.5m×3.5m
垂直精度(测地模式)	0.25m RMS
水平精度(测地模式)	0.5m RMS
垂直精度(测深模式)	0.25m RMS
水平精度(测深精度)	0.25m RMS
最大探测深度	2~3Secchi
最小探测深度	0.3m

表 8-6　　　　　　　　　　　HawkEye II 系统各种飞行模式的技术参数

飞行模式	高度(m)	速度(m/s)	测深点密度	测地模式测点密度（点数/m²）	幅宽(m)/有效幅宽(m)
A	250	76	1.7m×1.7m	5	110/80
B	300	74	1.9m×1.9m	4	135/100
C	400	74	2.2m×2.2m	2	180/150
D	401	80	2.4m×2.4m	1.5	230/200
E	403	80	2.7m×2.7m	1.3	270/240
F	451	80	3.0m×3.0m	1.2	300/270
G	501	80	3.2m×3.2m	1	330/300

2012 年，AHAB 公司还推出一款 Chiroptera II 系统。该系统可对浅海区域进行高精度、高密度的测量。它使用独特的倾斜 LiDAR 技术，从多个角度对地物进行测量，可有效减少数据中的阴影和漏洞，在水上、水下目标探测方面优势明显，也有利于后期的三维显示。此外，该系统减少了数据后处理的时间。

2014 年，AHAB 公司在 HawkEye II 的基础上，成功研制出 HawkEye III 系统，采用了椭圆形扫描方式，测深分为浅水模块和深水模块，分别对应不同的测量频率与测深能力。系统参数与 CZMIL 基本一致，系统集成高分辨率数码相机，用于点云辅助分类及提供数字高程模型纹理信息。采用插件式结构，可同时或分开独立使用，真正实现海陆一体化无缝测量。

8.5.4　EAARL 系统

实验改进型机载搜索激光雷达（EAARL）系统是美国 NASA（美国航空航天局）研制的一种实验室产品，是一种具有测量珊瑚礁、近岸水深、沿岸植被和沙质海滩能力的机载激光雷达系统，该系统采用单一蓝绿激光脉冲，能无缝测量水下和沿岸地形。与传统的机载测深 LiDAR 相比，EAARL 具有以下几个主要特征（叶修松，2010）：

①相对短的激光脉冲（1.3ns）；

②更窄的接收视域（FOV）（1.5~2mrad）；

③实时反向散射的数字化波形信号；

④用软件代替实时信号处理硬件单元。

EAARL 系统的主要技术参数见表 8-7.

表 8-7　　　　　　　　　　　　　　　**EAARL 系统主要技术指标**

理想作业高度	300m
条带宽度（航高 300m）	240m
测点密度	条带中心 2m×2m，条带边缘 2m×4m
光斑直径	20cm
最浅测深精度	3~5cm
水平定位精度	<1m
功率	400w
最浅测深	30cm
最大测深	26m
总重量	113.5kg

8.5.5　VQ 系统

RIEGL VQ 机载 LiDAR 测深系统主要有 VQ-820-G 和 VQ-880-G（图 8-28）两款，其中后者是最新的一款，由奥地利 Riegl 公司于 2014 年研发成功，仅采用波长 532nm 的绿色激光即可实现水上水下一体化测量。VQ_880_G 系统集成了高端 GNSS/IMU 系统和相机，且经过出厂校准，容易安装在多种平台上作业，满足各种应用需求。目前，该系统多用于海岸线及浅水区测量、沉积地带测量、水利工程测量、水文考古测量等方面。

VQ_880_G 系统的主要特征有：

①系统整体重量轻，含 IMU/GNSS 及相机等传感器仅有 55kg，便于安装。

②激光光斑小，飞行高度 500m 情况下，光斑直径仅有 500mm，减小了海面波浪对测

深精度的影响。

③激光脉冲发射频率高，能够达到 550kHz，增加了测点密度。

④工作环境能力强，可在 40℃的环境下正常完成测量任务。

图 8-28　RIEGL VQ_880_G 系统

表 8-8 　　　　　　　**RIEGL VQ_G 系统主要技术参数(RIEGL，2012；2014)**

系统指标	VQ-820-G	VQ-880-G
制造年份	2011	2014
激光波长/nm	532	532(红光可选)
激光频率/kHz	520	550
最大有效测量速率/(points/s)	20 0000	55 0000
点密度/(points/s)	10~50	69(标称)
垂直精度/m	0.025	0.025
典型飞行高度/m	600	600
光斑直径	100mm@ 100m 500mm@ 500m 1000mm@ 1000m	100mm@ 100m 500mm@ 500m 1000mm@ 1000m
最大测深/m	1 Secchi	1.5 Secchi
重量/kg	25.5(扫描头+激光单元)	55(含 IMU/GNSS/相机等)

各机载 LiDAR 测深系统技术指标(RIEGL，2012，2014；Optech，2012，2014；Doneus，2013，2015)比对如表 8-9 所示。

表 8-9　典型机载 LiDAR 测深系统技术指标比对

系统名称	制造商	年份	红外激光	绿光激光	扫描频率 地形(kHz)	扫描频率 水深(kHz)	最大穿透深度	最浅探测深度(m)	测深精度(m)	测点密度	光斑直径(cm)	重量(kg)
CZMIL	Optech	2012	1	1	70	10	70m	0.15	$\sqrt{0.3^2 + 0.013d^2}$	2m×2m（标称）	350	360
Aquarius II	Optech	2011	—	1	70	70	15m	0.2	0.03	8pts/m²（标称）	50	83
LADS MK III	FUGR	2011	1	1	1.5	1.5	80m	0.4	优于 0.5	2m×2m（标称）	250	132
HawkEye III	AHAB	2014	1	2	500	35/10	1.5/3 Secchi	0.4	$\sqrt{0.3^2 + 0.013d^2}$	1.7m×1.7m（标称）	150/350	170
EAARL	NASA	2001	—	1	5	5	26m	0.3	0.03~0.05	2m×2m（标称）	20	113.5
VQ_880G	RIEGL	2014	选配	1	550	550	1.5 Secchi	—	0.025	69 pts/m²（标称）	10/50/100@ 100/500/1000m	55

注：10/50/100@ 100/500/1000m 表示航高为 100m、500m、1000m 时，光斑直径分别为 10cm、50cm、100cm。

第9章　水下地形测量的主要误差及改正

水下地形测量需要借助载体并发射信号穿越水介质进行测距、测向来完成，因此载体的运动状态、水面的动态变化及水介质传播特性的变化将影响测距、测向观测量，进而影响水深测量的精度。载体的位置和姿态可由 GNSS 技术和姿态测量技术精确确定，当各传感器安装校准已达到相应精度要求后，船载水深测量主要受吃水、声速传播、水位变化的影响，机载 LiDAR 虽然没有吃水的影响，但同样存在信号折射和水位变化的影响。本章以船载水深测量为主，重点介绍吃水、声速传播、水位变化的影响及改正方法。

9.1　换能器吃水的影响及测量

测深换能器至水面的距离，称为换能器吃水，分静态吃水和动态吃水两种情况。为了保证测深换能器正常工作，换能器须安装在水面以下一定深度，这个深度即为静态吃水 (Static draft)；测船在运动过程中因船速变化引起的换能器吃水变化，称为动态吃水 (Dynamic draft) 改正。注意动态吃水改正与上下升沉 (Heave) 的区别，后者是指波浪、涌浪引起的测船周期性的起伏。换能器的静态吃水在整个航次航行过程中也并非是一个常数，由于测船油水日耗变化，船只静态吃水也会发生变化。为了提高测深精度，必须测量或估算换能器的吃水，对其影响进行改正。

9.1.1　静态吃水的测量方法

静态吃水是测船静止时静水面至换能器发射面的距离。船上油、水、食物因消耗会逐渐减少，换能器静态吃水随之发生变化。如果工作时间较短，一般在工作前、后各测一次；当工作时间较长时，应在每天或数天工作前、中、后各测一次，然后拟合出静态吃水的线性函数，更加真实地求得瞬时测深时刻的静态吃水，从而提高测深精度。

测深换能器一般有两种安装方式，一种是船侧便携式安装，即将体积较小的换能器进行悬挂式安装 (图 9-1)；另一种是船底固定式安装，即将体积较大的换能器固定安装在船底 (图 9-2)。

静态吃水一般在码头附近测量，尽量避免风浪影响。换能器船侧便携式安装时，静态吃水测量简单，直接从安装杆上读数，或用钢尺丈量。当换能器在船底固定式安装时，其静态吃水改正数的求法与船侧便携式安装方式有所不同。图 9-2 中，$H_{首}$ 为船首吃水深度（水面到龙骨）；$H_{尾}$ 为船尾吃水深度（水面到龙骨）；a 为船首至换能器的水平距离；b 为船尾至换能器的水平距离；h 为换能器底面至龙骨底面的距离，换能器表面在龙骨底面以下为正，在龙骨底面以上为负。此时的换能器静态吃水改正数为：

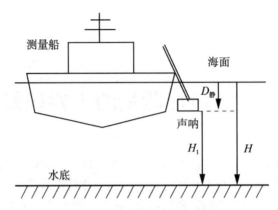

图 9-1　换能器便携式安装示意图

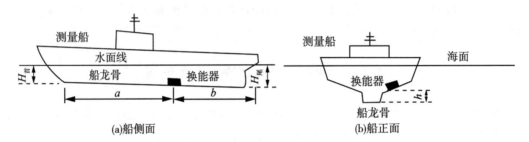

图 9-2　换能器固定式安装示意图

$$D_{静} = H_{首} + (H_{尾} - H_{首}) \frac{a}{a+b} + h \tag{9.1}$$

使用固定式换能器测深时，应经常读取 $H_{首}$、$H_{尾}$，以便进行换能器的静态吃水改正。

9.1.2　动态吃水的测量方法

当测船以不同速度航行时相对于静态会产生下沉量，该下沉量与静态吃水之和，即为换能器动态吃水。当船体由静止到快速运动时，船首因航行推水而使水面局部壅高，船尾受推进器的排水作用也引起水面局部壅高，从而形成船体首尾的高压引发水位局部上升，船体两侧的低压使水位局部降低。由于船体一般呈窄型，则船体首尾水位上升引起的排水增加量小于船体两侧水位下降引起的排水减小量，为了适应周围水位分布的变化，船体将由静止状态作整体下沉，最终导致测深换能器下沉。船体航行下沉量一般为数厘米到数十厘米，尤其在浅水航行时，如 1965 年人民 25 号轮在川江的王家滩试验时，其航行下沉量最高值达 47cm，因此在浅水中进行测深时动态吃水的改正不容忽视。

动态吃水与船速、加速度、船型、水深都有关系，目前能采用一定的方法测出动态吃水与上述参数的关系，得到一种经验模型。由于动态吃水的影响因素众多，限于条件的不同，经验模型有时并不是很准确，因此许多情况下采用现场测量的方式计算动态吃水。但动态吃水与上下升沉极易混淆，给实际测量造成一定的困难。动态吃水的确定方法可分为直接观测法和经验估计法。

1. 直接观测法

直接观测法测量换能器的动态吃水可分为水准仪观测法、GNSS 观测法和测深仪测量法三类。它们主要用于测量、统计测船在不同速度、不同航向作业时船体的动态下沉量，因此航行试验的船速、航向应为测船正常作业时可能出现的几种船速和航向。

(1) 水准仪观测法

在水准仪观测方便的沿岸附近选择一个海底开阔平坦、底质较坚硬的海区，水深为测船吃水的 7 倍左右，以便船只用各种速度航行。若条件限制，无法满足 7 倍及以上的水深环境要求，则应增加浅水海域的比对工作(李家彪，1999)。

岸上适当位置架设一台水准仪，在船上换能器的位置处竖立水准尺，要保证水准仪能观测到水准尺，并具有 1m 左右的动态范围。

在测量海区设立一个测点，在该点处抛设一浮标，其缆绳要尽量缩短。当船只靠近浮标时停下，从岸上用水准仪观测水准尺并记录读数，然后船以测量时的各种船速和航向通过浮标一侧(与原来停靠点尽可能一致)，水准仪照准船上标尺读数，两次读数应去掉潮汐的影响，再取二者之差值，即为船体在换能器所处位置的下沉值。每种船速应按上述方法观测三次以上，然后取平均值。该值加上静态吃水，即为测船在某一船速和航向下的动态吃水值。

(2) GNSS 观测法

所选海区与水准观测法相同，为了减弱水面和水流的影响，提高观测精度，首先取测船漂泊状态下的 GNSS 天线大地高的平均值：

$$\bar{H}_{漂} = \frac{1}{n} \sum_{1}^{n} [H_D - h_v - h_t] \tag{9.2}$$

式中，H_D 为漂泊状态下船载 GNSS 天线的瞬时大地高；h_v 为漂泊状态下测船的实时上下升沉量；h_t 为实时潮汐高度。

测船按照工作船速沿直线航行，每个航速段稳定航行 10~15min，同时人工记录各航速段起止时间，取稳定航行的一段时间序列，对天线大地高滤除测船上下升沉量、修正天线瞬时倾斜量，并去掉潮汐的影响后，得工作航速状态下的 GNSS 天线大地高均值：

$$\bar{H}_{航} = \frac{1}{n} \sum_{1}^{n} [H'_D - h'_v - h'_t] \tag{9.3}$$

式中，H'_D 为测船航行时船载 GNSS 天线的瞬时大地高；h'_v 为测船航行时的实时上下升沉量；h'_t 为实时潮汐高度。

静态和动态平均 GNSS 天线大地高相减即得工作航速时动态吃水下沉量：

$$\Delta D = \bar{H}'_{航} - \bar{H}_{漂} \tag{9.4}$$

根据上下升沉原理不难发现，当式(9.2)和式(9.3)中 n 足够大时，h_v 和 h'_v 的均值趋向于 0，即换能器动态吃水下沉量与上下升沉无关(吴炳昭，2013)。

(3) 测深仪测量法

以单波束测深仪为例，所选海区与水准观测法相同。在试验海区预先设置一个比对点。测船进入比对点并停船进行测深，即测定该点水深值。然后测船以不同的航速、航向通过该比对点并测量水深。通过水位及姿态改正后比对不同航速、航向的水深值，即可得到换能器在不同航速和航向的动态吃水值。为了更准确地反映换能器的动态吃水，需让作业船以相同的航速或航向通过比对点多次，并取其平均值(吴炳昭，2013)，则不同船速和航向下船只的动态吃水为：

$$D_{动v} = \frac{1}{n} \sum_{i=0}^{n} (\tilde{H}_V - H + h_c + h_z) + D_{静} \tag{9.5}$$

式中，$D_{动v}$ 为船只以船速 v 航行时的换能器动态吃水；$\tilde{H}_v$ 为船只以船速 v 航行时在比对点的测深值；H 为比对点上的水深；h_c 为水位改正数；h_z 为姿态引起的测深改正数；$D_{静}$ 为换能器静态吃水。

2. 经验估计法

换能器动态吃水与船体结构、船速、水深及船舶静吃水有关，一些研究者对此进行了深入研究，形成了一些经验模型，在一定条件下能够满足测深需要。下面介绍三种主要的经验模型(李家彪，1999)。

①1953 年制定的《内河航运规划设计》标准中提出船体航行下沉量 $\Delta D = 0.033v$ (v 为船速，单位 m/s)。由于这个公式中只考虑船速而未考虑其他因素的影响，因而误差较大，适用性较窄。根据相关试验表明，其误差有时高达十多厘米。

②前苏联科学院水文研究所提出船体航行下沉量：

$$\Delta D = 0.52v^3 \cdot \left(\frac{D_{静}}{h}\right)^{5/6} \tag{9.6}$$

该经验公式考虑了船体静吃水 $D_{静}$、水深 h、船速 v 对船体航行下沉量的综合影响，因而适用性较强。

③霍米尔公式计算动态吃水下沉量：

$$\Delta D = K \cdot \sqrt{\frac{D_{静}}{h}} \cdot v^2 \tag{9.7}$$

该公式较好地反映了船体航行下沉量 ΔD 与船速 v、水深 h、船体静吃水 $D_{静}$ 的关系。其中 K 系数可由实测资料推算，也可按船舶长 l 与宽 b 之比值为引数查取(表 9-1)。

表 9-1　　　　　　　　　　　霍米尔公式 K 值表

船的长宽比 l/b	3.0	4.0	5.0	6.0	7.0	8.0	9.0
K	0.047	0.042	0.038	0.035	0.032	0.030	0.028

9.2　声　速　改　正

如前所述，水下地形测量主要是通过声波在水中的传播时间乘以声速来得到声波传播距离，从而计算水深及水底高程的一项工作。因此，声波在水中传播的速度，即声速的准确性对测深精度有着重要影响。声波在水中传播是不均匀的，声速与水介质的温度、盐度和压力相关，因而水中各点处的声速往往并不相等。对于水下测量设备采用的声波，一般为高频声波，在水中的传播轨迹可看做为声射线(简称声线)，遵循 Snell 法则。如果水介质的温度、盐度和压力发生变化，入射角不为零的声线在水中的传播速度和传播方向也会随之变化。单波束测深仪采用垂直发射接收波束的工作方式，其声线传播方向基本不变，仅含距离误差的影响，因此受声速误差的影响较小；多波束测深仪各波束具有不同的入射角，如果声速存在误差，除中央波束外，其他各波束将受到声线折射和距离误差的双重影响，离中央波束越远，声线折射弯曲程度越大(李家彪，1999)。目前，声速改正的常用方法有声线跟踪法和面积差法。由于单波束测深声速改正可看做为多波束测深声速改正的一个特例，故本文主要对多波束测深声速改正进行介绍。

1. 声线跟踪法

声线跟踪是利用声速剖面，逐层叠加声线的位置，从而计算声线的水底投射点(又称波束脚印)在船体坐标系下坐标的一种声速改正方法。声线跟踪通常将声速剖面 $N+1$ 个采样点中相邻的两个声速采样点间的水层划分为一层，则声线传播经历的整个水柱可看作由 N 个水层叠加而成。若求得声线在每层的垂直位移和水平位移，通过叠加即可求得波束经历整个水柱的垂直位移和水平位移。声速在层内的变化一般分两种情况：当假设层内声速为常值时，声线的传播轨迹为一条直线，声线跟踪的计算过程相对简单，但相邻层的交界处声速会发生突变；当假设层内声速为常梯度变化时，声线的传播轨迹为一条弧线，更符合声线在水下的真实变化。

(1)基于层内常声速的声线跟踪

假设声速在第 i 层内以常速传播，层 i 上、下界面处的深度分别为 z_i 和 z_{i+1}，层厚度为 Δz_i，θ_i、C_i 分别为第 i 层的波束入射角和声速，如图 9-3 所示。

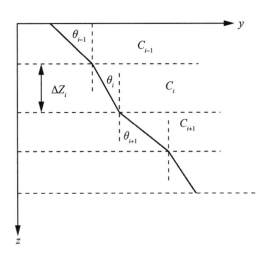

图 9-3　基于层内常声速的声线跟踪

根据 Snell 法则，$\sin\theta_i C_i = p$，则波束在层内的水平位移 y_i 和传播时间 t_i 分别为：

$$
\begin{cases}
y_i = \Delta z_i \tan\theta_i = \Delta z_i \dfrac{\sin\theta_i}{\cos\theta_i} = \dfrac{pC_i\Delta z_i}{\left[1-(pC_i)^2\right]^{1/2}} \\[4mm]
t_i = \dfrac{\Delta z_i/\cos\theta_i}{C_i} = \dfrac{\Delta z_i}{C_i\left[1-(pC_i)^2\right]^{1/2}}
\end{cases}
\tag{9.8}
$$

波束经历整个水柱的传播水平距离 y 和传播时间 t 为:

$$
\begin{cases}
y = \displaystyle\sum_{i=1}^{N} \dfrac{pC_i\Delta z_i}{\left[(pC_i)^2\right]^{1/2}} \\[5mm]
t = \displaystyle\sum_{i=1}^{N} \dfrac{\Delta z_i}{C_i\left[1-(pC_i)^2\right]^{1/2}}
\end{cases}
\tag{9.9}
$$

如果入射角为 0(即单波束测深时),则 $y=0$, $t = \displaystyle\sum_{i=1}^{N}\dfrac{\Delta z_i}{C_i}$。

(2)基于层内常梯度的声线跟踪

假设声速在层 i 内以常梯度 g_i 变化,其他假设与层内常声速的声线跟踪类似,则波束(初始入射角不为 0)在层内的实际传播轨迹为一连续的、曲率半径为 R_i 的弧段(刘伯胜,2010,图 9-4):

$$
R_i = -\frac{1}{|pg_i|}
\tag{9.10}
$$

式中,

$$
g_i = \frac{C_{i+1}-C_i}{z_{i+1}-z_i}
\tag{9.11}
$$

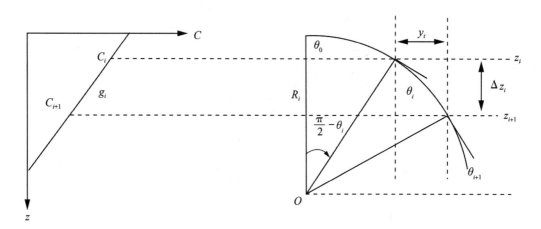

图 9-4　基于层内常梯度的声线跟踪

波束在该层经历的水平位移 y_i 和时间 t_i 为:

$$\begin{cases} y_i = R_i(\cos\theta_{i+1} - \cos\theta_i) = \dfrac{[1 - (pC_i)^2]^{1/2} - [1 - p(C_i + g_i\Delta z_i)^2]^{1/2}}{pg_i} \\ t_i = \dfrac{S_i}{C_{H_i}} = \dfrac{R_i(\theta_i - \theta_{i+1})}{C_{H_i}} \end{cases} \tag{9.12}$$

式中，C_{H_i} 为层 i 内的平均声速。

若声线圆弧路径的微分单元采用圆弧形式，则平均声速 C_{H_i} 为(陆秀平，2012)：

$$\begin{cases} C_{H_i} = \Delta s_i\left\{\dfrac{1}{g_i}\ln\left[\dfrac{C_{i+1}(1 + \cos\theta_i)}{C_i(1 + \cos\theta_{i+1})}\right]\right\}^{-1} \\ t_i = \dfrac{1}{g_i}\ln\left[\dfrac{C_{i+1}(1 + \cos\theta_i)}{C_i(1 + \cos\theta_{i+1})}\right] \end{cases} \tag{9.13}$$

若将声线圆弧路径的微分单元近似取为其对应的弦长，则平均声速 C_{H_i} 为(赵建虎，2002)：

$$\begin{cases} C_{H_i} = \Delta z_i\left[\dfrac{1}{g_i}\ln\left(\dfrac{C_{i+1}}{C_i}\right)\right]^{-1} \\ t_i = \dfrac{\arcsin[p(C_i + g_i\Delta z_i)] - \arcsin(pC_i)}{pg_i^2\Delta z_i}\ln\left(\dfrac{C_{i+1}}{C_i}\right) \end{cases} \tag{9.14}$$

如入射角为 0，则声波在每层内的传播轨迹为直线，竖直向下，每层内的传播时间为：

$$t_i = \dfrac{\Delta z_i}{C_{H_i}} = \dfrac{1}{g_i}\ln\dfrac{C_{i+1}}{C_i} \tag{9.15}$$

(3)声线跟踪过程

层内声速特性不管采用哪种假设，声线跟踪的过程基本相同，具体如下：

①从换能器表面处开始，根据式(9.8)或式(9.12)计算声线在各层的水平位移和传播时间。

②计算前 i 层的声线传播时间总和 $\sum\limits_{i=1}^{N} t_i$，与实际声线传播的单程时间 T 比较，根据比较结果来判断是否追加新的水层：

若 $\sum\limits_{i=1}^{N} t_i < T$，则重复过程①和过程②，继续追加水层；

若 $\sum\limits_{i=1}^{N} t_i = T$，则 $\sum\limits_{i=1}^{N} z_i$ 和 $\sum\limits_{i=1}^{N} y_i$ 为波束传播的深度和水平位移；

若 $\sum\limits_{i=1}^{N} t_i > T$，则多追加了部分水深和水平位移，退回至上一层。

一般情况下，跟踪至最后一层时，波束的水深位置不会恰好位于水层界面上，通常可由迭代法得到波束在最后一层内的水深和水平位移，再与前面各层的计算值相加，即可完成声线跟踪过程。

由上述可知，声速剖面的准确性直接影响着声线跟踪的精度，因此，在进行声线跟踪时所采用的声速剖面必须能够真实地反映测量水域水下声速的变化特性，遇到水域环境变化复杂的情况，应当加密声速剖面采样站、减小声速断面采样点间的层间隔。实际声线跟踪时还应考虑测船的瞬时横摇与纵摇对波束入射角的影响。

2. 面积差法

面积差法的主要思路是通过计算原始声速剖面与准确的声速剖面所围成的断面积分面积之差，从而计算出相对原始波束位置的改正值，达到声速改正的目的。首先需要理解等效声速剖面的概念。

（1）等效声速剖面

具有相同传播时间、表层声速及断面声线积分面积的声速断面族，波束的位置计算结果相同（Geng，1999；Kammerer，2000；赵建虎，2002）。因此计算波束脚印位置时，可以寻找到一个简单的常梯度声速断面替代实际复杂的声速断面（图 9-5）进行声线跟踪（阳凡林，2008）。

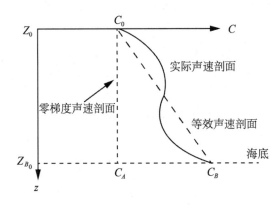

图 9-5　等效声速断面

如图 9-6 所示，假设两个具有相同表层声速 C_0 和初始深度 z_0 的声速剖面，若对声速函数求深度上的积分，则可得到两个断面声线积分面积差：

$$\Delta S = \int \mathrm{d}S = \int_{z_0}^{z_B} [\, C_1(t, z) - C_2(t, z) \,] \, \mathrm{d}z \tag{9.16}$$

定义相对面积差为：

$$\varepsilon_S = \frac{\Delta S}{\displaystyle\int_{z_0}^{z_B} C(t, z) \, \mathrm{d}z} = \frac{\Delta S}{S} \tag{9.17}$$

式中，$C_1(t, z)$ 和 $C_2(t, z)$ 是两个声速剖面函数；z_B 是波束在水底的投射点。

由式（9.16）可以看出，两声速剖面之间的积分面积差与两声线积分上下限的深度及声速剖面相关。当 $\varepsilon_S = 0$ 时，两声速剖面与坐标轴所围成的面积相等，由两声速剖面计算出的深度和水平位移相同，这时称其中一个声速剖面为另一个的等效声速剖面。实际声速剖面是一个随空间、时间变化的复杂函数，若找到一个相对简单的等效声速剖面进行声线跟踪，将提高计算效率。

（2）相对面积差法

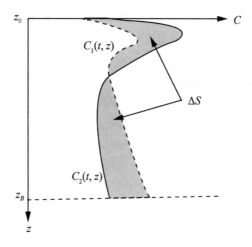

图 9-6 两声速剖面积分面积差示意图

相对面积差法是一种先依靠一个相对简单的参考声速剖面(如零梯度声速剖面)计算波束水底透射点位置,再根据参考声速剖面与真实声速剖面的面积差计算波束位置改正量,从而得到波束水底投射点正确位置的声速改正方法(赵建虎,2002)。如图 9-7 所示,假设在水层 i ,实际声速剖面与零梯度声速剖面的积分面积差为 ΔS_i ,这里讨论 ΔS_i 引起的波束水深和水平位移的变化(也可称为改正量),假设条件和各符号的含义同常梯度声线跟踪。

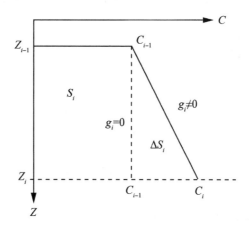

图 9-7 层内常声速和常梯度声速剖面面积差示意图

考虑实际声速剖面 $g_i \neq 0$ 时,波束经历第 i 层水层时的水平位移 y_i 、深度 z_i 为:

$$\begin{cases} y_i = y_{i-1} + \dfrac{\cos\theta_{i-1} - \cos\theta_i}{pg_i} \\ z_i = z_{i-1} + \dfrac{\sin\theta_i - \sin\theta_{i-1}}{pg_i} \end{cases} \tag{9.18}$$

当仅考虑常声速部分，即 $g_i = 0$ 时，水平位移 y_i'、深度 z_i' 为：

$$\begin{cases} y_i' = y_{i-1} + C_{i-1}t_i\sin\theta_{i-1} \\ z_i' = z_{i-1} + C_{i-1}t_i\cos\theta_{i-1} \end{cases} \qquad (9.19)$$

如果仅采用 $g_i = 0$ 的声线跟踪结果作为最终结果，波束位置归算精度肯定不能满足要求，但直接采用真实声速剖面进行声线跟踪，在层数很多时计算效率又不高。为了既简化计算又提高计算精度，可在此基础上，采用面积差法求得波束位置改正量。还有一种情况利于采用面积差法，就是在多波束测量时，声速代表性误差普遍存在，更准确的声速剖面是事后得到的，这时也可在原始声速剖面归位的基础上计算改正数，得到更准确的波束位置。

根据图 9-7，相对面积误差 ε_{s_i} 为：

$$\varepsilon_{s_i} = \frac{\Delta S_i}{S_i} = \frac{C_i - C_{i-1}}{2C_{i-1}} \qquad (9.20)$$

设利用 $g_i = 0$ 时声线跟踪结果带来的水平和深度相对误差为：

$$\begin{cases} \varepsilon_{z_i} = f_{zi} = \dfrac{z_i' - z_i}{z_i - z_{i-1}} \\ \varepsilon_{y_i} = f_{yi} = \dfrac{y_i' - y_i}{y_i - y_{i-1}} \end{cases} \qquad (9.21)$$

根据 Snell 法则和式(9.20)有

$$\sin\theta_i = (1 + 2\varepsilon_{s_i})\sin\theta_{i-1} \qquad (9.22)$$

将式(9.13)、式(9.18)、式(9.19)、式(9.20)、式(9.22)带入式(9.21)整理得 f_{z_i} 和 f_{y_i} 分别为：

$$\begin{cases} f_{z_i}(\varepsilon_{s_i}, \theta_{i-1}) = \dfrac{\cos\theta_{i-1}}{2\varepsilon_{s_i}}\ln\left\{ (1 + 2\varepsilon_{s_i})\dfrac{1 + \cos\theta_{i-1}}{1 + \sqrt{1 - [(1 + 2\varepsilon_{s_i})\sin\theta_{i-1}]^2}} \right\} - 1 \\ f_{y_i}(\varepsilon_{s_i}, \theta_{i-1}) = \dfrac{[\sin\theta_{i-1}/(2\varepsilon_{s_i})]\ln[(1 + 2\varepsilon_{s_i})(1 + \cos\theta_{i-1})/(1 + \sqrt{1 - [(1 + 2\varepsilon_{s_i})\sin\theta_{i-1}]^2})]}{\sqrt{1 - [(1 + 2\varepsilon_{s_i})\sin\theta_{i-1}]^2} - \cos\theta_{i-1}/\sin\theta_{i-1} - (1 + 2\varepsilon_{s_i})\sin\theta_{i-1}} - 1 \end{cases}$$

$$(9.23)$$

从式(9.23)可以看出，层 i 内的水平和深度相对误差只与此层的入射角和积分面积差有关，与其他参数无关。

由式(9.21)变换可得到补偿层内常声速计算误差的公式：

$$\begin{cases} y_i = y_{i-1} + \dfrac{y_i' - y_{i-1}}{1 + f_{y_i}(\varepsilon_{s_i}, \theta_{i-1})} \\ z_i = z_{i-1} + \dfrac{z_i' - z_{i-1}}{1 + f_{z_i}(\varepsilon_{s_i}, \theta_{i-1})} \end{cases} \qquad (9.24)$$

若将波束经历的整个水柱视为一层，声线的入射角、声速、换能器初始位置分别为 θ_0、C_0 和 (y_0, z_0)，可首先计算声速梯度为 0 时的波束初始位置，再根据相对面积差法计算波束位置改正数，从而得到波束的最终位置 (z_B, y_B)：

$$\begin{cases} z'_B = z_0 + C_0 T\cos\theta_0 \\ y'_B = y_0 + C_0 T\sin\theta_0 \\ z_B = z_0 + \dfrac{z'_B - z_0}{1 + f_z(\varepsilon_S, \ \theta_0)} \\ y_B = y_0 + \dfrac{y'_B - y_0}{1 + f_y(\varepsilon_S, \ \theta_0)} \end{cases} \tag{9.25}$$

式中，T 为波束单程旅行时间。

相对面积差法首先选择一条相对简单的声速剖面，根据面积差原理建立与实际声速剖面之间的联系，进而修正参考声速剖面的计算结果，简化了声线跟踪过程和计算的复杂程度。在实际多波束数据处理中，既可以通过新旧声速剖面的面积差来改正波束位置因旧声速剖面带来的误差，也可以针对准确但复杂的声速剖面，寻找其等效常梯度声速剖面利用相对面积差法来简化计算。

9.3 水位变化与水位改正

在水下地形测量中，测量的水深是瞬时海面至海底的距离，水位在时刻发生变化，必须在瞬时水深值中去除水位的变化，得到稳态的水深，成果才能得到进一步应用。因此，根据水位变化规律，合理布设水位站(或潮位站)，合理进行水位改正，是保证最终水下地形测量成果精度的重点之一。海洋中，潮汐是影响水位变化的主要因素，本节主要介绍潮汐的基本规律，并针对不同的潮波性质、测区范围情况，说明水下地形测量中常用的水位改正方法。

9.3.1 水位变化

海水受到月球和太阳的吸引力作用，产生周期性的升降运动，这种海面升降现象称为海洋潮汐，简称潮汐(陈宗镛等，1979)。太空中的其他星体也对地球产生引力作用，但其对地球变形的影响可以忽略。除了潮汐，海流、风暴潮、江河径流等也都会引起水位变化，由于海洋范围广阔，本节将着重介绍潮汐引起的水位变化规律。

1. 潮汐现象

从某一基准面量至海面的高度，称为潮高。为了介绍潮汐现象，我们先了解一些术语。

月中天：月球经过某地子午圈的时刻，称为月中天(或太阴中天)，其中，月球每天经过子午圈两次，离观测者天顶较近的一次称为月上中天，离天顶较远的一次称为月下中天。

涨潮和落潮：海面从低潮上升到高潮的过程中，海面逐渐上升，称为涨潮。自高潮至低潮的过程中，海面逐渐下降，称为落潮。

高潮和低潮：在海面升降的每一个周期中，海面上涨到不能再升高时，称为高潮或满潮；海面下降到不能再下降时，称为低潮或干潮。

平潮和停潮：当海面达到高潮的时候，在一段时间内海面暂时停止上升，海面处于暂时平衡状态，称为平潮。当海面达到低潮时候，在一段时间内海面暂时停止下降，海面处于暂时平衡状态，称为停潮。一般取平潮（停潮）的中间时刻为高潮时（低潮时）。

潮差、周期：两个相邻的高潮和低潮的水位高度差，称为潮差。取一段时间内潮差的平均值叫平均潮差。两个相邻高潮或两个相邻低潮之间的时间间隔，称为周期。

涨潮时间和落潮时间：从低潮时刻至高潮时刻所经过的时间间隔，称为涨潮时间；从高潮时刻至低潮时刻所经过的时间间隔，称为落潮时间。

高（低）潮间隙：潮汐主要是由月球引力产生的，而月中天时刻应该是高潮时，但因海水的惰性、海底地形变化以及海岸地形等因素，造成某地月中天时刻未到达高潮，总要经过一段时间，才发生高潮。从月中天至高（低）潮时的时间间隔，叫做高（低）潮间隙。

日潮不等：一日内两次高潮或低潮潮高不等的现象，称为日潮不等，其中，一日内较高的一次高潮叫高高潮，较低的一次高潮叫低高潮，较低的一次低潮叫低低潮，较高的一次低潮叫高低潮。日潮不等是由月球赤纬的变化引起的，月球赤纬是指月球、地球中心连线与地球赤道面之间的夹角。

分点潮和回归潮：当月球在赤道附近，则两高潮（低潮）的潮高约相等，这时候的潮汐称为分点潮。当月球在最北或最南（赤纬最大）附近时，所产生的日潮不等为最大，此时潮汐叫回归潮。

大、小潮：通过长时间观测可以发现潮差在一个月内是随着日期变化的，潮差最大这一天的潮汐称为大潮，潮差最小的这一天的潮汐称为小潮。大潮每月发生两次，一般在朔、望后 2~3 日出现；小潮每月发生两次，一般在上弦、下弦后 2~3 日出现。

潮龄：从朔望至发生大潮的时间间隔，称为半日潮龄。从月球最大赤纬至发生回归潮的时间间隔，称为日潮龄。由月球近地点到发生最大潮差的时间间隔，称为视差潮龄。

若将一段时间观测得到的海面高度变化展绘到潮高–时间坐标平面上，则可得到潮汐变化曲线（图 9-8）。潮汐变化曲线是有规律的，如果我们在海边一固定处验潮较长时间，并绘制潮汐变化曲线，当能发现上述的一些规律。

在实际应用中，一般将日分潮和半日分潮的振幅比作为划分潮汐类型的依据。在我国一般利用下式对潮汐进行分类：

$$F_1 = \frac{H_{K_1} + H_{O_1}}{H_{M_2}} \tag{9.26}$$

式中，H_i 为某分潮 i 的平均振幅（分潮调和常数）。其中，下标 k_1 为太阳-太阳赤纬全日分潮，O_1 为太阳主要日分潮，M_2 为太阳主要半日分潮。

根据 F_1 取值不同将潮汐分为四类：

①正规半日潮（$0 < F_1 \leq 0.5$）：在一个太阴日内有两个周期，两相邻的高潮或低潮的潮高几乎相等，此类潮汐称为半日潮；

②不正规半日潮（$0.5 < F_1 \leq 2.0$）：在一个太阴日内有两次高潮和两次低潮，但相邻的高低潮之间的潮差不等，涨落潮时间也不等，且不等是变化的；

③不正规日潮（$2.0 < F_1 \leq 4.0$）：在一个朔望月内大多数天是不正规半日潮，但有几天会出现一日一次高潮和一次低潮的日潮潮汐类型；

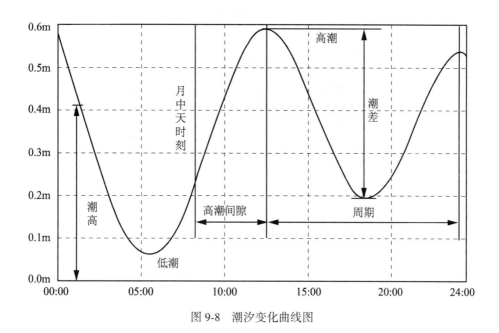

图 9-8　潮汐变化曲线图

④正规日潮($F_1 > 4.0$)：在半个月内大多数天(大于 7 天)是日潮的性质，少数天发生不正规半日潮。

图 9-9 是四种类型的典型潮汐变化曲线，图 9-10 是我国沿海港口潮汐性质分布。

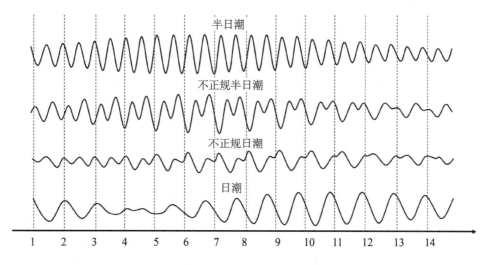

图 9-9　不同潮汐类型的水位观测曲线实例

2. 引潮力与引潮力势

海洋潮汐现象主要是月球和太阳的引潮力造成的，尽管太空中其他星体也对地球产生

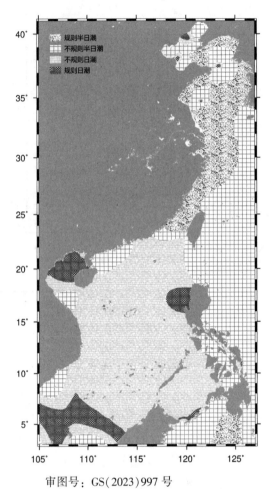

审图号：GS（2023）997 号

图 9-10　中国沿海港口潮汐性质分布

引力作用，但它们要么距离过远、要么质量较小，影响很小，可以忽略。引潮力是指月球和太阳对地球上单位质量的物体的引力与地球绕地月公共质心旋转时所产生的惯性离心力的合力。由于月球是最大的引潮天体，在此将以月球为例解释引潮力和引潮力势，并比较分析月球、太阳引潮力的大小。

如图 9-11 所示，单位质点 A、B、C、D、E 在地球各点上受到的惯性离心力 F_N 大小相等方向平行，而月球对地球各点的引力 F_M 因距离的不同而不等。在地心 E 处，惯性离心力 F_N 与月球的引力 F_M 大小相等、方向相反，合力为零，因而地月之间保持着既不远离又不靠近的平衡状态；而在地球其他各点，由于 F_M 不同，使得 F_M 和 F_N 的合力不为零，此合力即为引潮力。

如图 9-12 所示，地心 E 与月球质心 M 的距离为 r，地球某点 X 至月球质心的距离为 ρ，X 与地心 E 之间的距离为 R，月球天顶距为 θ，E、X 延长线与 X、M 连线的夹角为 ψ，G 为万有引力常数，则垂直引潮力 F_V 和水平引潮力 F_H 可表示为：

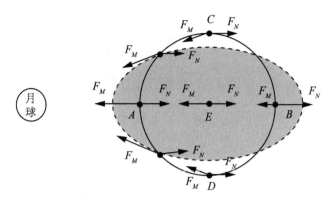

图 9-11 地月引力与惯性离心力

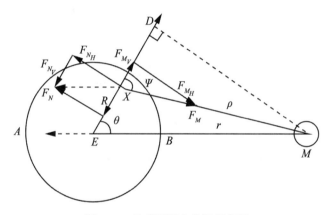

图 9-12 月球引潮力分解示意图

$$F_V = F_{M_V} - F_{N_V}, \ F_H = F_{M_H} - F_{N_H} \tag{9.27}$$

其中,

$$\begin{cases} F_{M_V} = G\dfrac{M}{\rho^2}\cos\psi, \ F_{N_V} = G\dfrac{M}{r^2}\cos\theta \\[3mm] F_{M_H} = G\dfrac{M}{\rho^2}\sin\psi, \ F_{N_H} = G\dfrac{M}{r^2}\sin\theta \end{cases} \tag{9.28}$$

由 $\triangle EMD$ 和 $\triangle XMD$ 得:

$$\begin{cases} \cos\psi = \dfrac{1}{\rho}(r\cos\theta - R) \\[3mm] \sin\psi = \dfrac{r}{\rho}\sin\theta \end{cases} \tag{9.29}$$

将式(9.28)、式(9.29)代入(9.27),进行泰勒级数展开并省略高阶项得:

$$
\begin{cases}
F_V = G\dfrac{MR}{r^3}(3\cos^2\theta - 1) + G\dfrac{3MR^2}{2r^4}(5\cos^2\theta - 3)\cos\theta \\[3mm]
F_H = G\dfrac{3MR}{2r^3}\sin^2 2\theta + G\dfrac{3MR^2}{2r^4}(5\cos^2\theta - 1)\sin\theta
\end{cases}
\tag{9.30}
$$

引潮力势是自地心移动单位质量物体克服引潮力所做的功,月球引潮力势表达式为:

$$
\Omega_M = -GM\left(\frac{1}{\rho} - \frac{1}{r} - \frac{\bar{R}}{r^2}\cos\theta\right)
\tag{9.31}
$$

式中,$\bar{R}$ 为地球平均半径。

同理可得到太阳引潮力和引潮力势计算公式,在此不再赘述。表 9-2 列出了天体基本参数,据此可计算出引潮力数值,通过计算可知:①引潮力量值很小,月球引潮力只是重力的 0.56‰~1.12‰,太阳引潮力相比更小;②月球引潮力大约等于太阳引潮力的 2.17 倍;③月球的最大垂直引潮力大于最大水平引潮力($F_H = 3F_V/4$),水平引潮力是引起海面流动和涨落的主要原因。

表 9-2　　　　　　　　　　　　　　　　　天体基本参数

天体	半径(m)	质量(kg)
地球	6.38×10^6	5.98×10^{24}
月球	1.74×10^6	7.35×10^{22}
太阳	6.96×10^8	1.99×10^{30}
地月距离	0.38×10^9	——
地球太阳距离	1.49×10^{11}	——

3. 平衡潮理论与潮汐调和分析

17 世纪,牛顿用万有引力理论解释海洋潮汐现象,创立了平衡潮理论,又称潮汐静力学理论。理论假设地球表面为等深海水所包围,不考虑海水惯性、黏性、海底摩擦,且忽略地球自转产生的偏向力。通过理论分析,得到一些结论:赤道永远出现正规半日潮;月赤纬不为 0 时,高纬地区出现正规日潮,除赤道外其他纬度地区出现日不等现象;同时考虑月球和太阳对潮汐的效应,在朔望之时,长轴方向靠近,两潮叠加形成大潮;上、下弦之时,两潮抵消形成小潮。利用平衡潮理论计算出最大可能潮差 78cm。但实际海洋潮波是在天体引潮力作用下的一种强迫波动,受海底地形起伏变化、海底摩擦以及地球自转等影响,潮波变化十分复杂,实地观测的潮高变化与平衡潮理论给出的理论潮高变化有很大差别,但潮汐变化的原理和许多规律仍可用平衡潮理论解释,比如潮汐成因、潮汐不等现象。

实际潮汐可分成许多有规律的分振动,这些分离出来的具有一定周期、一定振幅的分振动就叫分潮,实际海水的涨落总可表示为一些已知频率的振动及非潮汐因素的扰动之和。潮汐分析亦称潮汐调和分析,将任一海区的潮位变化看做是许多分潮余弦振动之和,根据最小二乘或波谱分析等数学分析方法由实测数据计算出各分潮振幅和迟角。通过潮汐调和分析，某地任意时刻的实际潮高可表示为：

$$h_i = S_0 + \sum_t^m (fH)_i \cos[q_i t + G(v_{0i} + u_i) - g_i] + \gamma(t) \tag{9.32}$$

式中，S_0 为长期平均水位高度，i 代表各分潮，f_i 为分潮 i 的交点因子，q_i 为分潮 i 的角速率，v_{0i} 为分潮 i 的格林尼治零时天文初相角，u_i 为分潮 i 的交点订正角，γ 为扰动项，H_i 为分潮 i 的平均振幅，g_i 为分潮 i 的格林尼治迟角，t 为时间，H_i 和 g_i 分别是分潮调和常数。

在潮汐分析过程中，h_i 为 t 时刻的观测潮高，f_i、q_i、$G(v_{0i} + u_i)$ 不需要潮汐观测值而预先求得（方国洪等，1986），H_i、g_i 为所求，将 S_0 也看做未知数，通过较长的验潮数据，由式（9.32）即可组成误差方程，按照最小二乘原理即可求出各分潮的调和常数。在潮汐预报过程中，有了各分潮的调和常数 H_i、g_i，即可推算某时刻的潮高 h_i。表 9-3 列出了 11 个主要分潮的基本参数。

表 9-3   **11 个主要分潮及其周期和相对振幅**

分潮符号 （假想天体符号）	名称	周期 （平太阳时）	相对振幅 （取 $M_2 = 100$）
	半日分潮		
M_2	太阴主要半日分潮	12.421	100.0
S_2	太阳主要半日分潮	12.000	46.5
N_2	太阴椭率主要半日分潮	12.658	19.1
K_2	太阴–太阳赤纬半日分潮	11.967	12.7
	全日分潮		
K_1	太阴–太阳赤纬全日分潮	23.934	58.4
O_1	太阴主要全日分潮	25.819	41.5
P_1	太阳主要全日分潮	24.066	19.3
Q_1	太阴椭率主要全日分潮	26.868	7.9
	浅海分潮		
M_4	太阴浅水 1/4 分潮	6.210	
M_6	太阳浅水 1/6 分潮	4.140	
MS_4	太阴、太阳浅水 1/4 分潮	6.103	

9.3.2 水位改正

水位改正的实质是在瞬时测深值中去除海面潮汐时变影响，将测得的瞬时深度转化为一定基准上与时间无关的"稳态"深度场的数据处理过程（刘雁春，2003）。在实际工作中，根据需求选择不同的垂直基准面，如我国水下地形图通常采用 1985 国家高程基准，航海图采用理论最低潮面。由于在测量过程中，无法实现测区内所有测深点的潮汐观测，因此通常采用以点代面的水位改正方法，即根据潮汐变化规律，在测区内设置一定数目的验潮站，利用验潮站的实测水位变化来推算测区内某测点处的水位变化情况（暴景阳等，2006）。

在开展水下地形测量工作前，通常需要收集测区潮汐资料，了解潮汐性质，由此来对测区进行水位分区、分带。若无历史资料，也可根据海区自然地理（海底地貌、海岸形状等）条件，或布设临时验潮站短期验潮加以分析。水位分区、分带主要分为以下三种情况：

①测区范围较小且潮汐性质相同。这种情况下，通常认为测区各点处水位高度在同一平面，可在测区附近设立单一验潮站（测区水位高度位于同一水平面），并用该站的水位数据进行单站水位改正，或布设多个验潮站（测区水位高度位于同一直线或平面，但不是水平面）采用距离加权内插的方法进行水位改正。

②测区范围较大且潮汐性质相同，潮位高度不在同一平面。根据潮汐传播规律，可采用分带法、时差法或最小二乘法进行水位改正。

③测区范围内潮汐性质存在不同。如果测区范围较大，存在各处潮汐性质不同的现象。这种情况下，应将测区按潮汐性质划分为各个子区，使其潮汐性质相同，再根据情况采用内插法、分带法、时差法或最小二乘法，对各子区进行水位改正。

下面具体介绍验潮站的有效作用距离及常用的各种水位改正方法。

1. 验潮站的有效作用距离

计算验潮站的有效作用距离，对合理布设验潮站以及决定水位改正模型，有着重要的意义。根据测区附近的已有两个验潮站的潮汐调和常数计算其间的瞬时最大潮高差，并按两个验潮站的距离计算测深精度相对应的距离，即为按测深精度要求的验潮站有效作用距离，公式可表达为：

$$d = \frac{\delta_z S}{\Delta h_{\max}} \tag{9.33}$$

式中，d 为验潮站有效距离（km）；δ_z 为测深精度（cm）；S 为两站之间的距离（km）；$\Delta h_{\max}$ 为两站在同一时间的最大可能潮高差（cm）。

利用式（9.33）估计有效距离，关键是求 $\Delta h_{\max}$，通常有三种方法（刘雁春，2003）：

①同步观测比对法：根据两站同步观测资料，绘出大潮期间几天的水位变化曲线（从平均海面起算），从图上找出 $\Delta h_{\max}$；

②解析计算法：利用两站的 4 个主要分潮构成的准调和潮高模型，计算出 $\Delta h_{\max}$；

③数值计算比对法：利用两站的 11 个分潮构成的调和潮高模型，计算两站一段时期的潮高值，选出 $\Delta h_{\max}$。

2. 单站水位改正法（时间内插法）

当测区位于一个验潮站的有效范围内，可认为测区所有点水位变化与该站相同，因此可用该站的水位资料来进行水位改正，单站水位改正法是实际野外数据处理中最为常用的一种潮汐内插方法。垂直基准面以深度基准面为例，图 9-13 中，$Z(t)$ 表示观测时刻的水位改正值（从深度基准面起算的潮高），H 表示瞬时水深观测值，则图载水深 H_D（从深度基准面起算的水深）为：

$$H_D = H - Z(t) \tag{9.34}$$

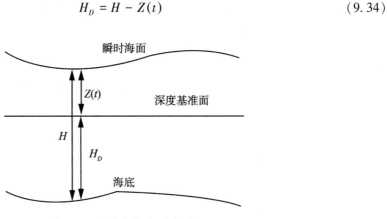

图 9-13　单站水位改正原理图

　　验潮站水位观测数据为离散值，为了求得不同时刻的水位改正数，需要进行时间内插，一般采用解析法，早期采用图解法。图解法就是绘制水位曲线，以横坐标表示时间，纵坐标表示水位改正数，如图 9-14 所示，可求得任意时刻的水位改正数。解析法就是利用计算机以观测数据为采样点进行时间内插来求得测量时间段内任意时刻水位改正数的方法，常用的内插方法有线性内插、多项式插值、样条插值等。

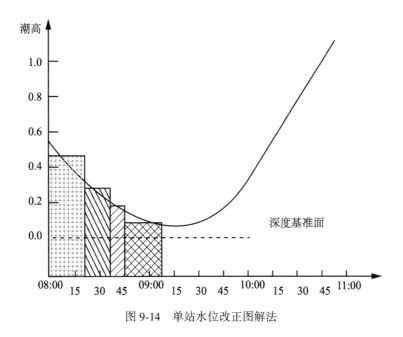

图 9-14　单站水位改正图解法

3. 距离加权内插法

　　测区范围不大，并假定测区内所有测点的水位处于同一直线或平面内，确定该直线或平面后，即可求得测点任意时刻的水位。距离加权内插法也是比较常用的一种水位改正方

261

法。如图 9-15 所示，测区位于 A、B 两验潮站之间，任何测点的水位可根据 A、B 两站的水位观测资料进行距离加权内插。

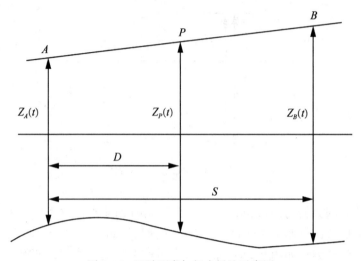

图 9-15　双站距离加权内插法示意图

该方法也同样适用三站的情形，如图 9-16 所示，其假设的前提是三站之间的瞬时海面为平面形态。

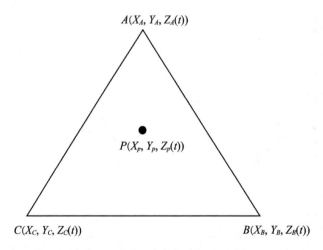

图 9-16　三站距离加权内插法示意图

双站距离加权内插法的数学模型：

$$Z_P(t) = Z_A(t) + \frac{Z_B(t) - Z_A(t)}{S} D \tag{9.35}$$

三站距离加权内插法的数学模型：

$$\begin{vmatrix} X_P - X_A & Y_P - Y_A & Z_P(t) - Z_A(t) \\ X_B - X_A & Y_B - Y_A & Z_B(t) - Z_A(t) \\ X_C - X_A & Y_C - Y_A & Z_C(t) - Z_A(t) \end{vmatrix} = 0 \qquad (9.36)$$

上面两式中，$Z(t)$ 为对应点（站）某时刻的水位值；X、Y 为对应点（站）的平面坐标。

4. 分带法

当测点距验潮站超出了验潮站有效控制范围时，可采用分带法、时差法及最小二乘法等进行水位改正。水位分带的实质是根据验潮站的位置和潮汐传播的方向将测区划分为若干条带，内插出各条带的水位变化曲线。对位于验潮站有效作用距离内的测点，可直接用该验潮站水位观测值进行水位改正；对不在验潮站有效作用范围内的测点，可内插出其条带的水位变化曲线，再根据该曲线进行水位改正（图 9-17），分带所依据的假设条件是测区内潮汐性质相同，两站间的潮波传播是均匀的，即两站间的同相潮时和同相潮高的变化与其距离成比例。

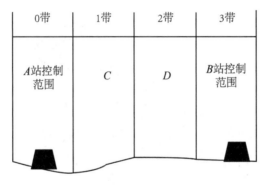

图 9-17　双站分带示意图

同相潮时是指两站间的同相潮波点（如波峰、波谷等点）在各处发生的时刻，同相潮高是指两站间的同相潮波点的高度。如图 9-18 所示，假设 A、B 间潮波传播均匀，t_A、t_B 为同相潮时，则两站间的潮时差 $\tau_{AB} = t_B - t_A$，C 站离 A 站的距离等于 A、B 距离的三分之一，所以 C 站的同相潮时（如高潮时）应等于 $t_C = t_A + \tau_{AB}/3$，而 C 的同相潮高应在 A、B 同时潮高的连线上。

在潮波传播均匀的情况下，两验潮站之间的水位分带数 K 可由下式确定：

$$K = \frac{\Delta h_{\max}}{\delta_z} \qquad (9.37)$$

分带时，相邻带的水位改正数最大差值不超过测深精度 δ_z，分带界线基本上应与潮波传播方向垂直，如图 9-19 所示，分带后根据某时刻 A 站或 B 站的水位数就可以推算出 1、2、3 等子带内某时刻的水位改正数。

当测区非狭长形，分带后各带仍无法用同一水位曲线描述该带内水位变化时，需要对条带继续分区。如图 9-20 所示，测区有 3 个验潮站，其水位分带分区方法为：先进行两两站之间的水位分带，这样在每一带的两端都有一条水位曲线控制，如在第 II 带，一端

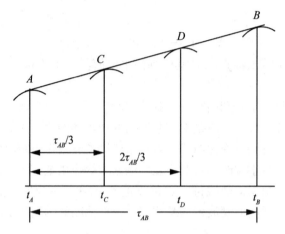

图 9-18　同相潮时和同相潮高图

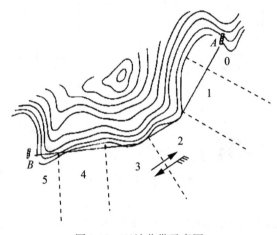

图 9-19　双站分带示意图

为 C 站的水位曲线，另一端为 AB 边的第 2 带的水位曲线。若两端水位曲线同一时刻的 $\Delta h_{\max}$ 值大于测深精度 δ_z，则该带还需分区，将第 II 带分为 II_0、II_1 和 II_2，II_1 水位曲线由 C 站和 AB 边的第 2 带的水位曲线内插获得。

对于更大范围的测区，验潮站的数量可能多于 3 个，其分带方法仍是以双站和三站分带为基础，对整个测区进行分带分区后再进行水位改正。在实际应用过程中，根据分带法的基本原理利用计算机编程即可完成水位改正工作。

5. 时差法

时差法水位改正是运用数字信号处理技术中相关函数的变化特征，计算两个验潮站之间的潮时差，从而求得测点相对于验潮站的潮时差，再通过时间归化，求解测点水位的一种方法，便于编程计算。

如图 9-21 所示，测区内潮汐性质相同，将两个验潮站 A、B 的水位视做信号，以验潮

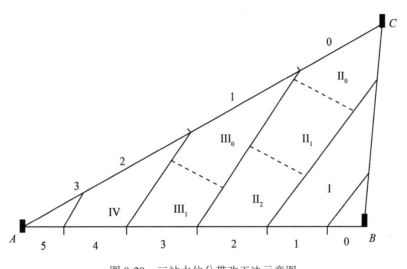

图 9-20　三站水位分带改正法示意图

站 A 为基准，通过对两信号波形的研究求得两信号之间的时差，即为两验潮站间的潮时差，再根据待求点的位置计算其相对于基准验潮站的潮时差，并通过时间改化，最后求出待求点的水位改正值(谢锡君等，1988)。

设 A、B 两站潮位曲线的离散采样序列 X_n、Y_n 分别为：

$$\begin{cases} X_n = T_A(t_0 + n\Delta t)，\ n = 0，1，\cdots，N； \\ Y_n = T_B(t_0 + n\Delta t)，\ n = 0，1，\cdots，N \end{cases} \tag{9.38}$$

式中，t_0 为两验潮站的同步初始时刻，Δt 为采样间隔，N 为采样总个数，则得到两站的水位曲线如图 9-21 所示。

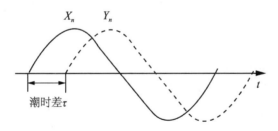

潮时差 τ

图 9-21　两验潮站的水位变化曲线

首先分析两站水位曲线的相似程度，从离散数学原理可知，两曲线的相似程度是由一定采样值的相关系数决定的，相关系数 R 为：

$$R = \frac{\displaystyle\sum_{n=0}^{N} X_n Y_n}{\sqrt{\displaystyle\sum_{n=0}^{N} X_n^2 \sum_{n=0}^{N} Y_n^2}} \tag{9.39}$$

$|R|$ 越接近 1，两曲线就越相似；$|R|$ 越接近 0，两曲线就越不相似。由于两验潮站之间存在潮时差，要确定两验潮站水位曲线的相似性，需对其中一站的水位曲线进行延时处理，如将 Y_n 延时 τ，使之变为 $Y_\tau = T_B(t_0 + n\Delta t - \tau)$，则 X_n 与 Y_τ 的相关系数 R_τ 为：

$$R_\tau = \frac{\sum_{n=0}^{N} X_n Y_\tau}{\sqrt{\sum_{n=0}^{N} X_n^2 \sum_{n=0}^{N} Y_\tau^2}} \tag{9.40}$$

当 τ 为某一个值 τ_0，R_τ 达到最大，说明 Y_n 延时 τ_0 后，与 X_i 最相似，τ_0 即为两站的潮时差，一般需通过迭代求解 τ_0。

同样，对于三个验潮站 A、B、C 的情形，只要满足时差法的条件，同样可求得三站之间的潮时差。若以 A 站为基准，则测点 $P(X_P, Y_P, \tau_{AP})$ 必位于 $A(X_A, Y_A, 0)$、$B(X_B, Y_B, \tau_{AB})$、$C(X_C, Y_C, \tau_{AC})$ 三点组成的空间平面上，可以得到测点 P 的时间延时 τ_{AP} 为：

$$\tau_{AP} = \frac{(X_P - X_A)\left[(Y_C - Y_A)\tau_{AB} - (Y_B - Y_A)\tau_{AC}\right] + (Y_P - Y_A)\left[(X_B - X_A)\tau_{AC} - (X_C - X_A)\tau_{AB}\right]}{(X_B - X_A)(Y_C - Y_A) - (Y_B - Y_A)(X_C - X_A)}$$

$$\tag{9.41}$$

将各验潮站的观测时间改化为与测点 P 在 t 时刻对应的时间，即 $t_A = t + \tau_{AP}$，$t_B = t + \tau_{AP} - \tau_{AB}$，$t_C = t + \tau_{AP} - \tau_{AC}$，并分别求出对应时刻 A、B、C 各站的水位值 $Z_A(t_A)$、$Z_B(t_B)$、$Z_C(t_C)$。根据假设条件，测点 $P[X_P, Y_P, Z_P(t)]$ 必位于 $A[X_A, Y_A, Z_A(t_A)]$、$B[X_B, Y_B, Z_B(t_B)]$、$C[X_C, Y_C, Z_C(t_C)]$ 三点组成的空间平面上，从而测点 P 在观测时刻 t 的水位改正值 $Z_P(t)$ 为：

$$\begin{cases} Z_P(t) = Z_A(t_A) + (M + N) / \left[(X_B - X_A)(Y_C - Y_A) - (Y_B - Y_A)(X_C - X_A)\right] \\ M = (X_P - X_A)\left\{(Y_C - Y_A)\left[Z_B(t_B) - Z_A(t_A)\right] - (Y_B - Y_A)\left[Z_C(t_C) - Z_A(t_A)\right]\right\} \\ N = (Y_P - Y_A)\left\{(X_B - X_A)\left[Z_C(t_C) - Z_A(t_A)\right] - (X_C - X_A)\left[Z_B(t_B) - Z_A(t_A)\right]\right\} \end{cases}$$

$$\tag{9.42}$$

6. 最小二乘拟合法

最小二乘拟合法与时差法类似，但在各点之间，除了计算潮时差之外，还考虑潮差比和基准面偏差。该方法首先对两个已知验潮站的水位序列进行最小二乘拟合，确定出两站之间的潮汐传递参数：潮差比 γ_{AB}、潮时差 τ_{AB} 和基准面偏差 ε_{AB}，再计算待求点相对于基准站的潮汐传递参数，进而内插求出待求点的水位(刘雁春等，1996)。

如图 9-22 所示，B 站水位相对于基准站 A 为：

$$T_B(t) = \gamma_{AB} \cdot T_A(t + \tau_{AB}) + \varepsilon_{AB} \tag{9.43}$$

理论上，应该有：

$$\gamma_{AB} = \frac{1}{\gamma_{BA}}, \quad \tau_{AB} = -\tau_{BA}, \quad \varepsilon_{AB} = -\varepsilon_{BA} \cdot \gamma_{AB} \tag{9.44}$$

P 为待求点，则

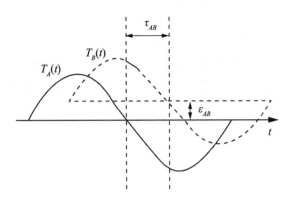

图 9-22　水位曲线最小二乘拟合原理图

$$\begin{cases} \gamma_{AP} = 1 + \dfrac{(\gamma_{AB} - 1)R_{AP}}{R_{AB}} \\[4mm] \tau_{AP} = \dfrac{\tau_{AB} \cdot R_{AP}}{R_{AB}} \\[4mm] \varepsilon_{AP} = \dfrac{\varepsilon_{AB} \cdot R_{AP}}{R_{AB}} \end{cases} \tag{9.45}$$

P 点处的瞬时水位值为：

$$T_P(t) = \gamma_{AP} \cdot T_A(t + \tau_{AP}) + \varepsilon_{AP} \tag{9.46}$$

式中，$T_P(t)$ 表示由验潮站 A 推估 P 点处的水位值。

最小二乘法同样适合用计算机编程计算，设 A、B 两站潮位曲线的离散采样序列为：

$$\begin{cases} T_A(t_0 + n\Delta t), & n = 0, 1, \cdots, N; \\ T_B(t_0 + n\Delta t), & n = 0, 1, \cdots, N \end{cases} \tag{9.47}$$

式中，t_0 为初始时刻；Δt 为采样间隔，可取 $\Delta t = 5, 10, 20, 30, 60(\min)$，$N$ 为采样总个数。

建立两验潮站潮位比较误差方程如下：

$$v_n = \gamma_{AB}T_A(t_0 + n\Delta t + \tau_{AB}) + \varepsilon_{AB} - T_B(t_0 + n\Delta t), \quad n = 0, 1, \cdots, N \tag{9.48}$$

对上式进行线性化，并写成矩阵形式为：

$$V = AX - L \tag{9.49}$$

其中，V 为改正数矩阵，A 为系数矩阵，$X = [\Delta\gamma, \ \Delta\tau, \ \Delta\varepsilon]^{\mathrm{T}}$ 为未知参数改正数向量，L 为常数向量。A 矩阵的行元素具体为：

$$\begin{bmatrix} T_A(t_0 + n\Delta t + \tau_0) & \gamma_0 T'_A(t_0 + n\Delta t + \tau_0) & 1 \end{bmatrix}, \quad n = 0, 1, \cdots, N \tag{9.50}$$

式中，γ_0、τ_0、ε_0 分别为未知参数 γ_{AB}、τ_{AB}、ε_{AB} 的近似值；$T'_A(t_0 + n\Delta t + \tau_0)$ 为 T 对 τ 的导数。

L 矩阵的行元素具体为：

$$\begin{bmatrix} T_B(t_0 + n\Delta t) - \gamma_0 T_A(t_0 + n\Delta t + \tau_0) - \varepsilon_0 \end{bmatrix}, \quad n = 0, 1, \cdots, N \tag{9.51}$$

根据最小二乘原则 $[V^TV] = \min$ ，可得：

$$X = (A^TA)^{-1}A^TL \qquad (9.52)$$

实际计算中，需采用迭代法，通常初值取 $\gamma_0 = 1$、$\tau_0 = 0$、$\varepsilon_0 = 0$。在计算系数矩阵 A 时，需将离散数据连续化，一般采用函数插值技术，如二次样条函数插值。

总的来说，当测区范围不大，在一个验潮站的有效范围内，直接利用该站的水位观测资料改正；当范围较大，超过一个站的控制范围，采用两个站的水位观测资料分带改正；当两个站不能有效控制时，采用三个站的三角分带法改正。各种方法改正时，均需采用内插算法，只是内插的要素不同，一般采用线性内插、距离加权内插、时差法及最小二乘法，等等。具体的内插算法根据验潮站坐标是否已知、潮汐是否均匀传播等多种因素决定。

9.4　GNSS 高精度动态测高模式支持的水下地形测量

从测深原理可知，测深精度受多种因素的影响，其中吃水、上下升沉、水位、姿态等引起的在垂直方向上的变化经常交织在一起，很难截然分开，采用传统的测深模式分别进行改正，不可避免地会带来一定的误差，最终影响测深精度。如果能有一种手段，可以直接测定换能器的垂直综合动态效应，将明显改善最终测深精度。

近 20 年来，GNSS 定位技术取得了长足的发展，近海动态定位已达厘米级，技术已相对成熟，远海采用后处理动态，甚至实时动态已可达到厘米级精度。船载 GNSS 天线得到的大地高变化，直接反映了换能器的垂直综合动态变化，GNSS 高精度三维定位结果，为测深垂直综合动态效应改正提供了技术手段。需要注意的是，GNSS 天线得到的是大地高，其与瞬时水深值及天线高相减，得到的是海底点的大地高。若是进行水下地形测量，须将大地高转换到地形要求的高程上来，一般为正常高，海洋中正高与正常高一致（似大地水准面与大地水准面重合），不用考虑正高与正常高的差别，因此须已知该测区 GNSS 椭球面与（似）大地水准面的偏差模型；若是图载水深测量，须已知测深点处深度基准面对应的大地高，即已知该测区 GNSS 椭球面与深度基准面的偏差模型。偏差模型可采用高程/深度拟合或采用多源数据建立精化模型的方式得到，如果测区范围较小，距离岸边较近，可近似将偏差值看作常数，在岸边采用 GNSS 水准联测的方式获取。

如图 9-23 所示，H_Z 为大地水准面至海底的距离，H_0 为 GNSS 天线至参考椭球面的垂直距离，即 GNSS 天线大地高；H_1 为平均海面至参考椭球面的垂直距离，即平均海面大地高；H_2 为换能器表面至海底的垂直距离，即测深仪记录的瞬时水深；H_3 为 GNSS 天线至换能器表面的垂直距离，在补偿各种姿态变化后可认为 H_3 为常量；H_4 为海底至参考椭球面的垂直距离，即海底点的大地高；ξ 为平均海面至大地水准面的垂直距离，即海面地形；N 为大地水准面至参考椭球面的垂直距离，即大地水准面差距（或高程异常）；L 为从平均海面起算的理论深度基准面的高度；h 为深度基准面至海底点的垂直距离，即图载水深。

从图 9-23 中可知，以下关系式成立：

$$H_0 = H_2 + H_3 + H_4 \qquad (9.53)$$

因此海底点的大地高为：

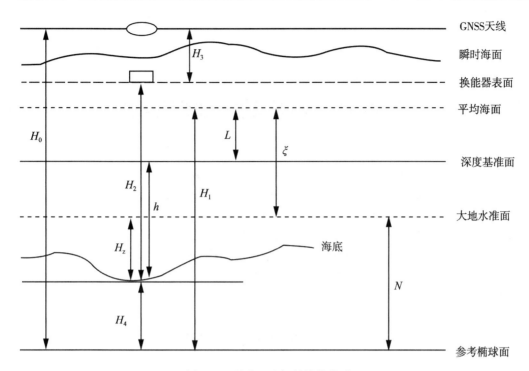

图 9-23 基准面之间的转换关系

$$H_4 = H_0 - H_2 - H_3 \tag{9.54}$$

平均海面大地高为：

$$H_1 = L + h + H_4 \tag{9.55}$$

式中，$h + H_4$ 为深度基准面大地高，因此

$$h = H_1 - L - H_0 + H_2 + H_3 \tag{9.56}$$

由大地水准面起算的海底点高程为：$H_z = N - H_4$，即

$$H_z = N - H_0 + H_2 + H_4 \tag{9.57}$$

式(9.56)与式(9.57)即为由 GNSS 天线大地高推算其图载水深和正高的基本公式(许家琨，2011)。从式中可看出，无论成果采用正常高还是图载水深表达，此情形下垂直方向上测量成果都与潮汐、动态吃水、上下升沉无关。在瞬时水深测量中把这些因素作为一个整体因素进行考虑，这在很大程度上削弱了由于潮汐、动态吃水、涌浪等在垂直方向上引起的测量误差，明显提高了测量成果的精度；另外，该方法也减少了部分工作过程，比如验潮，节省了大量的人力与测量成本，这正是 GNSS 高精度动态测高模式进行水下地形测量的优势所在。只要能精确确定大地水准面差距 N 及平均海面的大地高 H_1，即可实现该区域 GNSS 大地高 H_0 和海图成果水深 h 及海底地形高程之间的精密转换。

第 10 章　海底数字地形模型

海底地形测量是海底开发的基础，在探索海底地形地貌、建设海洋工程、开发海洋资源等方面都发挥着重要作用。传统上，海底地形的表达主要是通过在海图上标注水深点、绘制等深线等二维方式来进行表达。尽管这些形式能够在一定程度上满足航海或海洋工程建设的需求，但存在表达不直观、不利于地形分析等问题。随着计算机技术和图形学技术的发展，计算机三维图形处理技术已经得到了长足发展，海底地形地貌的三维可视化成为海底地形表达的主要形式和研究热点。本章将介绍海量海底地形数据结构、构建方法、三维可视化的相关技术和方法。

10.1　海底 DTM 构建

数字地形模型(Digital Terrain Model)，简称 DTM，其生成是 GIS 和地形可视化的基础。数字地形模型的数据模型分为规则格网 GRID、不规则三角网 TIN(Triangulated Irregular Network，TIN)和等值线三类。TIN 模型由于具有数据冗余小、存储效率高、网形强度好、具有三角网拓扑关系、能较好地顾及地形特征和适合多层次表达等优点，其生成算法是建立数字地形模型的基础。

海底 DEM 的构建是海底地形三维可视化的基础，而海底 DEM 的构建方法与精度则与构建海底 DEM 的数据来源及其存在形式密切相关。目前，数字水深数据主要有电子海图、单波束水深、多波束水深等类型的数据。电子海图中的水深数据比较离散、分布较为稀疏，且在数字化和综合过程中会产生不确定的人为误差，主要用来满足航海作业的需要。单波束水深数据稀疏且精度不高，难以满足构建高精度海底 DEM 的要求。与上述两种数据相比，多波束数据具有高精度、高分辨率的特点，能够满足高精度海底 DEM 的建模需求(高金耀，2003；贾俊涛，2008)。随着多波束测深技术的日益广泛应用，多波束测深数据已经成为海底 DEM 构建的主要数据来源。

10.1.1　地形数据模型

1. 规则格网(Grid)模型

规则格网模型将空间区域分成规则的等距离单元，每个单元对应一个数值，通常在数学上表示为一个矩阵，在计算机中表现为一个二维数组，每个格网单元或数组元素对应一个高程值，是地形表达的主要形式之一(图 10-1)。

按平面上等间距规则采样，或内插所建立的数字地面模型，称为基于栅格的数字地面模型，可以写成以下形式：

$$\text{DTM} = | z_{i, j} |, \quad i, j = 1, 2, \cdots, n \tag{10.1}$$

式中, $z_{i, j}$ 为栅格结点上的地面属性数据, 包括土地权属、土壤类型、土地利用等。当该属性为海拔高程时, 该模型即为数字高程模型; 当该属性为海底深度时, 该模型即为数字海底地形模型。

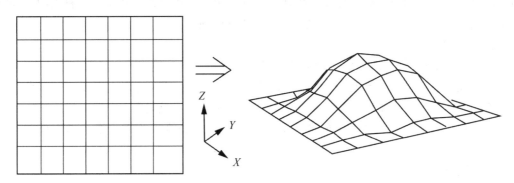

图 10-1　规则格网模型

2. 不规则三角网模型

由于受观测手段所限, 在实际应用中获取的数据通常是不规则分布的离散点数据。如地震观测的地层结构数据、环境监测获取的地下水资源监测点数据、气象监测的点数据等。

不规则三角网模型(TIN)通过不规则分布的数据点, 生成连续的三角形面来逼近地形表面(图 10-2)。三角形的形状和大小取决于不规则分布的观测点数据的位置和分布密度。用来描述 TIN 的基本元素有三个: 节点(Node)、边(Edge)和面(Face)。

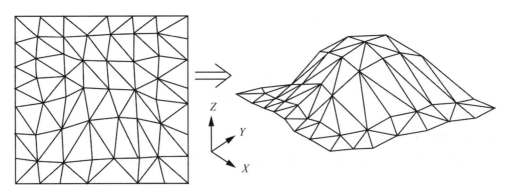

图 10-2　TIN 模型

节点: 是相邻三角形的公共顶点, 也是用来构建 TIN 的采样数据。

边: 指两个三角形的公共边界, 是 TIN 不光滑性的具体反映。边同时还包含特征线、断裂线以及区域边界。

面: 由最近的三个节点所组成的三角形面, 是 TIN 描述地形表面的基本单元。TIN 中的每一个三角形都描述了局部地形倾斜状态，具有唯一的坡度值。三角形在公共节点和边上是无缝的，或者说三角形不能交叉和重叠。

节点、边和面之间存在着关联、邻接等拓扑关系。

利用某区域所构建的 TIN 模型，可以很容易获取地面上任一点的高程或生成地形剖面。计算任一点高程时，分为任意点落在三角面的顶点、边上或三角形内三种情况。如果点不在顶点上，则该点的高程值通常通过线性插值得到。

3. 等值线模型

等值线是 DEM 模型的平面表示形式，是地形表示中广泛使用的一种表示方法。

等值线图以符号化的模型来表示三维地形形态，是由一系列数值相等的点连成曲线来反映连续递变的面状分布地形特征，如等高线、等深线、等温线等。

等值线是指平面上的轨迹分布线，如图 10-3 所示。等值线的值所表示的物理意义可以是地形高程或水下深度数据、温度场中的温度数据、气象中的气压数据等。

等值线符合以下要求：

①给定的等值线在相应区域内不能互相交错；

②一根等值线通常是一条连续的曲线；

③给定值后，相应域上等值线不限于一条；

④等值线可以是闭合曲线，也可以和域外连续。

图 10-3　等值线模型

4. 常用 DTM 数据模型比较

规则格网模型、TIN 模型和等值线模型各有优缺点，各个模型对比如表 10-1 所示。

表 10-1　　　　　　　　　　　　　　常用 DTM 数据模型比较

数据模型	规则格网	TIN	等值线
主要数据源	原始数据插值	离散数据点	地形图数字化或 DEM 直接生成
建模难易度	易	难	易

数据量	随格网大小而变	较大	很小
表示拓扑能力	尚好	很好	差
处理算法复杂程度	简单	较为复杂	一般不直接用于空间分析
适用比例尺	中小比例尺	大比例尺	各类比例尺
适合表示地形	简单平缓地形	各种复杂地形	各种地形
三维显示	方便	较方便	差

10.1.2 规则格网模型构建

采样数据一般是不规则离散分布数据，需要通过空间插值转换为连续的数据曲面，以便与其他空间现象的分布模式进行比较。空间插值一般包括空间内插和外推两种算法。空间内插算法是通过已知点数据推求同一区域其他未知点数据的计算方法；空间外推算法则是通过已知区域的数据，推求其他区域数据的方法。

规则格网是在二维空间上对三维地形表面的描述，该模型首先对研究区域在二维平面上进行格网划分(格网大小取决于采样点的分布和密度以及 DEM 应用目的等)，形成覆盖整个区域的格网空间结构；然后利用分布在格网点周围的地形采样点内插计算格网点的高程值，最后按一定的格式输出，形成该地区的格网 DEM。针对水下地形测量，地形采样点可以是单波束、多波束测量获得的大量采样点。图 10-4 表示了格网 DEM 的建立过程，其中最为核心的关键就是插值，可以说完成了插值计算就完成了 DEM 的建立。

插值是利用有限数目的样本点来估计未知样本点的值，插值的理论依据是建模对象具有一定的空间相似性，即距离较近的采样点，其值更为接近，如气温、高程、污染等。数据采样时，通常不可能对研究区内的每个点的属性值都进行测量，一般选择一些离散的样本点进行测量，通过插值得出未知采样点的值。采样点可以随机选取，或者选取特征样点，但必须保证这些点代表了区域的总体特征，可以插值生成连续且规则的栅格面。通常采样点数目越多，分布越均匀，插值效果越好。

从 DEM 概念提出至今，经过多年的发展和完善，已经提出多种高程内插方法。DEM 内插分类并没有统一的标准，例如从数据分布规律来讲，有基于规则分布数据的内插方法、基于不规则分布的内插方法和适合于等高线数据的内插方法等；按内插点的分布范围，内插方法分为整体内插、局部内插和逐点内插法；从内插函数与参考点的关系方面，又分为曲面通过所有采样点的纯二维插值方法和曲面不通过参考点的曲面拟合插值方法；从内插曲面的数学性质来讲，有多项式内插、样条内插、最小二乘配置内插等内插函数；从对地形曲面理解的角度，内插方法有克里金法、多层曲面叠加法、加权平均法、分形内插等。表 10-2 对各种分类方法进行了简要的总结和归纳。DEM 内插的根本是对地形曲面特征的认识和理解，具体到方法上，则是内插点邻域范围的确定、权值的确定方法(自相关程度)、内插函数的选择三方面的问题。

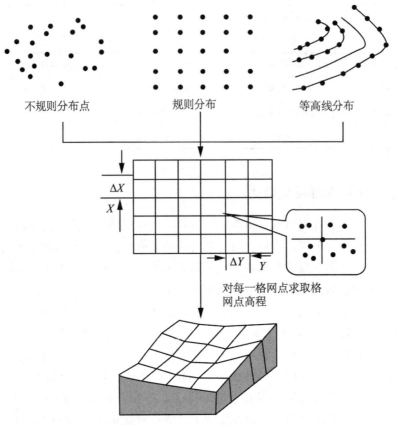

不规则分布点　　　　规则分布　　　　等高线分布

ΔX

X

ΔY　Y

对每一格网点求取格
网点高程

图 10-4　规则格网 DEM 建立流程(汤国安等，2009)

由于每一种内插方法都有其自身的特点和适用范围，本书将着重讨论适合于不规则分布和等高线数据的克里金法、反距离比权重法(Inverse Distance Weighted，IDW)、趋势面法等内插方法，没有详细介绍的内插方法参见地理信息系统、测量平差、数值分析等教程中的相关内容。

1. 克里金法

克里金(Kriging)插值法又称空间自协方差最佳插值法，它是以南非矿业工程师 D. G. Krige 的名字命名的一种最优内插法。克里金法广泛地应用于地下水模拟、土壤制图等领域，是一种很有用的地质统计格网化方法。它首先考虑的是空间属性在空间位置上的变异分布，确定对一个待插点值有影响的距离范围，然后用此范围内的采样点来估计待插点的属性值。该方法在数学上可对所研究的对象提供一种最佳线性无偏估计(某点处的确定值)。它是考虑了信息样品的形状、大小及与待估计块段相互间的空间位置等几何特征以及品位的空间结构之后，为达到线性、无偏和最小估计方差的估计，而对每一个样品赋予一定的系数，最后进行加权平均来估计块段品位的方法，但它仍是一种光滑的内插方法。在数据点多时，其内插的结果可信度较高，插值效果如图 10-5 所示。

表 10-2   **DEM 内插分类方法(汤国安等,2009)**

DEM 内插	数据分布		规则分布内插方法
			不规则分布内插方法
			等高线数据内插方法
	内插范围		整体内插方法
			局部内插方法
			逐点内插方法
	内插曲面与参考点关系		纯二维内插
			曲面拟合内插
	内插函数性质	多项式内插	线性插值
			双线性插值
			高次多项式插值
		样条内插	
		有限元内插	
		最小二乘配置内插	
	地形特征理解		克里金内插
			多层曲面叠加内插
			加权平均值内插
			分形内插
			傅立叶级数内插

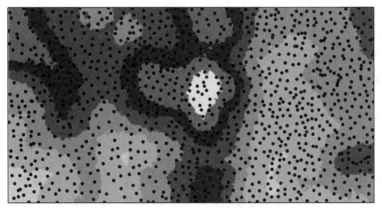

图 10-5 普通克里金三维插值效果图

2. 反距离加权插值(IDW)

反距离加权插值(Inverse Distance to a Power)也称为距离倒数乘方法,是一个加权平均插值法，可以进行确切的或者圆滑的方式插值。方次参数控制着权系数如何随着离开一个格网节点距离的增加而下降。对于一个较大的方次，较近的数据点被给定一个较高的权重份额，对于一个较小的方次，权重比较均匀地分配给各数据点。

　　计算一个格网节点时，给予一个特定数据点的权值与指定方次的从节点到观测点的该节点被赋予的距离倒数成比例。当计算一个格网节点时，配给的权重是一个分数，所有权重的总和等于 1.0。当一个观测点与一个格网节点重合时，该观测点被给予一个实际为 1.0 的权重，所有其他观测点被给予一个几乎为 0.0 的权重。换言之，该节点被赋给与观测点一致的值，这就是一个准确插值，插值效果见图 10-6。

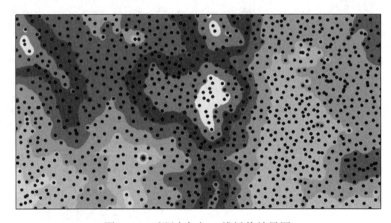

图 10-6　反距离加权三维插值效果图

　　马建林等针对多波束数据集的特点进行改进的 IDW 算法来构建规则格网（GRID）的DTM。为了充分发挥多波束系统的优点，采用尽可能高的分辨率而容忍数据冗余的存在，即 GRID 的格网分辨率根据多波束系统的实际分辨率来决定，可以利用部分数据进行试验，以确定一个可以接受的格网间距（马建林等，2005）。

3. 趋势面法

　　通过全局多项式插值法将由数学函数（多项式）定义的平滑表面与输入采样点进行拟合，是利用数学曲面模拟地理系统要素在空间上的分布及变化趋势的一种数学方法。实质上是通过回归分析原理，运用最小二乘法拟合一个二维非线性函数，模拟地理要素在空间上的分布规律，展示地理要素在地域空间上的变化趋势，插值效果见图 10-7。

10.1.3　不规则三角网模型构建

　　从结构上讲，TIN 是一种典型的矢量数据结构。它主要通过节点（地形采样点）、三角形边和三角形面之间的关系来显式或隐式地表达地形散点的拓扑关系，因此设计一个高效、结构紧凑、维护方便的 TIN 的存储与组织结构对 TIN 的应用与库的维护是至关重要的。

　　TIN 的基本单元三角形的几何形状直接决定着 TIN 应用质量。由于地形的自相关性，相互接近的地形采样点之间的关联程度愈大。理论与实践均证明：狭长的三角形其插值精

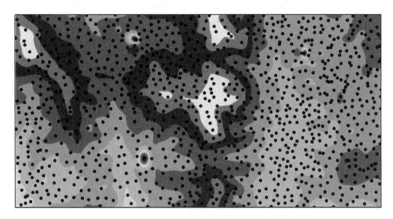

图 10-7 多项式插值效果图

度比较规则的三角形插值精度可信度要低。因此，在 TIN 中，三角形的几何形状有着严格的要求。一般的有三条原则：①尽量接近正三角形；②保证最近的点形成三角形；③三角形网络唯一。此为三角剖分的原则问题（曹鸿博，2010）。

一个良好的数据结构和三角剖分准则，必须由一个高效的算法和程序实现。算法在具体应用中发挥的作用由算法本身的性能和实现它的程序质量共同决定。而程序的好坏很大程度上依赖于算法的原理。对算法本身在理论上进行分析论证，寻求一种高效率、高精度、适用面广的算法是 TIN 建立中重要一环。

由上述的分析可知，TIN 的数据组织、三角剖分准则、算法和程序构成了 TIN 的基本理论体系框架，图 10-8 表示了这一结构。

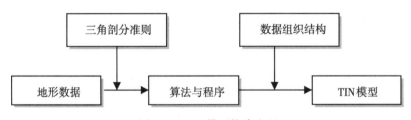

图 10-8 TIN 模型构建流程

1. 三角剖分准则及算法分类

TIN 的三角剖分准则是指 TIN 中三角形的形成法则，它决定着三角形的几何形状和 TIN 的质量。目前在 GIS、计算几何和计算机图形学领域常用的三角剖分准则有以下几种（刘学军、符锌砂，2001）：空外接圆准则、最大最小角准则、最短距离和准则、张角最大准则、面积比准则、对角线准则。

通常将在空外接圆准则、最大最小角准则下进行三角剖分称为 Delaunay 三角剖分，简称为 DT（Delaunay Triangulation），同时空外接圆和最大最小角也是 Delaunay 三角网的两个基本性质。DT 三角剖分是目前应用最为广泛的三角剖分方法，其特性是可最大限度地避免狭长三角形的出现以及不管从何处开始构网都能保持三角形网络的唯一性。

TIN 的三角剖分就是按照 Delaunay 三角剖分，将地形采样点用互不相交的直线段连接起来，并按一定的结构进行存储。到目前为止，已出现了不少成熟的三角化算法。并且随着时间的推移，老算法不断地得到完善，也会出现更好的算法。因此准确地对算法进行归类是比较困难的。这里按照地形采样数据的分布情况对 TIN 的三角化算法进行归类，DTM 采样数据一般分为呈不规则分布、规则分布和等高线数据分布三类。针对不规则分布数据，TIN 三角化算法主要有 DT 三角剖分、辐射扫描法、退火模拟法、数学形态法；针对规则分布数据，TIN 三角化算法主要有 VIPs 算法、循环迭代算法、层次三角形算法；针对等高线数据，TIN 三角化算法主要有特征线算法、探测优化算法（汤国安等，2009）。由于等高线数据是通过原始采样点数据处理后得到的，而直接获取规则分布数据的情况不多，因此利用不规则分布采样数据构建 TIN 是构建地形模型的最常用方式。

2. 不规则采样点三角剖分算法

散点域（不规则采样点）的三角剖分目前使用最为广泛的算法是 Delaunay 直接三角剖分算法。Tsai（1994）根据实现过程，把 DT 三角剖分分成分割合并算法、三角网增长算法和逐点插入算法三类（杨广义，2010）。

用来进行 TIN 构建的原始数据根据数据点之间的约束条件可分为无约束数据域和约束数据域两种类型。无约束数据域是指数据点之间不存在任何关系，即数据分布完全呈离散状态，数据点之间在物理上相互独立。而约束数据则是部分数据点之间存在着某种联系，这种联系一般通过线性特征来维护，如地形数据中的山脊线、山谷线上的点等。约束条件又有两类，一是边界约束条件，是指数据点被一多边形所包围，该多边形即为边界约束条件；另一为内部约束条件，是数据点之间存在的限制条件。地形数据一般仅存在内部约束条件而无边界约束。

10.1.4　地形数据存储

1. 格网数据结构

格网数据结构是典型的栅格数据结构，可采用栅格矩阵及其压缩编码的方法表示。其数据包括三部分：

①元数据：描述 DEM 数据的数据，如数据表示的时间、边界、测量单位、投影参数等。

②数据头：记录 DEM 数据的行数、列数、起点坐标、格网间距、无效区域值。

③数据体：行列数分布的数据阵列。

2. TIN 数据结构

TIN 数据结构需要存储三角形顶点的平面坐标、顶点之间的连接关系和邻接三角形等拓扑关系。由于存储了三角形之间的邻接关系，TIN 内插、检索、等高线提取、显示以及局部结构分析都比较方便，不足之处是存储量较大，而且在编辑中要随时维护这种关系。

不同模型之间可以相互转换，例如等高线离散化、等高线内插可生成格网数据，等高线可生成 TIN 数据，TIN 数据可生成 DEM 数据。

10.2　大场景海底地形数据组织和三维可视化

海底地形三维可视化是研究海底数字高程模型(Seafloor Digital Elevation Model, SDEM)的存储、简化、显示与仿真等内容的一种三维实体构造技术。其目标是利用计算机图形图像处理技术实现计算机环境下海底地形的三维可视化浏览、查询、分析等一系列交互操作，并保证操作时系统的流畅性和视觉的逼真感。计算机硬件性能、地形规模及组织形式以及图形绘制流程等是决定可视化效果与效率的主要因素。

在实际应用中，大规模精细海底地形往往具有海量的地形数据，数据规模远远超出了计算机内存的存储极限，无法一次性将地形数据全部载入内存进行绘制。因此，必须对大规模海底地形数据进行分割，划分成若干规模较小的地形子块，在不影响地形绘制性能的前提下，根据绘制需要将数据动态地调入。这种将大规模地形数据切割并重新组织的方法，不仅降低了内存消耗，加快了I/O操作和CPU处理时间，而且还避免不必要的绘制开销，是决定整个场景绘制效率的重要步骤(艾波，2011)。

现在的多波束测深系统能一次给出与航向垂直的垂面内几十个甚至上百个海底被测点的水深值，或者一条一定宽度的全覆盖水深条带，能精确快速地测出沿航线一定宽度内水下目标的大小、形状和高低变化，能比较可靠地描绘出海底地形地貌特征。然而，多波束测深技术带来高精度、高空间分辨率和高时间分辨率的测深数据的同时，也导致了测深数据的数据量大增，呈现出海量数据特性。尽管目前计算机性能有了更大提升，但其内存容量、计算和绘制性能仍然有限，不能满足海底地形表达规模的快速增长，多波束数据的海量特性对海底DEM的构建及后续的三维可视化等都带来了一系列问题。因此，针对海底DEM构建的数据源的海量特点以及海底DEM三维可视化应用的大范围、精细化趋势，本节将从海底地形数据分层分块、动态调度策略、海底地形实时渲染以及海底底质三维可视化四个方面进行介绍。

10.2.1　海底地形数据的分层分块组织

在海底地形三维可视化过程中，从数据组织的角度减少内存中地形数据量的途径主要有两个：一是海底地形数据分块，即将同一层面上的数据进行数据分割，划分成大小合适的地形数据子块，然后依据视域范围来决定哪些地形子块需要加入内存进行显示；二是海底地形数据分层，即对同一空间范围的海底地形数据创建多个不同分辨率的数据层，从而构建一个多分辨率的金字塔结构，然后依据视点相关或依据硬件性能自适应调用相应分辨率的层次模型进行绘制。

最简单的地形数据划分方法是均匀分块，即将整个地形平均划分成$M \times N$个子块，每一个地形子块的大小相同(赵庆，2009)。该方法简单方便地解决了大规模地形数据不能一次调入内存的问题，但是当原始地形数据量太大时，划分出的地形子块数量非常多，需要的存储文件数量和数据冗余量都大大提高，还增加了CPU判断哪些地形子块需要载入内存的时间。因此，最常用的大规模地形划分方法是分层分块结合的数据组织形式，即使用分层的形式将原始地形划分成较小的地形子块。该方法将原始地形作为第0层，经过划分后的地形子块组成第 1 层，而对第 1 层的每个地形子块进一步划分从而得到第 2 层，依次类推。

　　地形数据的分层分块通常采用二叉树或四叉树结构来实现，树形结构的非叶子节点只是保存地形块的索引关系，而叶子节点才存储具体的地形数据(潘宏伟，2007)。如图 10-9 所示，分层分块的层次结构看起来像一个金字塔，因此该方案通常也被叫做金字塔模型 (Asirvatham A，Hoppe H，2008)。该模型是一种多分辨率层次(multi-resolution hierarchy) 模型，一般采用倍率方法构建，形成多个分辨率层次，是目前使用最为普遍的一种大地形组织方法。

图 10-9　地形金字塔模型

　　金字塔模型从顶层到底层，分辨率越来越高，表示的范围不变，可以实时满足海底地形三维可视化系统对不同分辨率地形数据的需求。当地形实时显示时，为了实现细节层次，不同位置需要不同分辨率的地形块，地形数据金字塔可直接提供这些数据而无需"实时"重采样。如果没有金字塔模型，则必须在原始地形数据和纹理数据的基础上进行实时简化，以达到细节层次效果。金字塔模型虽然增加了数据的存储空间，但能够减少完成每帧地形绘制所需的总时间，分块的瓦片金字塔模型还能够进一步减少数据访问量，提高系统的 I/O 效率，从而提高系统的整体性能。

　　金字塔模型的一个关键环节是空间划分，即如何对金字塔进行纵向分层和横向分块。空间划分方式直接决定大规模地形数据的存储方式和索引方式，最终影响地形数据库的调度效率。常见的划分方式有：等间隔空间划分和等面积空间划分。等间隔空间划分的典型代表是四叉树算法，基本思想是用等间隔的面片进行空间划分，同一层面片间隔相等，相邻层面片的间隔倍率为 2。著名的开源图形系统 OSG(Open Scene Graph)就是通过四叉树构建金字塔模型来实现海量地形数据的支持。OSG 采用了等间隔分层分块方案，如图 10-10 所示，遵循如下要求(赵敬红，2009)：

　　①规定第 $K+1$ 层的分辨率为第 K 层的 2 倍，这个 2 倍同时约束地形模型和纹理模型，金字塔每层横向和纵向块号的编排顺序是从左到右，从下到上。

　　②规定低级别数据采样于高一级块，高分辨率块直接采样于原始数据，LOD(Level Of Detail)最大级别为 30，最小为 1。

　　③规定每个地形面片和纹理面片最大分别为 64、256，而且每个面片长宽比例在 0.717~1.414 范围内。

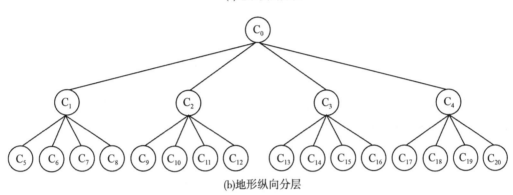

(a)地形横向分块

(b)地形纵向分层

图 10-10 基于四叉树结构的地形分层分块组织

图 10-11 为某海底地形构建金字塔模型后的显示效果，地形块中右下角的 1/4 区域由于距离视点最为接近，显示为较为精细的地形块，而其他 3/4 地形由于距离视点较远，显示为较为粗糙的稍微粗略的地形块，网格线显得较为稀疏。

图 10-11 基于四叉树组织的多分辨率地形表达(孟俊霞，2013)

10.2.2　海底地形数据块的动态调度策略

在海底地形数据组织好以后，接下来的问题就是如何依据可视范围的需求高效准确地加载必需的地形数据块、释放不需要的数据块，从而实现整个可视化系统运行过程中内存数据加载量的基本平衡，即所谓的数据动态调度。数据动态调度策略受到数据存储方式的制约，其效率将直接影响系统的 I/O 效率，从而最终影响场景绘制的效率。数据动态调度过程一般包括如下几个阶段：可视域相交测试、数据预加载、内存优化以及多线程加速等。

1. 可视域相交测试

在大地形场景中漫游时，只有落在视锥体内部的地块才被绘制出来。因此，为了确定哪些数据块需要加入或释放，就必须实时测试哪些数据块落在视锥体内部。在计算机图形学中，观察者所能看到的可视域通常被定义成一个跟随观察者的六面视锥体，如图 10-12 所示。当观察者的位置移动或改变视线方向时，每一帧都需要计算与观察者视锥体相交的地形子块，同时根据上一帧已载入内存的地形子块，判断本帧需要新载入或者载出哪些地形子块数据。

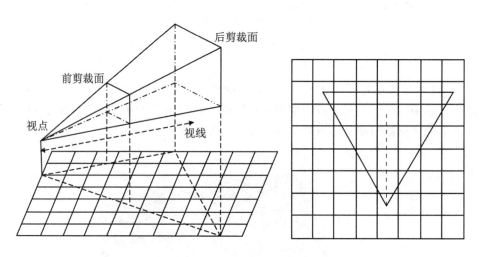

图 10-12　视锥体及投影

视锥体与地形子块之间精确相交测试是一个复杂而又耗时的过程。为了简化计算，提高计算效率，通常采用的策略是将视锥体和地形子块向二维平面进行投影，在二维平面内进行二维图形的相交测试。在观察者漫游地形场景时，视线方向可以任意变化，那么视锥体的空间姿态将是任意的，所以视锥体投向水平面的投影形状也就会有很大差别。

2. 数据预存取

在地形场景漫游过程中，需要绘制的每一帧都要根据当前观察者的视域范围的变化，通过加载或卸载过程更新视域内的地形子块。由于 CPU 读取内存中数据的速度要比读取外存中数据的速度快得多，若视域更新时直接从外存来读取地形块来加载数据，必然导致

CPU 或 GPU 长时间等待数据的状态，影响地形场景的刷新速度。因此，在数据调度策略中，一般需要利用缓冲区机制进行数据的预存取。预存取原理就是在观察者视域外定义一个稍大的区域，从外存中除了读取视域范围内当前帧要绘制的数据块，还要预先读取视域周边的一些地形子块到内存缓存中。当视点位置移动需要更新数据时，不需要直接从外存读取需要更新的地形子块，直接从内存中读取即可，从而加快绘制效率。

如图 10-13 所示，矩形单元表示分割的地块，三角形代表视锥体在二维平面的投影，实边三角形代表当前视域范围，虚边三角形代表上一帧的视域范围。若不使用数据预取策略(图 10-13(a))，观察三角形位置发生移动时需要实时从硬盘读取加载一个地形子块数据，同时卸载两块地形数据，这个实时加载地形子块的过程就是每一帧造成 CPU 等待的原因。当采用矩形预取策略后(图 10-13(b))，当前帧可视范围内的所有地形子块已经全部在上一帧预取完成，不需要实时加载数据，这将显著提高当前帧的绘制效率，提高系统的刷新率。除了矩形预取区域外，预取策略中常用的还有圆形、三角形及其他自定形状等。由于预取区域范围越大，预加载的地形子块数量就越多，内存的占用与加载时间也会相应增加。因此，预取区域的形状、范围都将直接影响数据调度的时间，综合考虑实时加载和数据预取之间的效率问题，并找到两者之间的平衡点才能更好地提升整个调度策略的性能。这里以九宫格缓冲区预处理方法为例来进行详细说明数据动态预存取原理(图 10-14)。

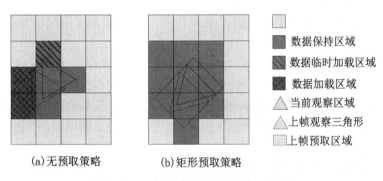

| (a)无预取策略 | (b)矩形预取策略 |

图例：
- 数据保持区域
- 数据临时加载区域
- 数据加载区域
- 当前观察区域
- 上帧观察三角形
- 上帧预取区域

图 10-13 数据预存取原理(赵庆，2009)

所谓九宫格，就是把地形块分割为方形格网子块，在判断内存中需要预加载的数据块时遵循如下原则：①当视域三角形完全落入一个地形单元时，那么在内存中需要加载的数据应该包含该地形单元以及该单元对应的八个相邻地形单元(图 10-14(a))；②当视域三角形与多个地形单元相交时，则需要将每个地形单元都依照原则①进行加载数据，并注意防止重叠区域地形单元的重复加载。图 10-14(b)显示了当视域三角形与四个地形格网单元相交时，需要预加载的地形单元区域。

通过上述原则，该地形调度策略可以提前把下一步可能要处理的地形块读入缓存，能够确保不管视点向哪个方向进行移动，下一帧所要绘制的地形块都在系统缓存中，从而大大减少卡帧现象。在实际漫游过程中，当视点位置发生移动，视域三角形覆盖的地形块发

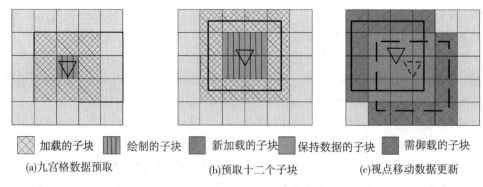

图 10-14　基于九宫格算法的缓冲区预处理策略(赵庆, 2009)

生变化时,系统就需要在缓冲区中动态加载或卸载地形块。在图 10-14(c)所示的视域三角形移动情况下,需要实时添加七个地形块,卸载七个地形块。九宫格策略能够完全覆盖要显示的区域,并且无论视点位置朝哪个方向移动,该处理方法都能保证缓存中存在下个要显示的地形块。

3. 多线程加速

多线程是指操作系统支持一个进程中执行多个线程的能力。在某些多任务软件开发时常采用多线程技术,即整个软件进程包含了完成不同功能的多个线程,如数据采集、预处理线程、实时数据显示线程、图形曲线生成线程和用户界面线程等。这样多个线程同时执行,在一段时间内并行完成了更多任务,加快了系统的反应速度,提高了执行效率。

这里要注意区分两个近似的概念:线程和进程。进程常被定义为应用程序的运行实例。线程是指进程内部的可独立执行的单元,是操作系统对系统资源的基本调度单位。每个进程至少拥有一个线程,这个线程也被称为主线程。一个进程也可以拥有多个线程,同属于一个进程的所有线程都共享进程的虚拟地址空间,线程之间可以共享进程的全部数据和资源。

在地形实时绘制过程中,程序既要根据视点等信息对需要或者可能需要参与绘制的地形数据进行调度,同时还要执行具体的绘制操作。为了提升整个地形绘制过程的持续性和效率,通常引入多线程技术在程序中同时运行两个线程:主线程负责地形实时绘制,子线程负责数据调度。具体思路是:首先开辟一个线程池,主线程主要负责可视空间的计算,对需要执行调度的地形块编码的确定,渲染队列的更新以及地形场景的绘制工作;子线程主要负责从外存中调入缺少的地形块数据(图 10-15)。

程序首先从主线程开始执行,然后依次执行以下步骤:①获取视点位置,计算当前视锥体范围;②计算可视区域内的地形块和对应的细节层次,将这些地形块的编码加入渲染链表,同时更新预调度地形块链表;③遍历渲染链表,对可视区域内的地形块进行绘制,同时开辟一个子线程进行数据调度更新预调度链表;④判断是否退出程序,若不退出程序则判断是否有视点位置移动,否则退出程序,算法结束。子线程则要根据缓冲池来对子块进行数据加载,当所有子块的数据都加载完成时,子线程的任务结束(曾杰, 2012)。主

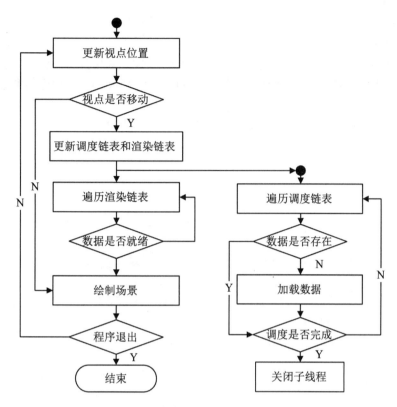

图 10-15　多线程数据调度策略流程图

线程将整个场景绘制出来，当前帧的任务结束，进入下一帧。

10.2.3　海量海底地形的实时渲染

在 GPU 图形加速技术之前，如何提高复杂场景的绘制效率的关键环节就是尽可能减少构建场景所需的三角形数据（靳海亮，2010）。除了单纯的对复杂模型进行简化外，细节层次（Level Of Detail，LOD）技术是目前最常用的减少场景三角形数据的方法（殷小静，2012）（Losasso F，2004）。该技术依据人眼观察近处物体清晰观察远处物体模糊的视觉特性，为同一物体或同一物体的不同部分创建多个不同细节层次的模型，依据观察者距离模型的远近选择粗略或精细模型进行显示。用 LOD 技术构建地形场景时，在保证地形显示效果变化不大的前提下，能有效降低数据冗余，减少场景绘制所需的三角形数目。

1. 地形 LOD 模型分类

依据构建原理不同，通常可以将地形 LOD 模型分为两大类：离散层次细节模型（Discrete LOD，DLOD）和连续层次细节模型（Continuous LOD，CLOD）。离散 LOD 模型为同一个物体预先构建多个不同分辨率的细节模型，每个细节模型内部的精细程度相同，依据距离观察者的远近选择合适的细节层次模型进行绘制。由于不同 LOD 层次模型的几何拓扑结构不同，不同 LOD 层次模型进行切换时会在视觉上会引起明显的跳跃或突变现象

（李志勇，2007）。

连续 LOD 模型在构建场景时，不需要预先建立地形的细节层次结构，而是在绘制过程中通过相应的绘制算法来实时动态计算场景各个区域所需的分辨率层次。离视点近的且地形起伏较大的部分使用精细的模型，离视点远的且地形平坦的地方使用粗糙的模型，然后自动生成与观察者位置相关的细节层次来完成场景的绘制（图 10-16）。连续 LOD 模型方法可以有效减少场景漫游过程的突变现象，然而由于在同一场景中需要不同分辨率的地块模型来拼接整个地形场景，这些地块之间将会出现明显的裂缝（王晓军，2009）。相对于解决离散 LOD 的突变问题，裂缝的消除更为容易。

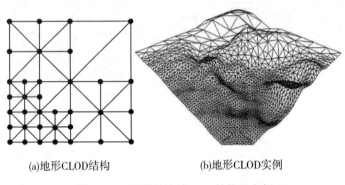

(a)地形CLOD结构　　　　　　　　(b)地形CLOD实例

图 10-16　地形的连续 LOD 结构及实例

2. 连续 LOD 模型生成

连续 LOD 模型的实时生成算法与地形表达的数据组织结构密切相关。DEM 的数据组织形式主要有规则格网（Regular Square Grid，RSG）和不规则三角网（TriangulatedIrregular Network，TIN）两种形式（王晓军，2009）。对于规则格网 DEM，为了实时构建连续 LOD 模型，常采用基于四叉树或二叉树的地形细分剖分方法。而对于不规则三角网 TIN，由于其几何结构的不规则性，细化剖分相对复杂。比较常用的方法类似于一般三维几何对象的三角网简化算法，通过边折叠、顶点删除、边删除、三角形删除等一系列几何简化操作来实现，比较经典的有 Hoppe 提出的渐进格网（Progressive Meshs，PM）算法及改进后的视点相关的渐进格网（View-Dependent Progressive Meshes，VDPM）算法。由于大规模海量地形常采用规则格网形式，因此这里对基于 TIN 的连续 LOD 生成不做过多讨论。

（1）基于四叉树的连续 LOD 生成

该算法思想是：首先把整个地形作为一个矩形地形块，然后根据视点离地形块的距离和地形块本身起伏信息确定当前地形块是否满足渲染精度。若不满足，则将当前地形块划分成四块，再依次判断它们是否满足精度；若满足，则将这块地形块三角化并渲染到屏幕上。按上述步骤循环迭代，直至所得的地形块达到所要求的精度。具体细化分割过程如图 10-17 所示。

（2）基于二叉树的连续 LOD 生成

三角形二叉树与四叉树类似，只是将矩形的四叉分割换成了三角形的二叉分割。比较

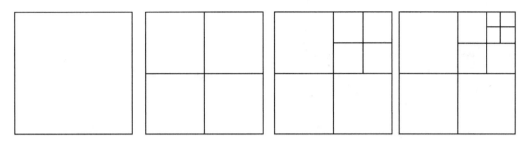

图 10-17 基于四叉树的 CLOD 细分

典型的就是地形实时优化自适应格网算法，即 ROAM 算法。算法基于二叉树结构，其每一个区块都是一个简单的二等边正三角形。整个地形块最初由两个直角等腰三角形表示，然后从三角形的顶点到其斜边的中点对其进行分解，可生成两个新的二等边正三角形。递归地重复对其子三角形进行分割直到达到所希望的细节层次为止（图 10-18）。这是一个自顶而下的剖分过程，该方式能够保证相邻两个三角形的层数不超过 1，从而较容易避免裂缝和 T 型连接的产生。

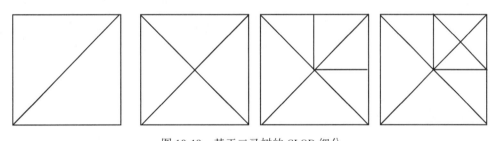

图 10-18 基于二叉树的 CLOD 细分

二叉树结构构建连续 LOD 的优点在于每个二叉树节点刚好是一个网格渲染单元，绘制阶段可以更快地构建出地形场景。但是二叉树结构的剖分层次较深，构建二叉树场景的处理时间较长，细分过程还会出现增加相同顶点的情况，因此绘制时会产生冗余三角形。使用四叉树构建连续 LOD 模型则比二叉树结构的剖分层次少，模型构建时间相对较少。

3. 地形误差计算

在连续 LOD 实时生成过程中，网格是否需要细分的条件往往受制于地形表达的精度。当同一地块采用不同 LOD 层次的格网来进行表达时，存在精度上的差异，细节层次水平越高，表达精度越高；反之越低。由高细节水平层次采样得到低细节层次水平的过程中，顶点个数的减少会带来地形表达精度的损失，即地形表达误差。由于此时的地形表达误差仅仅考虑了顶点减少带来的地表几何形态的变化，没有考虑观察角度的影响，因此该误差值是一个固定值，可称之为静态误差（赵庆，2009）。比如利用四叉树建立的金字塔结构，两个相邻分辨率层次之间损失的顶点总是精细层的中点，其损失的高度是一个固定的值。静态误差是计算可视化情况下动态综合误差的重要组成部分，表达了删除顶点偏离平均地形表面的偏离程度，可以通过考察被删除顶点与周围邻接点的关系来计算(图 10-19(a))。

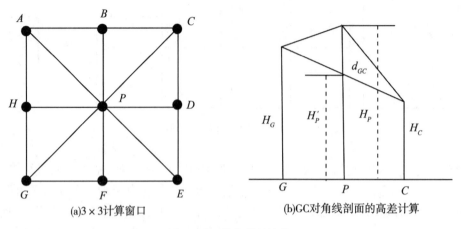

(a)3×3计算窗口　　　　　　　　(b)GC对角线剖面的高差计算

图 10-19　静态误差计算

　　设当前格网点为 P，当删除 P 点获得较低细节层次水平的格网时，P 点删除导致的静态误差可以通过 P 点的实际高程值与分布其周围的八个格网点所形成的四个断面来估算(上下、左右、左上右下、右上左下)。例如在 GC 剖面上(图 10-19(b))，设 H_P 为 P 点的实际地面高程，通过 G、C 可计算 P 点在该剖面上的估算高程 H'_P 为：

$$H'_P = H_G + \frac{H_C - H_G}{2} \qquad (10.2)$$

　　H'_P 与 H_P 的差 d_{GC} 反映了 P 点在 GC 剖面方向上的偏离程度：

$$d_{GC} = H_P - H'_P \qquad (10.3)$$

　　由于地形表面的各向异性，一般在四个剖面上下 BF、左右 HD、左上右下 AE、右上左下 GC 分别计算出 P 的四个偏差，并取其平均值为 P 的静态误差，计算公式如下：

$$d = \frac{d_{AE} + d_{BF} + d_{CG} + d_{HD}}{4} \qquad (10.4)$$

　　上述静态误差是以铅垂线方向上的高差变化来衡量地形几何形态的精度损失，有时候采用 P 点到拟合面的垂直距离来衡量将更好地描述地形几何精度的损失情况。

　　在三维真实感地形可视化系统中，当从不同距离和方位进行观察地形静态误差时，这个误差值投影到显示屏幕上的大小往往是变化的，因此我们把顾及视点因素的静态误差在屏幕上的投影误差称之为动态误差。动态误差常用像素作为单位来衡量大小，若对应的投影像素数较小，人眼就不容易察觉这个视觉上的变化；若投影像素数较大时，就会引起人眼的注意。因此，在地形动态创建时需要确定一个投影误差计算公式，并提供一个可被人眼察觉的动态误差阈值，当误差值小于阈值时表明它不会被人眼察觉，可不作处理，反之，则需要强制剖分当前地形节点。

　　通常动态误差的计算涉及的因素包括：场景节点到观察者的距离与方位、场景节点的边长、场景节点的静态误差值、场景单位长度到屏幕像素投影的比值、投影视口宽高比等。动态误差计算公式的优劣和选择的屏幕像素阈值大小，直接影响地形场景的绘制效果及其绘制帧数，因此它是评价一个地形 LOD 算法好坏的关键。

4. 裂缝处理

在连续 LOD 地形绘制时，由于不同地块采用不同分辨率细节层次模型绘制，这些不同分辨率的地块之间通常会产生裂缝。如图 10-20 所示，在两个不同分辨率的地形块的拼接边缘处，高分辨率地块的中点处使用该顶点的真实高度值，而低分辨率地块上没有该顶点高度数据，需要由两边界顶点插值计算获得，这样将导致同一地形位置出现两个高度值，从而产生地形裂缝。

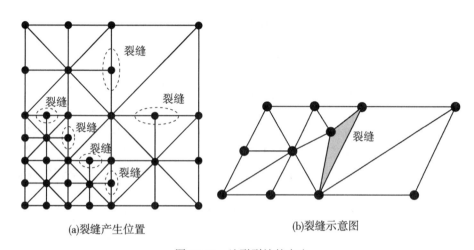

(a)裂缝产生位置　　　　　(b)裂缝示意图

图 10-20　地形裂缝的产生

裂缝消除是 LOD 技术中要解决的关键问题之一，常用的解决方法有：

（1）增/删顶点法

在低分辨率边界中点增加一个顶点，其高程值为该位置高分辨率地块中对应的实际高程值。这样就避免了同一顶点位置存在两个高程值而产生的裂缝，然而由于增加了一个本来不属于低分辨率层次的顶点，会使原有的多分辨率层次结构变的复杂而难以维护，因此该方法使用较少(赵庆，2009)。为了避免对原有的地形多分辨率结构造成影响，删除高分辨率地块边界的中间顶点来消除裂缝更为常用。该法不需要将该中间顶点的高度数据从高分辨率节点的存储结构上删掉，只是在绘制过程中跳过不去连接该点，也就是所说的"跳点法"。该处理方式较简便，需要绘制的三角形个数较少，不仅提高了绘制效率，且可避免 T 型连接。当然，在地块接边处会带来一定的地形表达精度损失。

跳点法处理的关键步骤是在高细节层次边界忽略中间顶点后的该区域的三角形结构重构，图 10-21 给出了三角形结构重构的两种方式：①重构区域的边都连接在边界上的同一个顶点上；②重构区域的边分别连接在边界上的两个顶点上。前者在边界处会产生狭长的三角形，后者则减少了狭长三角形出现的概率。

（2）强制剖分法

增加顶点或跳点法适用于两个地块节点的分辨率等级相差不超过 1 的情况，当两地块

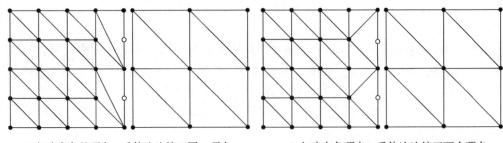

(a)忽略白色的顶点，重构边连接于同一顶点　　(b)忽略白色顶点，重构边连接于两个顶点

图 10-21 跳点后三角形的重构

节点分辨率等级相差超过 1 时，通常的做法是对低分辨率的节点进行强制剖分，使其分辨率等级逐渐递增，直到整个地形中间节点的分辨率等级差均不超过 1，这样就可以使用上述的增/删顶点的方法来消除裂缝。基于二叉树结构的 ROAM 算法（Duchaineau，1997）和受限四叉树算法都是使用强制剖分的方法来控制相邻节点的分辨率等级差。强制剖分显然也会改变当前场景的分辨率结构，但是由于改变后的结构具有一定的规律性，因此整个场景的节点数据仍然容易管理。强制剖分存在的关键问题是计算量大，需要时刻检查边界，效率偏低。

　　在基于二叉树结构的地形格网细分过程中，分割和合并操作算子是在一个类似"钻石"结构的单元上进行的。如图 10-22 所示，对于三角形 T，其直角边连接的是左右三角形 T_L、T_R，其斜边对应的是基三角形 T_B。当要对三角形 T 进行细分时，需要其对应的基三角形 T_B 与 T 处于同一个分辨率层次；合并时，要保证被合并的四个三角形处于同一分辨率，且两两共享直角边。因此，当需要对三角形 T 进行分割时，需要首先创建一个"钻石"结构，也就是需要把 T_B 分割，而分割 T_B 也需要首先创建一个"钻石"结构，即需要把 T_C 分割，依次类推，直到 T_D 和 T_E 组成的"钻石"结构。这种约束剖分使得地形不同精度的格网之间的过渡是逐渐变化的，直接避免了裂缝的产生。

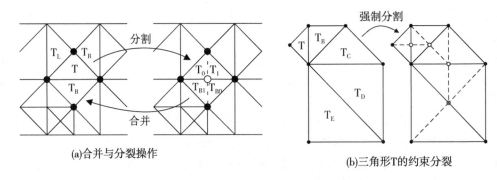

(a)合并与分裂操作　　　　　　　　　　(b)三角形T的约束分裂

图 10-22 基于二叉树结构的强制剖分

（3）"裙带"法

裙带法又叫垂直边缘法，主要思想就是在各节点边界周围生成垂直边缘填充裂缝，垂直边缘的顶部为节点的边界值连成的折线，其底部为节点块最高分辨率模型时在该边界处的最小值，这样可以确保在该边界的所有边界格网点肯定在该底部之上。即在每个数据块的四周添加垂直的连续三角形条带（图10-23），取条带的高度为该块对应边界误差值的最大值，从而在视觉上消除裂缝。该方法简单有效，但是不能保证模型表面的几何连续性。

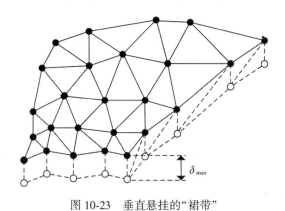

图 10-23 垂直悬挂的"裙带"

10.2.4 海底底质三维可视化

传统的海底底质测量数据采用注记的表示方法，该方法较为简单，但同一种海底底质的范围无法准确表示，如图 10-24 所示。后来出现了以二维纹理加注记的形式表示海底底质，该方法用代表性纹理贴图表示不同的海底底质，如图 10-25 所示。由于采用二维平面表示，该方法与海底地形进行融合展示较为困难。

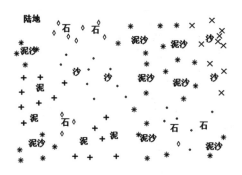

图 10-24 注记形式表示海底底质

随着计算机图形学理论和应用领域的不断拓展，人们对海洋环境尤其是三维海底环境可视化的要求越来越高，海底底质数据与海底地形作为海底环境可视化的重要组成部分，越来越受到人们的关注。海底底质的获取可参考第 7 章海底声学成像原理。本小节主要介

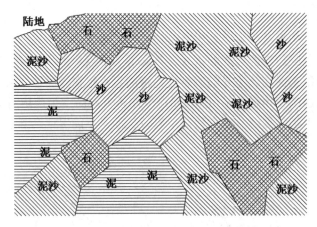

图 10-25　纹理贴图形式表示海底底质

绍不同纹理底质与地形结合，实现三维海底底质与地形可视化的方法。

海底地形数据通过插值、分层分块、动态调度、实时渲染等步骤，形成了海底地形的骨架。为了表达海底底质，只需要将海底底质纹理附加到三维海底地形上即可。海底底质三维可视化的基本原理是将三维海底底质按透视投影变换到二维平面，并根据光源的位置和颜色、海底底质及反光特性等计算每个像素的颜色，或选择合适的影像作为纹理贴附于海底地形表面，以增强海底地形表达的真实感。

三维海底底质可视化主要包括三个步骤：生成海底地形、生成海底底质纹理、三维海底地形与底质融合绘制。具体流程如图 10-26 所示。

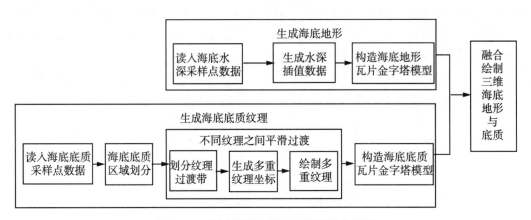

图 10-26　海底地形与底质三维可视化流程

1. 海底地形生成

海底地形的生成主要是通过海底水深采样点数据，生成水深插值数据，并构造海底地形瓦片金字塔模型。具体方法参考本章 10.1.2 规则格网模型构建、10.1.3 不规则三角网模型构建及本节中前三小节的内容。

2. 海底底质纹理的生成

首先根据定义好的底质分类，获取该分类具有代表性的纹理，并经过边缘处理使之成为能够进行贴图的纹理，然后根据已知底质数据生成不同底质纹理区域，为地形及底质融合绘制做准备，如图 10-27 所示。

根据已知底质数据生成不同底质纹理区域，可通过泰森多边形法（Voronoi Diagram，VD）来划分海底底质图。不同类型底质之间有明显的分界线，影响视觉效果，该问题可通过划分纹理过渡带以及多重纹理融合的方式加以改善（陈超等，2012），纹理过渡带的生成可通过计算几何中的等距线算法生成（Gill B，2005；G Barequet，2001）。

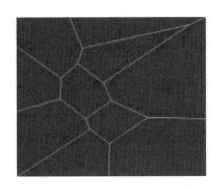 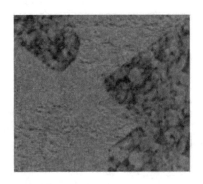

图 10-27　海底底质区域划分及可视化结果

3. 三维海底地形与底质融合绘制

底质纹理多边形生成和底质纹理过渡带划分完成之后，需要计算各个顶点所对应的纹理坐标。在多重纹理中，需要为每个顶点的每个纹理单位都指定一组纹理坐标。在 OpenGL、Direct3D 等图形绘制开发包中，都支持多重纹理的融合绘制。基于生成的纹理坐标，通过设置各个顶点的 RGB 值和透明度，实现纹理的融合绘制，得到不同的纹理之间平滑过渡的效果。

三维显示时，计算当前窗口中的地形网格顶点的纹理坐标，利用纹理映射技术将底质纹理映射到海底地形上，实现海底底质的三维可视化（见图 10-28）。

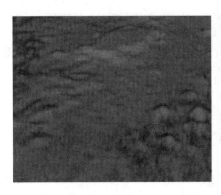 

图 10-28　海底底质区域划分及可视化结果

10.3　海底地形三维可视化软件

三维真实感地形生成是地形三维可视化及其实时绘制技术中的重要组成部分。地形三维可视化的最终效果是通过在计算机屏幕上逼真地显示体现的，而绘制渲染速度的快慢又与采用的绘制算法直接相关。三维真实感图形生成一般需要进行建模、空间变换、光照处理、可见面识别、背景遮挡、阴影处理和纹理映射等复杂过程，编程实现往往需要大量的建模处理和复杂运算，计算和处理过程相当复杂和繁琐，即使对专门从事计算机二维图形开发的专业人士也是一个艰巨的任务，而随着三维图形硬件芯片的出现和 Direct3D、OpenGL 等三维图形软件标准库的建立，该过程实现变得简单直观和易于编程操作。

在 Direct3D 和 OpenGL 底层软件接口的基础上，人们开发出了集成的海洋三维信息可视化软件平台，以及对地形或海洋三维可视化的二次开发软件包。目前，最为流行的集成应用模式为基于球体系统的海洋多源信息的集成与可视化共享。中国极地研究中心开发的极地航迹地理信息系统，利用 Skyline 平台集成了 GPS 航迹数据、站位信息以及物理海洋、海洋化学、生物、地质等科学调查数据，并在球体上实现了信息的可视化查询和展示。国外最成功的空间信息集成应用当属 Google Earth 软件平台，2009 年5 月推出的 Google Ocean 版，基于球体模型不仅集成了遥感影像、基础地理数据、图片信息、地物模型，还实现了海洋水体、海底地形、海平面数据展示模块的集成显示，海洋建模功能也不断完善，一个真实、立体、生动的海洋环境呈现在人们面前。除了Google 以外，NASA 的 World Wind、ESRI 的 ArcGlobe、Skyline 公司的 Skyline 软件平台均提供了基于地球球体模型的空间信息集成接口，为海洋空间信息的集成和可视化共享提供了较为成熟的平台。

1. Google Ocean

谷歌海洋（Google Ocean）是美国搜索引擎巨头谷歌公司（Google）在美国当地时间 2009年 2 月 2 日推出的新版 5.0 谷歌地球（Google Earth）软件的新增功能（另一种新增功能为谷歌火星）。这款软件是一款借助卫星照片和海洋探测地图相结合的海床浏览工具，为使用者带来世界各地海洋的水下全景图，使用户在自家电脑上就可以实现畅游海洋的梦想（图10-29）。

2. World Wind

World Wind 是 NASA 发布的一个开放源代码（Open Source）的地理科普软件（由 NASA Research 开发，由 NASA Learning Technologies 来发展），它是一个可视化地球仪，将NASA、USGS 以及其他 WMS 服务商提供的图像通过一个三维的地球模型展现，近期还包含了火星和月球的展现。

用户可在所观察的行星上随意地旋转、放大、缩小，同时可以看到地名和行政区划。软件还包含了一个软件包，能够浏览地图及其他由互联网上的 OpenGIS Web Mapping Service 提供的图像。

NASA World Wind 俗称地球放大镜，是由美国国家航空航天局研发，类似 Earthview 3D 的鸟瞰工具，是多种技术的结晶，而且目前完全免费。透过这套程序的 3D 引擎，可

图 10-29　谷歌海底可视化

以让你从外太空看见地球上的任何一个角落。结合在线的资料库，World Wind 最高的解析度可以达到每像素代表 15m，也就是说一些比较大的街道可以看得一清二楚，而且包括了可见光以外的影像。此外，透过其中的功能，用户可以进行一趟地球的 3D 飞行之旅，体验飞过圣母峰的感觉。另外，透过及时动画形成的模组可以体验飓风席卷佛罗里达州或者了解气候变化情况。

3. ArcGIS

ArcScene 和 ArcGlobe 是 ArcGIS 三维显示和三维分析应用程序。ArcGlobe 将所有数据投影到球体表面上，使场景显示更接近现实世界，适合于全市、全省、全国甚至全球大范围内的数据展示。数据内部在不同细节等级处(比例)被自动分为许多块(tiles)，通过创建多分辨率的数据表达(矢量要素只有一个细节等级)，即使是很大的数据，也只需有限量的块即可满足显示一个 3D 视图。

ArcScene 将所有数据投影到当前场景所定义的空间参考中，默认情况下，场景的空间参考由所加入的第一个图层空间参考决定。ArcScene 中场景表现为平面投影，适合于小范围内精细场景刻画。ArcScene 是一个适合于展示三维透视场景的平台，可以在三维场景中漫游并与三维矢量与栅格数据进行交互。ArcScene 是基于 OpenGL 的，支持 TIN 数据显示。显示场景时，ArcScene 会将所有数据加载到场景中，矢量数据以矢量形式显示，栅格数据默认会降低分辨率来显示以提高效率。

4. Skyline

Skyline 是一套优秀的三维数字地球平台软件。凭借其国际领先的三维数字化显示技术，它可以利用海量的遥感航测影像数据、数字高程数据以及其他二维、三维数据搭建出一个对真实世界进行模拟的三维场景(图 10-30)。

5. OSG Ocean

OpenSceneGraph(OSG)是一个开源的三维引擎，被广泛地应用在可视化仿真、游戏、

图 10-30　Skyline 海底可视化

虚拟现实、科学计算、三维重建、地理信息、太空探索、石油矿产等领域。OSG 采用标准 C++ 和 OpenGL 编写而成,可运行在所有的 Windows 平台、OSX、GNU/Linux、IRIX、Solaris、HP-Ux、AIX、Android 和 FreeBSD 操作系统。OSG 在各个行业均有着丰富的扩展,能够与使用 OpenGL 书写的引擎无缝的结合。OSG Ocean 是基于 OSG 开发的海洋三维可视化系统,它是欧盟联合开发的 VENUS(Virtual ExploratioN of Underwater Sites)的一部分,其目的主要是作为进行深海探索和勘探的理论方法和技术手段,并采用逼真的模拟手段来重现海洋及海底的真实情景(图 10-31)。

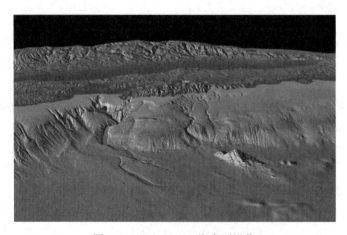

图 10-31　OSGOcean 海底可视化

6. Surfer

Surfer 是美国 Golden 软件公司的产品,是一个功能齐全的三维可视化、轮廓和表面建模软件包。Surfer 被广泛用于地形建模、测深建模、景观可视化、表面分析、等高线测绘、流域和 3D 曲面的绘制、网格绘制和体积测定等。Surfer 复杂的插值引擎可将用户的 *XYZ* 数据转变为出版质量的地图。相比其他软件,Surfer 提供了更多的网格化方法和更多的网格参数控制，包括定制的变量，可以轻松制作基面图、数据点位图、分类数据图、等值线图、线框图、地形地貌图、趋势图、矢量图以及三维表面图等。图 10-32 为海底专题图。

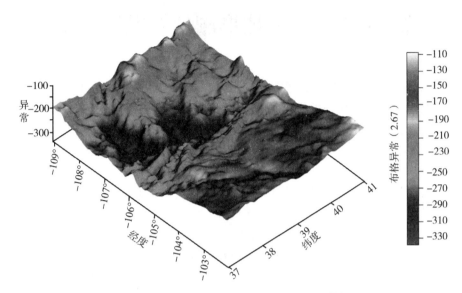

图 10-32　Surfer 三维重力地图(Surfer 示例数据)

第11章　水下地形测量的组织实施

测绘项目组织与实施是完成测绘项目的重要环节，也是对测绘项目目标的具体管理阶段。测绘项目的目标是在规定的工期内尽量降低成本，保证测绘生产按计划进度正常进行；对生产过程进行有效控制，保证质量，使测绘成果满足委托方的要求；完成项目所有的测绘任务，创造最大经济效益和社会效益，即保证进度、过程控制、满足质量、创造效益。

水下地形测量项目的组织实施与一般的测绘项目组织实施基本相同，在任务书下达或合同书签订后，一般分为项目设计、组织实施、质量评定、工作及技术总结四个阶段。

11.1　项目设计

《测绘技术设计规定》3.2 条规定，测绘技术设计是将顾客或社会对测绘成果的要求（明示的、隐含的或必须履行的需求或期望）转化为测绘成果、测绘生产过程或测绘生产体系规定的特性或规范的一组过程。即为项目制订切实可行的技术方案，保证测绘成果符合技术标准或满足顾客要求，并获得最佳的社会效益和经济效益。技术设计文件是测绘生产的主要技术依据，也是影响测绘成果（或产品）能否满足顾客要求和技术标准的关键因素。

项目技术设计分为项目总体设计和专业技术设计。项目总体设计是对测绘项目进行综合性整体设计。专业技术设计是对测绘专业活动的技术要求进行设计，是在项目设计基础上，按照测绘活动内容进行的具体设计，是指导测绘生产的主要技术依据。对于工作量小的项目，可根据需要将项目总体设计和专业技术设计合并为项目设计。

测绘技术设计文件包括：项目总体设计书、专业技术设计书、相应的技术设计更改文件。

项目设计过程包括：总体设计、专业设计（必要时）、设计输入、设计输出、设计评审、验证（必要时）、审批及更改。设计书需要通过评审和审批后才能付诸实施。主要包括评审设计、设计验证和设计审批。评审设计应确定评审依据、评审目的、评审内容、评审方式以及评审人员等。为确保技术设计文件满足输入的要求，必要时应对技术设计文件进行验证。设计审批的依据主要包括设计输入内容、设计评审和验证报告等，设计书经过评审和审批后付诸实施。

11.1.1　项目总体设计

项目总体设计，一般由承担项目的法人单位组织编写。总体设计的主要内容有：

①确定测区范围；

②划分图幅及确定测量比例尺；

③标定免测范围或确定不同比例尺图幅之间的具体分界线(即折点线)；

④明确实施测量过程中的重要技术保证措施；

⑤编写项目设计书和绘制有关附图。

项目总体设计由承担设计任务的单位或部门进行策划，并根据需要确定是否进行设计验证，当采用新技术、新方法和新工艺时，应进行实地调查和验证。

项目总体设计之前应全面收集和分析测区有关资料，在此基础上进行项目总体设计。项目总体设计主要内容包括资料收集、技术设计依据、精度指标设计、工艺技术流程设计、工程进度设计、质量控制设计、项目经费预算、提交成果设计等。

1. 资料收集

首先应全面收集和分析测区有关资料，进行初步设计，然后对某些资料不足或难以评估资料可靠性的测区，进行实地勘察和调查，在此基础上对初步设计进行修改和充实，并编制技术设计书。在技术设计之前，应收集以下资料，收集作业区自然地理、人文及与测量有关的社会概况：

①最新出版的地形图和海图；

②控制测量成果资料及其成果；

③水位控制资料；

④助航标志及航行障碍物的情况；

⑤其他与测量有关的情况，例如气候、海况、人文、经济、政治等。

对于海洋测绘，应调查搜集工程海区的水深、气象、海底地形及特征、海底障碍物情况、海流的流速和流向、风向和风速、水温层变化、往来交通情况等。

对于收集到的已有资料，需说明其数量、形式、主要质量情况(包括已有资料的主要技术指标和规格等)和评价，说明已有资料利用的可能性和利用方案等。

2. 技术设计依据

技术设计应依据设计输入内容，充分考虑顾客的要求，引用适用的国家、行业或地方的相关标准或规范，重视社会效益和经济效益。

技术设计方案应先考虑整体而后局部，而且应考虑未来发展。要根据作业区实际情况，考虑作业单位的资源条件，如作业单位人员的技术能力、仪器设备配置等情况，挖掘潜力，选择最适用的方案。

对已有的测绘成果(或产品)和资料，应认真分析和充分利用。对于外业测量，必要时应进行实地勘察，并编写踏勘报告。积极采用适用的新技术、新方法和新工艺。

说明项目设计书编写过程中所引用的标准、规范或其他技术文件。文件一经引用，便构成项目设计书设计内容的一部分。

3. 精度指标设计

技术设计书不仅要明确作业或成果的坐标系、高程基准、时间系统、投影方法，而且须明确技术等级或精度指标。对于工程测量项目，在精度设计时，应综合考虑放样误差、构建制造误差等影响，既要满足精度要求，又要考虑经济效益。

水深测量的精度主要由测点的测深精度和定位精度决定，其精度必须满足相关的国家标准、行业标准或特定测量项目的精度要求。国际上权威的测深精度标准是国际海道测量组织(IHO)制定的国际海道测量标准。我国的水深测量国家标准有《海道测量规范》、《海洋工程测量规范》，行业标准有《水运工程测量规范》等，这些技术标准对平面和高程控制测量的精度要求与陆地测量的要求基本相同，对测深精度的要求一般与 IHO 的规定一致。

4. 工艺技术流程设计

水下地形测量的基本方式为走航连续测量。测量项目有单波束测深、多波束测深、侧扫声呐测量、浅地层剖面测量。需要根据测量目的和任务，采用不同比例尺的测线网或全覆盖方式调查。尽量采用多项目综合调查，同一测区的调查，测线或测网布设应统一，使调查资料相互印证，提高综合解释水平。

(1)测量比例尺及测线布设

侧扫的测线方向应平行于待测海区的海流方向，测线只能设计成直线。

采用测线网方式进行水下地形测量时，主测线采用垂直地形或构造总体走向布设，联络测线应尽量与主测线垂直，不同测量比例尺的主测线和联络线的测线间距见表 11-1。采用全覆盖方式进行水下地形测量时，多波束测深和侧扫声呐测量的主测线采用平行地形或构造总体走向布设，相邻测幅的重叠度应不少于测幅宽度的 10%，联络的测线应不少于测线总长度的 5%，且至少布设 1 条跨越整个测区的联络测线。

相邻测区，不同仪器类型、不同作业单位之间的测区结合部，在采取测线网方式调查时，应至少有一条重复检查测线；在采用全覆盖方式调查时，应有一定宽度的重叠区，以保证所测对象的检验和拼接。

在构造复杂或地形起伏较大的海区，应加密测线，加密的程度以能够完善的反映海底地形地貌变化为原则。不同项目、调查比例尺的测线间距可参考表 11-1。

表 11-1　　　　　海底地形地貌测线网调查中的测线间距要求

项目	调查比例尺	主测线间距×联络测线间距(km)
海底地形测量	1∶100 万	10×100
	1∶50 万	5×50
	1∶25 万	2.5×25
	1∶10 万	1×5
海底侧扫声呐调查	1∶100 万	20×100
	1∶50 万	10×50
	1∶25 万	5×25
	1∶10 万	2×10
海底浅层剖面调查	1∶100 万	20×100
	1∶50 万	10×50
	1∶25 万	5×25
	1∶10 万	2×10

(2)准确度

导航定位采用 DGPS,定位准确度应满足相关比例尺测图要求。

水深小于 30m 时,水深测量准确度应优于 0.3m;水深大于 30m,准确度应优于水深值的 1%。

(3)测量基准与投影分幅

平均海面高、大地水准面高和深度基准面的起算面归算到 2000 国家大地坐标系的椭球面,水深测量的深度基准面采用当地理论最低潮面(《中国航海图编绘规范》)。

5. 工程进度设计

工程进度设计应对以下内容做出规定:

①划分作业区的困难类别。

②根据设计方案,分别计算统计各工序的工作量。

③根据统计的工作量和计划投入的生产实力,参照有关生产定额,分别列出年度进度计划和各工序的衔接计划。

工程进度设计可以编绘工程进度图或工程进度表。

6. 质量控制设计

工程质量控制设计内容主要包括:

①组织管理措施:规定项目实施的组织管理和主要人员的职责和权限。

②资源保证措施:对人员的技术能力或培训的要求;对软、硬件装备的需求等。

③质量控制措施:规定生产过程中的质量控制环节和产品质量检查、验收的主要要求。

④数据安全措施:规定数据安全和备份方面的要求。

7. 项目经费预算

项目经费预算应符合国家预算管理要求和测绘单位财务、会计制度,确保生产经费支出的真实性、合法性。经费预算内容主要包括生产成本和经营成本的预算。具体内容如下:

(1)生产成本

生产成本即直接用于完成特定项目所需的直接费用,主要包括直接人工费、直接材料费、交通差旅费、折旧费等。

(2)经营成本

除去直接的生产成本外,成本预算还应包含维持测绘单位正常运作的各种费用分配,主要包括两大类:

①员工福利及他项费用,包括按工资基数计提的福利费、职工教育经费、住房公积金、养老保险金、失业保险等分配记入项目的部分;

②机构运营费用,包括业务往来费用、办公费用、仪器购置、维护及更新费用、工会经费、社团活动费用、质量及安全控制成本、基础设施建设等反映测绘单位正常运作的费用分配记入项目的部分。

8. 提交成果设计

提交的成果应符合技术标准和满足顾客要求,根据具体成果(或产品),规定其主要技术指标和规格，一般可包括成果(或产品)类型及形式、坐标系统、高程基准、深度基准、重力基准、时间系统，比例尺、分带、投影方法，分幅编号及其空间单元，数据基本内容、数据格式、数据精度以及其他技术指标等。

9. 项目设计书目录结构

项目设计书的目录可参考以下结构：

(1)概述

(2)作业区自然地理概况和已有资料情况

(3)引用文件

(4)成果(或产品)主要技术指标和规格

(5)设计方案

- 软硬件配置要求；
- 技术路线及工艺流程；
- 技术规定；
- 上交和归档成果(或产品)内容、要求和数量，有关文档资料的类型、数量等；
- 质量保证措施和要求。

(6)进度安排和经费预算

(7)附录

11.1.2　专业技术设计

专业技术设计是对测绘专业活动的技术要求进行设计，在项目总体设计的基础上，按照测绘活动内容进行的具体设计。一般由承担测绘专业任务的单位负责组织编写。

专业技术设计内容主要包括：控制测量方案、测线布设及工作量、水下地形测量方案、仪器检验要求、水下测量技术要求、数据处理及成图要求、进度安排、人员分工与质量安全保证措施、预期成果及其格式、资料验收与经费概算、相关图表等。

1. 控制测量

在控制测量前，要收集测区已有的控制点成果资料，并分析其精度是否符合项目要求。

1)平面控制

平面控制点应在国家大地控制点上发展，如果在没有国家大地控制点的区域，可建立独立的控制网。平面控制点的布设，应遵循从整体到局部、从高级到低级、分级布设的原则，也可同级扩展或越级布设。

用 GPS 测量布测平面控制点，一般采用 GPS 静态或快速静态相对定位测量方法，如果满足精度要求，也可采用 GPS 实时相位差分法。

根据测区已知点情况及测图比例尺，选择平面测量的方法及所要达到的精度。

2)高程控制

测区的高程系统，采用 1985 国家高程基准(《工程测量规范》)。在已有高程控制网的地区，可沿用原高程系统，当边远测区联测困难时，也可采用假定高程系统，或通过验潮、水位观测等方法确定高程基准(《海洋工程地形测量规范》)。高程控制测量可采用水准测量、电磁波测距三角高程测量和 GPS 水准测量。

根据测区实际情况选择高程控制测量方法、施测路线及测量精度。

3）水位控制

（1）验潮站的类型

①长期验潮站，应有一年或一年以上连续观测资料；

②短期验潮站，最少连续观测 30 天；

③临时验潮站，在水深测量时布设；

④海上定点验潮站，至少应在大潮期间（良好日期）与相关长期站或短期站同步观测一次或三次 24h 或连续观测 15 天的水位资料，良好日期的选择按有关规范执行。

（2）验潮站的布设密度

验潮站布设的密度应能控制全测区的潮汐变化。相邻验潮站之间的距离应满足最大潮高差小于等于 0.4m，最大潮时差不大于 1h，且潮汐性质应基本相同。

（3）利用有关单位观测的潮汐资料，应重点了解以下内容：验潮仪器的型号、观测方法和精度；水准点设立的位置、稳定性，与水尺零点、验潮站零点（即水位零点）的关系；采用的深度基准面；记时钟表校正情况；设站期间有否中断观测。

（4）验潮站的选址原则

①水尺前方应无浅滩阻隔，海水可自由流通，低潮不干出，能充分反映当地海区潮波传播情况的地方。

②海上定点验潮站应选在海底平坦、泥沙底质、风浪和海流较小的地方。

（5）水尺设立的要求

设立的水尺要牢固，垂直于水面，高潮不淹没，低潮不干出；两水尺相衔接部分至少有 0.3m 重叠。

（6）验潮站的水准测量

①每个验潮站附近应在地质坚固稳定的地方埋设工作水准点一个。

②工作水准点可在岩石、固定码头、混凝土面、石壁上凿标志，再以油漆记号。不具备上述条件时，亦可埋设牢固的木桩。

③工作水准点按四等水准测量要求与国家水准点联测。

④在验潮站附近的水准点和三角点，经检查合格，可作为工作水准点。

⑤水尺零点可按图根水准测量要求与工作水准点联测。

⑥水位观测过程中，如果发现或怀疑水尺零点有变化时，应进行高差联测。当水尺零点变动超过 3cm 应重新确定其相互关系，并另编尺号。

⑦海上定点验潮站的水尺零点无法进行水准联测时，其高程测量可采用光电测距三角高程测量、跨海高程测量、GPS 水准测量等方法。

（7）水位观测的时间要求

测深期间，观测时间间隔小于等于 30min。在高低潮前后适当增加水位观测次数，其时间间隔以不遗漏潮位极值水位值为原则（《海洋调查规范第 2 部分：海洋水文观测》）。

（8）气象观测

水位观测期间，应在 1 h、7 h、13 h、19 h 进行气象观测（风向、风力、气压），并记载天气状况(阴、雨、晴、雪)。

(9)验潮用的钟表校对

验潮用的钟表,每天至少与北京标准时间校对一次。

(10)水位观测读数要求

水位观测读数读到厘米,其误差小于等于1cm;当风浪较大、水尺读数误差大于5cm时,应当停止工作。

2. 测线布设

(1)测深线的布设

主测深线方向,当用单波束测深仪测深时,应垂直等深线的总方向;当用多波束测深仪测深时,原则上应平行等深线的总方向;对狭窄航道,测深线方向可与等深线成45°角。下列情况的布设测深线的要求如下:

①沙嘴、岬角、石破延伸处,一般应布设辐射线,如布设辐射线还难以查明其延伸范围时,应适当布设平行其轮廓线的测深线;

②重要海区的礁石与小岛周围应布设螺旋形测深线;

③锯齿形海岸,测深线应与岸线总方向成45°角;

④应从码头壁外 1~2 m 开始,图上每隔 2 mm 平行码头壁布设 2~3 条测深线;

⑤使用多波束测深系统全覆盖测深时,应根据水深、仪器性能,保证测线间有 10% 的重叠来布设测线;

⑥其他海洋工程根据实际的需要可采用其他布设方式。

(2)测深线间隔

测深线间隔的确定应顾及海区的重要性、海底地形特征和海水的深度等因素。原则上主测深线间隔为图上 1~2cm,螺旋形测深线间隔一般为图上 0.25cm。辐射线的间隔最大为图上 1cm,最小为图上 0.25cm。

(3)测点间距

测点间距一般为图上 1cm,海底地形变化显著地段应适当加密,海底平坦或水深超过 20 m 的水域可适当放宽。

(4)检查线的布设

检查线的方向应尽量与主测线垂直,分布均匀,能普遍检查主测深线。检查线的长度应占主测深线总长的 3%~10%。

3. 水下地形测量

使用侧扫声呐或多波束测深仪全覆盖侧测区的水下微地貌起伏的高度或水深和微地貌形状特征或范围,全覆盖侧测区的水下礁石、沉船等障碍物的高度或水深及其大小和范围,调查测区的水下微地貌的情况以及影响测区水下微地貌的变化因素。

侧扫探测之前,应全面了解工程需要。调查收集测区的水深、水下地形及特征、水下障碍物情况、海流的流速和流向、风向和风速、水温变化情况等。

测线方向应平行于测区的水流方向,测线应设计成直线。定位误差不大于 5m,并使误差椭圆的长轴与测线方向平行。

设计侧扫声呐的分辨率与检测率需要根据侧扫水下目标的大小及侧扫重复频率,综合考虑作用距离、脉冲宽度、工作频率、测量船速、拖鱼入水深度等因素。

测线间隔应根据有效作用距离、定位精度、重叠带宽度和导航仪精度等因素确定。

侧扫方式：粗探测根据测线间隔和长度对工程海区全覆盖侧扫海底。精探测根据粗探测发现的可疑海底微地貌或海底障碍物的位置、高度、形状和走向；根据调查资料的海底微地貌或海底障碍物的位置、高度，分别应有三个以上不同取向进行侧扫，确定海底微地貌或海底障碍物的位置、高度(或水深)形状、范围。

侧扫覆盖：粗探测的相邻测线间隔采用 2 倍有效作用距离侧扫海底微地貌。精探测的相邻测线间隔采用有效作用距离的外缘相互重叠一定宽度的重叠带，侧扫海底微地貌和海底障碍物。重叠带宽度可参考《海洋工程地形测量规范》11.2.8 节进行计算和确定。

根据不同定位方法和手段，确定岸台(或基准台)的位置，估算测区定位中误差。同时，还需确定验潮站、水文点的位置及水位改正方案，以及定位系统及测深仪器的检验与测定方法。

4. 水下地形测量专业技术设计书目录结构

专业技术设计书的目录可参考以下结构(《海洋调查规范第 10 部分：海底地形地貌调查》)：

①任务来源及测区概况；

②说明项目来源、内容和目标、作业区范围和行政隶属、任务量，完成期限、项目承担单位和成果(或产品)接收单位等；

③作业区自然地理概况和已有资料情况；

④前人调查状况及调查区地形地貌基本特征；

⑤测区范围及测量比例尺；

⑥测线布设与预计测线工作量；

⑦测量船、仪器以及仪器检验项目和要求；

⑧海上测量的技术要求；

⑨数据处理、成图的技术要求；

⑩进度安排、人员分工与质量保障措施；

⑪预期成果及其格式；

⑫资料验收与经费概算；

⑬相关图表(航行计划示意图、测线布设示意图、测线端点坐标表等)。

11.2 组织与实施

测绘项目组织与实施是完成测绘项目的重要环节，也是对测绘项目目标的具体管理阶段。

1. 工期目标

在合同规定时间内完成整个项目。工期目标需通过不同的工序完成，应分解为各个工序的目标。

2. 成本目标

完成项目所花费的目标金额，即成本预算。在保证成本的前提下，任何项目都期望花费尽量少的成本。成本可分解为人工成本、设备折旧成本、消耗材料成本三大类，还可以将三类成本按不同工序进一步分解。

3. 质量目标

期望项目最终达到的质量等级。质量等级分为合格、良好、优秀，项目的质量等级应由测绘成果质量检验部门检查验收评定。

组织与实施单位的质量管理体系文件是项目组织与实施过程中应首先执行的管理文件。

11.2.1 组织管理

项目应配置合适的技术人员、管理人员、质量控制人员及后勤保障人员，并且要配备项目所需的设备，这是完成项目的两个主要条件。

人员一般按照项目负责人、生产负责人、技术负责人、质量负责人、作业组、作业员进行组织管理。项目组织结构图如图 11-1 所示。

生产组一般分项目、中队、作业组三个层次。项目负责人全面负责项目生产计划的实施，技术管理、质量控制、资料安全保密管理等工作；中队生产负责人负责中队的包括经费控制、进度控制、质量控制、人员管理等工作；作业组生产负责人负责包括进度控制、质量控制、人员管理等工作。

技术组一般也分为项目、中队、作业组三个层次。项目技术负责人是项目的最高技术主管，负责整个项目的技术工作；中队技术负责人全面负责中队的技术工作；作业组技术负责人负责的作业组是最基本的作业单位，技术负责人由组长兼任，负责全组的技术工作，是非脱产的岗位。

质量控制组：质量控制组一般由质量管理部门负责，对每道工序进行质量检查。

后勤服务部门：包含资料管理、设备管理、安全保障、后勤保障等工作。

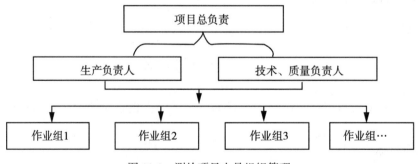

图 11-1 测绘项目人员组织管理

11.2.2　进度控制

进度控制基本分为人力资源控制、设备资源控制和完成进度与计划的符合性控制三方面。

1. 人力资源控制

人力资源控制包括作业现场组织结构体系、作业人员及培训情况。

①作业现场组织结构应齐全，并应与投标方案中所拟定的计划一致；

②主要作业人员应与投标文件一致，保证能正常生产；

③配置的人员数量、素质应满足实际工作需要；

④主要管理人员、技术人员必须能履行职责；

⑤作业人员需经过岗位培训。

2. 设备资源控制

设备是生产的基本工具，仪器设备是否符合要求直接影响测绘成果的质量，作业中应对设备的落实进行必要的控制。

①投入使用的设备与计划的设备是否一致；

②作业现场的设备总数是否满足项目工作的需要；

③作业的设备是否经过检定，检定结果是否符合要求，要对检定证书100%检查；

④生产人员是否具备操作设备的能力，如仪器的使用方法，数据的记录、判读、处理等；

⑤作业使用的平差软件、数据处理及成图软件是否符合委托方的要求。

3. 完成进度与计划的符合性控制

进度控制是指项目各阶段的工作内容、工作程序、持续时间和衔接关系编制计划，在实施中要经常检查实际进度与计划进度的偏差，有针对性地采取措施。进度控制的主要内容有：

①进度计划是否符合项目总目标和各工序目标的要求，与合同的开、竣工时间是否一致；

②总的进度计划中的项目是否有遗漏；

③工序安排是否合理，是否符合生产工艺的要求；

④在各进度计划实施中是否有负责人；

⑤委托方提供的施工条件是否明确与合理，是否有因委托方的原因而导致工期延误的可能。

11.2.3　质量控制

项目质量是项目成功的基础。质量控制是质量管理的一部分，是满足顾客、法律、法规等所提出的质量要求，是围绕产品形成过程每一阶段的工作，对人和设备等因素进行控制，使对产品质量有影响的各个过程都处于受控状态，提供符合规定要求的测绘成果。

1. 质量控制的基本依据

①项目合同文件：测绘合同；

②设计文件：经审批的技术设计书或作业指导文件；

③法律、法规和规范：国家、行业及地方颁布的法律、法规和规范；

④质量检查检验的标准：国家、行业、地方和企业标准等。

2. 质量控制的原则

根据 ISO9000 族标准，质量管理应遵循以下八项原则：

①以顾客为关注焦点；

②领导作用原则；

③全员参与原则；

④过程方法原则；

⑤系统方法原则；

⑥持续改进原则；

⑦基于事实的决策方法原则；

⑧互利的供方关系原则。

作为项目质量管理不仅要坚持质量管理的八项原则，还应遵循质量控制的五项原则：

①坚持质量第一，用户至上的原则；

②以人为控制核心的原则；

③预防为主的原则；

④坚持质量标准，严格检查，一切用数据说话的原则；

⑤恪守职业道德，强化质量责任的原则。

3. 质量控制的内容

质量控制的内容主要是人员、设备、作业环境、过程产品、最终产品。

4. 质量控制的方法和手段

工程实施阶段质量管理应基于管理体系文件中直接涉及质量管理的文件作为方法和手段，这些文件主要包括以下几个：

①测绘工程实施管理办法；

②记录控制程序；

③纠正措施控制程序；

④不合格品控制程序；

⑤数据分析管理办法；

⑥产品监视和测量管理办法；

⑦监视和测量装置控制办法；

⑧预防措施控制程序。

质量控制的一个重要方法是"二级检查一级验收"制度。《测绘成果质量检查与验收》4.1 条规定：测绘成果应依次通过测绘单位作业部门的生产过程(或称工序)检查、测绘单位质量管理部门的最终检查和项目管理单位组织的验收或委托具有资质的质量检验机构进行质量验收。具体的成果质量检查与验收制度详见第 11.3 节成果质量检查与验收。

工序成果泛指测绘生产过程中各工序生产出来的阶段性成果，该成果可能是测绘最终成果的组成部分，也可能是一个过程产品。

工序质量的控制就是利用一定的方法和手段对工序操作及完成的产品质量进行实际而及时的检查，判断其是否合格或优良。而控制的方法和手段主要是质量管理体系文件。如，依据"产品监视和测量管理办法"对生产过程进行监视和测量，对监视和测量的数据按"数据分析管理办法"进行统计分析，从而提出预防措施或纠正措施，再分别按"预防措施控制程序"和"纠正措施控制程序"分别实施，如果出现不合格品按照"不合格品控制程序"处理。水下地形测量中主要依靠检查线的布设来进行过程成果的质量控制。

11.2.4 资金控制

资金控制是在整个测绘项目实施阶段开展的一项管理活动，力求在保证质量和进度的同时使项目的实际投入不超过计划预算。它包含三层意思：一是资金控制与质量控制、进度控制同步；二是资金控制应具有全面性，将项目的全部费用纳入控制范围；三是坚持技术与经济相结合的措施，做到经济指标合理基础上的技术先进，技术指标先进条件下的经济合理。

资金的控制应贯穿于项目的全过程，一方面促进施工单位加强管理充分利用资源，另一方面防止资金运用超出预算。

1. 项目资金预算的科学性、合理性

项目预算主要包含生产成本和经营成本，要全面、科学、合理，应根据不同项目的特点和要求核算成本。

2. 预算的执行与进度的符合性

预算的执行随工程进度的推进逐步执行，实施到每个阶段都应核算资金的执行情况是否与预算成本相符，当出现偏差时应及时调整。

3. 预算执行的完整性

资金的执行应将项目的全部费用纳入执行范围，应包含各个工序资金测算，生产成本及经营成本测算，不能出现支出漏洞，总和应与预算总额一致。

11.2.5 保障措施

1. 人员安全保障

根据《测绘作业人员安全规范》，涉水渡河前，应观察河道宽度，探明河水深度、流速、水温及河床沙石等情况，了解上游水库和电站放水情况。根据以上情况选择安全的涉水地点，并应做好涉水时的防护措施。水深在0.6m以内、流速不超过3m/s，或者流速虽然较大但水深在0.4m以内时，允许徒涉；水深过腰、流速超过4m/s的急流，应采取保护措施涉水过河，禁止独自一人涉水过河；遇到较深、流速较大的河流时，应绕道寻找桥梁或渡口。通过轻便悬桥或独木桥时，要检查木质是否腐朽，若可使用，应逐人通过，必要时应架防护绳；骑牲畜涉水时一般只限于水深0.8m以内，同时应逆流斜上，不应中途停留；乘小船或其他水运工具时，应检查其安全性能，并雇用有经验的水手操纵，严禁超载；暴雨过后要特别注意山洪的到来，严禁在无安全防护保障的条件下和河水暴涨时渡河。

在水上作业时，作业人员应穿救生衣，避免单人上船作业；应选择租用配有救生圈、绳索、竹竿等安全防护救生设备和必要的通信设备的船只，行船应听从船长的指挥；租用的船只必须满足平稳性、安全性要求，并具有营业许可证，雇用的船工必须熟悉当地水性并有载客经验；风浪太大的时段不能强行作业，对水流湍急的地段要根据实地情况采取相应的安全防护措施后方可作业；海岛、海边作业时，应注意涨落潮时间，避免事故发生。

2. 设备安全保障

仪器设备的安全保障，应做到：

①仪器设备的安装、检修和使用，需符合安全要求。凡对人体可能构成伤害的危险部位，都要设置安全防护装置。所有用电动力设备，必须按照规定埋设接地网，保持接地良好。

②仪器设备必须有专人管理，并进行定期检查、维护和保养，禁止仪器设备带故障运行。

③作业人员应熟悉操作规程，必须严格按照有关规程进行操作。作业前要认真检查所要操作的仪器设备是否处于安全状态。

④禁止用湿手拉合电闸或开关电钮。饮水时，应远离仪器设备，防止泼洒造成电路短路。

⑤擦拭、检修仪器设备应首先断开电源，并在电闸处挂置明显警示标志。修理仪器设备，一般不准带电作业，由于特殊情况而不能切断电源时，必须采取可靠的安全措施，并且必须有两名电工现场作业。

⑥因故停电时，凡用电的仪器设备，应立即断开电源。

3. 地理信息数据安全保障

外业项目承担单位应制定外业生产保密制度，落实责任，加强涉密设备管理，强化外业生产过程中的保密管理。

①完善制度，落实责任。各单位要进一步完善外业生产保密制度，特别是涉密计算机、U 盘的使用管理制度和图纸资料使用管理制度。要把保密工作放在和业务工作同等的地位，一把手要亲自抓保密工作，保密机构要层层下移到基层、作业小组，做到保密工作层层有人管，级级有人抓。各外业小组组长要担负起责任，不搞形式，认真落实各项保密制度。外业作业人员要时刻提高保密意识，绷紧保密这根弦，严格按照保密要求使用涉密设备。

②加强涉密设备管理。各单位要完善涉密设备的台账管理，建立一套包括购买、使用、报废的全流程管理体系。登记涉密设备启用时间，指定涉密设备使用人。涉密计算机、U 盘要有密级标识，有专人管理，使用要有登记。涉密计算机应设置开机密码，机密级计算机密码应为 8 位以上数字字母组合。拆除或使用软件禁用涉密计算机、平板电脑无线网卡。严禁非涉密 U 盘从涉密计算机上拷取资料。

涉密计算机网络系统实行物理隔离，严禁内部局域网和涉密计算机直接或间接接入互联网，并由专人进行管理。项目承担单位应根据需要，对涉密计算机及网络系统进行保密监控和检查。严禁通过社会公众网络传输涉密测绘成果与文件。

③强化外业管理。外业小组要建立保密组织，有专人负责保密工作。外业作业区要张贴保密制度、标语。涉密图纸资料要有专人保管，使用完毕要及时收好，放在柜子里要上

锁。涉密计算机要专机专用，非本人使用时要进行登记，从涉密计算机拷取资料要进行登记。项目完成后，除必要备份外，及时清除涉密计算机中存储的涉密资料。出测时涉密计算机、图纸要集中起来交由专人看管。

11.3　成果质量检查与验收

根据测绘项目的特点，质量控制的一个重要方法是"二级检查一级验收"制度。《测绘成果质量检查与验收》第 4.1 条规定：测绘成果应依次通过测绘单位作业部门的生产过程（或称工序）检查、测绘单位质量管理部门的最终检查和项目管理单位组织的验收或委托具有资质的质量检验机构进行质量验收。

11.3.1　检查验收制度

《测绘产品检查验收规定》第 3.1 条规定：测绘成果质量通过二级检查一级验收方式进行控制。二级检查是指测绘单位作业部门的过程检查和测绘单位质量管理部门的最终检查，一级验收是指项目管理单位组织的验收或委托具有资质的质量检验机构进行质量验收。主要要求如下：

①过程检查：测绘单位质检人员对作业组生产的产品所进行的第一次全数检查。

②最终检查：测绘单位在过程检查的基础上，质检人员对产品进行的再一次全数检查，涉及野外检查项的可采用抽样检查，样本以外的应实施内业全数检查。

③验收：为判断受检批能否符合要求（或能否被接受）而进行的检验。验收一般采用抽样检查，质量检验机构应对样本进行详查，必要时可对样本以外的单位成果的重要检查项进行概查。

④各级检查验收工作应独立、按顺序进行，不得省略、代替或颠倒顺序。

⑤最终检查应审核过程检查记录，验收应审核最终检查记录，审核中发现的问题作为资料质量错漏处理。

1. 二级检查

测绘生产单位要进行自检与专检的二级检查，是过程检查的重要内容，主要体现在：

①参与测绘生产的作业员在作业结束后必须进行自检。

②不同作业员之间必须把经自检合格的产品进行互检。

③不同工序之间的材料交接和转换必须有相关人员进行交接检查。

④测绘单位要设置专职检查机构和专职检查人员进行专检。

⑤各个级别检查出的问题的处理办法和意见，要有相应的整改记录。

2. 最终检查

最终检查一般是在测绘项目完成后由测绘单位质量管理部门进行的检查，检查按《数字测绘成果质量检查与验收》或《测绘成果质量检查与验收》、设计书等有关规定执行。

《测绘成果质量检查与验收》第 4.1 条规定：

①过程检查采用全数检查，最终检查一般采用全数检查，涉及野外检查项的可采用抽样检查，样本以外的应实施内业全数检查。

②各级检查工作应独立、按顺序进行，不得省略、代替或颠倒顺序。

③最终检查要审核过程检查的记录，审核发现的问题作为资料质量错漏处理。

3. 一级验收

由业主委托的测绘质量检验部门对测绘成果质量进行验收，检查验收的依据包括有关法律法规、有关国家标准、行业标准、设计书、测绘任务书、合同书和委托验收文件等。验收按设计书、《数字测绘成果质量检查与验收》或《测绘成果质量检查与验收》等有关规定执行。

11.3.2　成果质量评定

1. 质量等级

样本及单位成果质量采用优、良、合格和不合格四级评定。

测绘单位评定单位成果质量和批成果质量等级。验收单位根据样本质量等级核定批成果质量等级。

2. 记录及报告

检查验收记录包括质量问题及其处理记录、质量统计记录等。记录填写应及时、完整、规范、清晰，检验人员和校准人员签名后的记录禁止更改、增删。

最终检查完成后，应编写检查报告。验收工作完成后，应编写检验报告，检查报告和检验报告随测绘成果一并归档。

3. 单位成果质量评定

单位成果质量水平以百分制表征。质量得分根据数学精度评分、成果质量错漏扣分、质量子元素评分、质量元素评分加权计算得到。根据《测绘产品质量评定标准》4.2 条，单位成果质量按以下方法评定：

①单位成果出现以下情况之一时，即判定为不合格：

a. 单位成果中出现 A 类错漏；

b. 单位成果高程精度检测、平面位置精度检测及相对位置精度检测，任一项粗差比例超过 5%；

c. 质量子元素评分小于 60 分。

②根据单位成果的质量得分，按表 11-2 划分质量等级。

表 11-2　　　　　　　　　　　　　单位成果质量等级评定标准

质量等级	质量得分
优	S≥90 分
良	75 分≤S<90 分
合格	60 分≤S<75 分
不合格	S<60 分

4. 样本的选择、检查及质量评定

（1）确定样本量

根据检验批的批量按表 11-3 确定样本量。

表 11-3　　　　　　　　　　　　　　　样本量的确定

批量	样本量	批量	样本量
1~20	3	101~120	11
21~40	5	121~140	12
41~60	7	141~160	13
61~80	9	161~180	14
81~100	10	181~200	15
批量≥201 分批次提交，批次数应最小，各批次的批量应均匀			

注：当样本量等于或大于批量时，则全数检查。

（2）抽取样本

抽取的样本应均匀分布。在检验批中应随机抽取样本，一般采用简单随机抽样，也可根据生产方式或时间、等级等采用分层随机抽样。

按样本量从成果批中提取样本，并提取单位成果的全部有关资料。下列资料按 100% 提取样品原件或复印件：

①项目设计书、专业设计书，生产过程中的补充规定；

②技术总结，检查报告及检查记录；

③仪器鉴定证书和检验资料复印件；

④其他需要的文档资料。

（3）检查

根据测绘成果的内容与特性，分别采用详查和概查的方式进行检查。

详查是根据各单位成果的质量元素及检查项，按照有关规范、技术标准和技术设计的要求逐个检验单位成果并统计存在的各类差错数量，按照单位成果质量评定要求进行质量评定。

概查是指对影响成果质量的主要项目和带倾向性的问题进行的一般性检查，一般只记录 A 类、B 类错漏和普遍性问题。若检查中 A 类中未发现错漏或 B 类错漏小于 3 个时，判成果概查为合格；否则，判概查为不合格。

（4）样本质量评定

样本中出现不合格单位成果时，评定样本质量为不合格，全部单位成果合格后，根据单位成果的质量得分，按算术平均方式计算样本质量得分 S，按表 11-4 评定样本质量等级。

质量等级	质量得分
优	S≥90 分
良	75 分≤S≤90 分
合格	60 分≤S≤75 分

表 11-4　　　　　　　　　　　　　　　　　质量等级评定

5. 批质量评定

最终检查批成果合格后，按以下原则评定批成果质量等级：

①优级：优良品率达到 90%以上，其中优级品率达到 50%以上；

②良级：优良品率达到 80%以上，其中优级品率达到 30%以上；

③合格：未达到上述标准的。

验收单位根据评定的样本质量等级，核定批成果质量等级，当测绘单位未评定批成果质量等级或评定的样本质量等级与测绘单位评定的批成果质量等级不一致时，以验收单位评定的样本质量等级作为批成果质量等级。

如果生产中使用了未经计量检定或检定不合格的测量仪器，均判为批不合格。当详查和概查均为合格时，判为批合格；否则判为批不合格。若验收中只实施了详查，则只依据详查结果判定批质量。当详查或概查中发现伪造成果现象或技术路线存在重大偏差，均判为批不合格。

11.3.3　成果质量元素及检查项

水下地形测量的质量元素包括数据质量、点位质量和资料质量。

1. 数据质量

数据质量包括观测仪器、观测质量、计算质量三个质量子元素。观测仪器的检查项主要有仪器选择的合理性和仪器检验项目的齐全性。

观测质量的检查项主要有：

①技术设计和观测方案的执行情况；

②数据采集软件的可靠性；

③观测要素的齐全性；

④观测时间、观测条件的合理性；

⑤观测方法的正确性；

⑥观测成果的正确性、合理性；

⑦岸线修测、陆上和海上具有引航作用的重要地物的测量、地理要素表示的齐全性与正确性；

⑧成果取舍和重测的正确性、合理性；

⑨重复观测成果的符合性；

⑩计算质量的检查项主要有：计算软件的可靠性、内业计算验算情况、计算结果的正确性。

点位质量检查项包括观测点位、观测密度两个质量子元素。观测点位检查项有：工作水准点埋设、验潮站设立、观测点布设的合理性和代表性、周边自然环境。观测密度检查项有：相关断面布设及密度的合理性，观测频率、采样率的正确性。

2. 点位质量

点位质量的检查包括观测点位、观测密度的检查。观测点位检查主要检查工作水准点埋设、验潮站设立、观测点布设的合理性和代表性，检查点位周边自然环境。

观测密度的检查包括相关断面布设及密度的合理性和观测频率、采样率的正确性。

3. 资料质量

观测资料质量子元素包括观测记录、附件及资料。资料质量的检查项是各种观测记录和数据处理记录的完整性。附件及资料的检查项有：技术总结内容的全面性和规格的正确性，提供成果资料项目的齐全性，成果图绘制的正确性。

11.3.4　检查及验收报告编写

检查验收完成后需要编写检查报告和验收报告，主要内容如下(《测绘成果质量检验报告编写基本规定》)：

1. 检查报告的主要内容

①任务概述；

②检查工作概况(包括仪器设备和人员组成情况)；

③检查的技术依据；

④主要质量问题及处理意见；

⑤对遗留问题的处理意见；

⑥质量统计和检查结论。

2. 验收报告的主要内容

①验收工作概况(包括仪器设备和人员组成情况)；

②验收的技术依据；

③验收中发现的主要问题及处理意见；

④质量统计(含与生产单位检查报告中质量统计的变化及其原因)；

⑤验收结论；

⑥其他意见和建议。

11.4　技术总结的编写

测绘任务完成后，需要编写测绘技术总结。测绘技术总结主要是对测绘技术设计文件和技术标准、规范等的执行情况，技术设计方案实施中出现的主要技术问题和处理方法，成果(或产品)质量、新技术的应用等进行分析研究、认真总结，并做出的客观描述和评价。测绘技术总结为用户(或下工序)对成果(或产品)的合理使用提供方便，为测绘单位持续质量改进提供依据，同时也为测绘技术设计、有关技术标准、规定的制定提供资料。测绘技术总结是与测绘成果(或产品)有直接关系的技术性文件，是需要长期保存的重要技术档案。

11.4.1　技术总结的分类及编写依据

1. 技术总结分类

根据《测绘技术总结编写规定》第 3.2 条，测绘技术总结分为项目总结和专业技术总结。

项目总结是一个测绘项目在其最终成果(或产品)检查合格后，在各专业技术总结的基础上，对整个项目所作的技术总结，由概述、技术设计执行情况、成果质量说明和评价、上交和归档的成果及资料清单 4 部分组成。

专业技术总结是测绘项目中所包含的各测绘专业活动在其成果(或产品)检查合格后，进行总结撰写的技术文档。

对于工作量较小的项目，可根据需要将项目总结和专业技术总结合并为项目总结。

2. 测绘技术总结编写依据

测绘技术总结编写的主要依据包括：

①测绘任务书或合同的有关要求，顾客书面要求或口头要求的记录，市场的需求或期望。

②测绘技术设计文件，相关的法律、法规、技术标准和规范。

③测绘成果(或产品)的质量检查报告。

④使用的以往测绘技术设计、测绘技术总结提供的信息以及现有生产过程和产品的质量记录和有关数据。

⑤其他有关文件和资料。

11.4.2　技术总结的编写要求

项目总结由承担项目的单位负责编写或组织编写，专业技术总结由具体承担相应测绘专业任务的单位负责编写，具体的编写工作通常由单位的技术人员承担。技术总结的编写要求如下：

①内容真实、全面、重点突出。说明和评价技术要求的执行情况时，不应简单抄录设计书的有关技术要求；应重点说明作业过程中出现的主要技术问题和处理方法、特殊情况的处理及其达到的效果、经验、教训和遗留问题等。

②文字应简明扼要，公式、数据和图表应准确，名词、术语、符号和计量单位等均应与有关法规和标准一致。

③测绘技术总结的幅面、封面格式、字体与字号等应符合相关要求。

技术总结编写完成后，单位总工程师或技术负责人应对技术总结编写的客观性、完整性等进行审查并签字，并对技术总结编写的质量负责。技术总结经审核、签字后，随测绘成果、测绘技术设计文件和成果检查报告一并上交和归档。

11.4.3　技术总结的主要内容

测绘专业技术总结通常由概述、技术设计执行情况、成果质量说明和评价、上交和归档的成果及其资料清单4部分组成。

①概述：应概要说明测绘任务总的情况，例如任务来源、目标、工作量、任务的安排与完成情况，以及作业区概况和已有资料利用情况等。

②技术设计执行情况：需主要说明、评价测绘技术设计文件和有关的技术标准、规范的执行情况。内容主要包括：生产所依据的测绘技术设计文件和有关的技术标准、规范，设计书执行情况以及执行过程中技术性更改情况，生产过程中出现的主要技术问题和处理方法，特殊情况的处理及其达到的效果等，新技术、新方法、新材料等应用情况，经验、教训、遗留问题、改进意见和建议等。

③成果质量说明和评价：需简要说明、评价测绘成果的质量情况(包括必要的精度统计)、产品达到的技术质量指标，并说明其质量检查报告的名称及编号。

④上交和归档的成果及其资料清单：需分别说明上交和归档成果的形式、数量以及一并上交和归档的资料文档清单。

参 考 文 献

[1] 艾波. 时空数据可视化方法研究[D]. 青岛：山东科技大学，2011.

[2] 暴景阳，刘雁春，晁定波，等. 中国沿岸主要验潮站海图深度基准面的计算与分析[J]. 武汉大学学报(信息科学版)，2006，31(3)：224-228.

[3] 暴景阳，刘雁春. 海道测量水位控制方法研究[J]. 测绘科学，2006，31(6)：49-51.

[4] 暴景阳，许军，崔杨. 海域无缝垂直基准面表征和维持体系论证[J]. 海洋测绘，2013，33(2)：1-5.

[5] 暴景阳，许军. 卫星测高数据的潮汐提取与建模应用[M]. 北京：测绘出版社，2013.

[6] 暴景阳，翟国君，许军. 海洋垂直基准及转换的技术途径分析[J]. 武汉大学学报(信息科学版)，2016，41(1)：52-57.

[7] 暴景阳，章传银. 关于海洋垂直基准的讨论[J]. 测绘通报，2001(6)：10-11.

[8] 暴景阳. 海洋测绘垂直基准综论[J]. 海洋测绘，2009，29(2)：70-77.

[9] 曹鸿博，张立华，肖振坤，等. 基于海量多波束数据的海底 DEM 简化精度分析[J]. 测绘科学，2010，35(S1)：60-62.

[10] 测绘产品检查验收规定 CH 1002—1995[S]. 中华人民共和国测绘行业标准. 北京：测绘出版社，1995.

[11] 测绘产品质量评定标准 CH 1003—1995[S]. 中华人民共和国测绘行业标准. 北京：中国标准出版社，1995.

[12] 测绘成果质量检查与验收 GB/T 24356—2009[S]. 中华人民共和国国家标准. 北京：中国标准出版社，2009.

[13] 测绘成果质量检验报告编写基本规定 CH/Z 1001—2007[S]. 中华人民共和国测绘行业标准化指导性技术文件. 北京：测绘出版社，2007.

[14] 测绘技术设计规定 CH/T 1004—2005[S]. 中华人民共和国测绘行业标准. 北京：测绘出版社，2006.

[15] 测绘技术总结编写规定 CH/T 1001—2005[S]. 中华人民共和国测绘行业标准. 北京：测绘出版社，2005.

[16] 测绘作业人员安全规范 CH 1016—2008[S]. 中华人民共和国测绘行业标准. 北京：测绘出版社，2008.

[17] 曾杰. 大规模地形快速绘制技术研究[D]. 成都：电子科技大学，2012.

[18] 昌彦君，朱光喜，彭复员，等. 机载激光海洋测深技术综述[J]. 科学视野，2002，26(5)：34-36.

[19] 陈超，王文珂，王怀晖，李思昆. 一种海底地形与底质的三维融合可视化方法[J].

系统仿真学报，2012，09：1936-1939+1944.

[20]陈俊勇．全球导航卫星系统进展及其对导航定位的改善[J]．大地测量与地球动力学，2009，29(2)：1-3.

[21]陈然．数字化水下地形测量技术应用研究[D]．昆明：昆明理工大学，2009.

[22]陈卫标，陆雨田，褚春霖，等．机载激光水深测量精度分析[J]．中国激光，2004，31(1)：101-104.

[23]陈永奇，李裕忠，杨仁．海洋工程测量[M]．北京：测绘出版社，1991.

[24]陈宗镛，甘子钧，金庆祥．海洋潮汐[M]．北京：科学出版社，1979.

[25]多波束技术组．浅水多波束勘测技术研究[R]．国家海洋局第一海洋研究所，1999.

[26]方国洪，郑文振，陈宗镛，等．潮汐和潮流的分析和预报[M]．北京：海洋出版社，1986.

[27]冯守珍，吴永亭，唐秋华．超短基线声学定位原理及应用[J]．海岸工程，2002，21(4)：13-18.

[28]付孙钟．几种常用坐标系间的坐标转换[J]．测绘技术装备，2003，5(3)：30-31.

[29]高金耀，金翔龙，吴自银．多波束数据的海底数字地形模型构建[J]．海洋通报，2003(1)：30-38.

[30]工程测量规范 GB 50026—2007[S]．中华人民共和国国家标准．北京：中国计划出版社，2008.

[31]海岸带地形图测绘规范 CH/T 7001—1999 1∶5000、1∶10000、1∶25000[S]．中华人民共和国行业标准．北京：测绘出版社，1999.

[32]海道测量规范 GB 12327—1998[S]．中华人民共和国国家标准．北京：中国标准出版社，1998.

[33]海底地形图编绘规范 GB/T 17834—1999[S]．中华人民共和国国家标准．北京：中国标准出版社，1999.

[34]海洋工程地形测量规范 GB 17501—1998[S]．中华人民共和国国家标准．北京：中国标准出版社，1998.

[35]海洋调查规范第 2 部分：海洋水文观测 GB/T 12763.2-2007[S]．中华人民共和国国家标准．北京：中国标准出版社，2007.

[36]海洋调查规范第 10 部分：海底地形地貌调查 GB/T 12763.10-2007[S]．中华人民共和国国家标准．北京：中国标准出版社，2007.

[37]何强，马颂德．图像镶嵌技术理论、难点及应用[J]．高技术通讯，1998(3)：20-24.

[38]胡洪．GNSS 精密单点定位算法研究与实现[D]．北京：中国矿业大学，2013.

[39]胡善江，贺岩，陈卫标．机载激光测深系统中海面波浪影响的改正[J]．光子学报，2007，36(11)：2103-2105.

[40]胡毅，陈坚，蔡锋，许江．Klein3000 型侧扫声呐在海洋工程调查中的应用[C]．中国海洋学会海岸带开发与管理分会学术研讨会，2006.

[41]黄谟涛，翟国君，管铮，等．利用卫星测高数据反演海洋重力异常研究[J]．测绘学报，2001，30(2)：184-199.

［42］黄谟涛，翟国君，欧阳永忠，等．机载激光测深中的波浪改正技术［J］．武汉大学学报（信息科学版），2003，28（4）：389-392.

［43］贾俊涛，翟京生，孟婵媛，等．基于海量多波束数据的海底地形模型的构建与可视化［J］．测绘科学技术学报，2008，25（4）：255-258.

［44］蒋立军，杜文萍，许枫．侧扫声呐回波信号的增益控制［J］．海洋测绘，2002，22（3）：6-9.

［45］金绍华，肖付民，边刚，等．利用多波束反向散射强度角度响应曲线的底质特征参数提取算法［J］．武汉大学学报（信息科学版），2014，39（12）：1493-1498.

［46］靳海亮，卢小平，刘慧杰．利用可编程GPU硬件进行大规模真实感地形绘制［J］．武汉大学学报（信息科学版），2010，35（2）：143-146.

［47］孔祥元，郭际明，刘宗泉．大地测量学基础［M］．武汉：武汉大学出版社，2006.

［48］李家彪．多波束勘测原理技术与方法［M］．北京：海洋出版社，1999.

［49］李庆辉，陈良益，陈烽，等．机载蓝绿激光海洋测深［J］．光子学报，1996，25（11）：1008-1011.

［50］李树楷，薛永祺．高效三维遥感集成技术系统［M］．北京：科学出版社，2000.

［51］李松．机载激光海洋测深及其质量控制［D］．武汉：武汉大学，2002.

［52］李鑫，李广云，王力，等．移动测量系统误差整体模型推导与精度分析［J］．测绘工程，2012，2（21）：21-24.

［53］李征航，黄劲松．GPS测量与数据处理［M］．武汉：武汉大学出版社，2005.

［54］李征航，张小红．卫星导航定位新技术及高精度数据处理方法［M］．武汉：武汉大学出版社，2009.

［55］李志勇．结合LOD控制的大面积海水绘制研究［D］．天津：天津大学，2007.

［56］梁开龙．水下地形测量［M］．北京：测绘出版社，1995.

［57］刘伯胜，雷家煜．水声学原理［M］．哈尔滨：哈尔滨工程大学出版社，2010.

［58］刘春，陈华云，吴杭彬．激光三维遥感的数据处理与特征提取［M］．北京：科学出版社，2009.

［59］刘士峰．机载激光测深系统在使用中应考虑的几个问题［J］．激光与光电子学进展，1999，36（6）：32-34.

［60］刘晓，李海森，周天等．基于多子阵检测法的多波束海底成像技术［J］．哈尔滨工程大学学报，2012，33（2）：197-202.

［61］刘学军，符锌砂．三角网数字地面模型的理论、方法现状及发展［J］．长沙交通学院学报，2001（2）：24-31.

［62］刘雁春，陈永奇，梁开龙，等．近海海洋测量瞬时海面数学模型［J］．武汉测绘科技大学学报，1996，21（1）：20-24.

［63］刘雁春，肖付民，暴景阳，等．海道测量学概论［M］．北京：测绘出版社，2006.

［64］刘雁春．海洋测深空间结构及其数据处理［M］．北京：测绘出版社，2003.

［65］刘钊，戴斌，刘大学．传感器信息融合中时间同步方法的研究［J］．计算机仿真，2009，26（6）：124-127.

[66] 陆秀平, 边少锋, 黄谟涛, 等. 常梯度声线跟踪中平均声速的改进算法[J]. 武汉大学学报: 信息科学版, 2012, 37(5): 590-593.

[67] 马大猷. 现代声学理论基础[M]. 北京: 科学出版社, 2004.

[68] 马建林, 金菁, 来向华. 多波束测深海底数字地形模型的建立[J]. 海洋测绘, 2005(5): 15-17.

[69] 孟俊霞. 大规模海底DEM的快速显示及渲染[D]. 青岛: 山东科技大学, 2013.

[70] 宁津生, 吴永亭, 孙大军. 长基线声学定位系统发展现状及其应用[J]. 海洋测绘, 2014, 34(1): 72-75.

[71] 宁津生, 姚宜斌, 张小红. 全球导航卫星系统发展综述[J]. 导航定位学报, 2013, 1(1): 3-8.

[72] 欧阳永忠, 黄谟涛, 翟国君, 等. 机载激光测深中的深度归算技术[J]. 海洋测绘, 2003, 23(1): 1-5.

[73] 潘宏伟, 李辉, 廖昌闯, 等. 一种基于现代GPU的大地形可视化算法[J]. 系统仿真学报, 2007, 19(14): 3241-3244.

[74] 秦永元. 惯性导航[M]. 北京: 科学出版社, 2006.

[75] 秦臻. 海洋开发与水声技术[M]. 北京: 海洋出版社, 1984.

[76] 时振伟. 船载激光扫描系统的几个关键问题分析[D]. 青岛: 山东科技大学, 2014.

[77] 数字测绘成果质量要求 GB/T 17941—2008[S]. 中华人民共和国国家标准. 北京: 中国标准出版社, 2008.

[78] 数字测绘成果质量检查与验收 GB/T 18316—2008[S]//中华人民共和国国家标准. 北京: 中国标准出版社, 2008.

[79] 孙东磊, 赵俊生, 柯泽贤, 等. 当前水下定位技术应用研究[C]//中国测绘学会海洋测绘专业委员会. 第二十一届海洋测绘综合性学术研讨会论文集. 四川成都. 中国, 2009: 178-181.

[80] 汤国安, 李发源, 刘学军, 等. 数字高程模型教程(第二版)[M]. 北京: 科学出版社, 2010.

[81] 汤国安, 刘学军, 闾国年. 数字高程模型及地学分析的原理与方法[M]. 北京: 科学出版社, 2009.

[82] 唐秋华, 刘保华, 陈永奇, 周兴华. 基于改进BP神经网络的海底底质分类[J]. 海洋测绘, 2009, 29(5): 40-43.

[83] 唐秋华, 周兴华, 丁继胜. 多波束反向散射强度数据处理研究[J]. 海洋学报, 2006, 28(2): 51-55.

[84] 陶春辉, 金翔龙, 许枫, 等. 海底声学底质分类技术的研究现状与前景[J]. 东海海洋, 2004, 3(22): 28-32.

[85] 王闰成. 侧扫声呐图像变形现象与实例分析[J]. 海洋测绘, 2002, 22(5): 42-45.

[86] 王晓军. 地形可视化中的LOD技术研究[D]. 苏州: 测绘地理信息, 2014, 39(3): 38-42.

[87] 王越. 机载激光浅海测深技术的现状和发展[J]. 测绘地理信息, 2014, 39(3):

38-42.

[88] 吴炳昭，黄谟涛，陆秀平，等．测量船动态吃水测量方法研究[J]．海洋测绘，2013，33(7)：2-3.

[89] 吴恩华，柳有权．基于图形处理器(GPU)的通用计算[J]．计算机辅助设计与图形学报，2004，16(5)：601-611.

[90] 吴俊彦，肖京国，成俊，等．中国沿海潮汐类型分布特点[C]//中国测绘学会九届四次理事会暨2008年学术年会论文集．广西桂林，2008：191-196.

[91] 吴永亭，周兴华，杨龙．水下声学定位系统及应用[J]．海洋测绘，2003，23(4)：18-21.

[92] 肖付民，暴景阳，吕仁臣．多波束坐标系统及误差源分析[J]．海洋测绘，2001，21(2)：41-44.

[93] 谢锡君，翟国君，黄谟涛，等．时差法水位改正[J]．海洋测绘，1988，8(3)：22-26.

[94] 许枫，魏建江．侧扫声呐系列讲座(一)、(二)[J]．海洋测绘，2002，22：52-59.

[95] 许家琨，申家双，廖世伟等．海洋测绘垂直基准的建立与转换[J]．海洋测绘，2011，31(1)：4-8.

[96] 阳凡林，康志忠，独知行，等．海洋导航定位技术及其应用与展望[J]．海洋测绘，2006，26(1)：71-74.

[97] 阳凡林，李家彪，吴自银，等．浅水多波束勘测数据精细处理方法[J]，测绘学报，2008，37(4)：444-447.

[98] 杨广义．基于多波束测深数据的海底地形建模技术及精度评估研究[D]．郑州：解放军信息工程大学，2010.

[99] 杨怀平，孙家广．基于海浪谱的波浪模拟[J]．系统仿真学报，2002，14(9)：1175-1178.

[100] 杨绍海，张彦昌．多波束测量中海底测点三维坐标计算方法研究[J]．气象水文海洋仪器，2011，6(2)：1-3.

[101] 姚春华，陈卫标，臧华国，等．机载激光测深系统最小可探测深度研究[J]．光学学报，2004，24(10)：1406-1410.

[102] 姚永红．多波束合成孔径声呐成像技术研究[D]．哈尔滨：哈尔滨工程大学，2011.

[103] 叶修松．机载激光水深探测技术基础及数据处理方法研究[D]．郑州：解放军信息工程大学，2010.

[104] 殷小静，慕晓冬，陈琦．基于图形硬件的海量地形可视化算法[J]．火力与指挥控制，2012，37(11)：61-64.

[105] 袁延艺，刘晓，徐超，李海森．基于多波束测深系统的水下成像技术[J]．海洋测绘，2012，32(4)：29-32.

[106] 原玉磊．三维激光扫描应用技术研究[D]．郑州：解放军信息工程大学，2009.

[107] 翟国君，王克平，刘玉红．机载激光测深技术[J]．海洋测绘，2014，34(2)：72-75.

[108]翟国君，吴太旗，欧阳永忠，等．机载激光测深技术研究发展[J]．海洋测绘，2012，32(2)：67-70.

[109]张汉德，刘焱雄，别君，等．机载 LiDAR 系统校准方案优化设计[J]．测绘通报，2011，30(1)：7-10.

[110]张会霞，朱文博，等．三维激光扫描数据处理理论及应用[M]．北京：电子工业出版社，2012.

[111]张双成，王利，黄观文．全球导航卫星系统 GNSS 最新进展及带来的机遇和挑战[J]．工程勘察，2010，38 (8)：49-53.

[112]张小红．机载激光雷达测量技术理论与方法[M]．武汉：武汉大学出版社，2007.

[113]张永合．浅谈机载激光测深技术[J]．气象水文海洋仪器，2009，26(2)：13-14.

[114]赵建虎，刘经南．多波束测深及图像数据处理方法[M]．武汉：武汉大学出版社，2007.

[115]赵建虎．多波束深度及图像处理方法研究[D]．武汉：武汉大学，2002.

[116]赵建虎．现代海洋测绘[M]．武汉：武汉大学出版社，2007.

[117]赵敬红．基于 Open Scene Graph 的大地形可视化方法研究[D]．长沙：中南大学，2009.

[118]赵庆．大规模地形数据调度与绘制技术研究与实现[D]．成都：电子科技大学，2011.

[119]郑翠娥．超短基线定位技术在水下潜器对接中的应用研究[D]．哈尔滨工程大学，2007.

[120]中国航海图编绘规范 GB 12320—1998[S]．中华人民共和国国家标准．北京：中国标准出版社，1998.

[121]周立．海洋测量学[M]．北京：科学出版社，2013：3.

[122]周忠谟.GPS 卫星测量原理与应用[M]．北京：测绘出版社，1997.

[123]朱述龙，张占睦．遥感图像获取与分析[M]．北京：科学出版社，2000.

[124]927 工程总体技术组．海岛(礁)测绘机载激光雷达(LiDAR)数据获取与处理技术规程(试行)，2010.

[125]Airborne Hydrography AB. Article on shallow water surveys LiDAR vs Multibeam [R]．2010.

[126]Asirvatham A, Hoppe H. Hoppe Asirvatham. Terrain Rendering Using GPU-Based Geometry Clipmaps in GPU [EB/OL]．http：//research. microsoft. com/~Hoppe/gpuycm. pdf.

[127]Bangham A, Cheung K. Processing sidescan data using statistical filtering [C]．Oceans'90, IEEE, Washington, USA, 1990.

[128]Barequet G, Dickerson M T, Goodrich M T. Voronoi Diagrams for Convex Polygon-Offset Distance Functions [J]．Discrete & Computational Geometry (S0179-5376)，2001，25 (2)：271-291.

[129]Bhattacharjee S, Patidar S, Narayanan P J. Real-time Rendering and Manipulation of

Large Terrains [C]//Proceedings of the 6th Indian Conference on Computer Vision. Graphics & Image, 2008: 551 -559.

[130] Carms B. LiDAR-Overview of technology, applications, market features and industry [R]. University of Victoria, BC, 2010.

[131] Collier J, Brown C. Correlation of sidescan backscatter with grain size distribution of surficial seabed sediments [J]. Marine Geology, 2005, 214(4): 431-449.

[132] Collins B, Penley M. LiDAR seabed classification [J]. Hydro International, 2007, 8 (4): 19-21.

[133] Doneus M. Airborne laser bathymetry for documentation of submerged archaeological sites in shallow water [J]. Remote Sensing and Spatial Information Sciences, 2015, 40(5): 99-107.

[134] Doneus M, Doneus N, Briese C, et al. Airborne laser bathymetry detecting and recording submerged archaeological sites from the Air [J]. Journal of Archaeological Science, 2013, 40(4): 2136-2151.

[135] Duchaineau M, Wolinsky M, Sigeti D E, et al. ROAMing terrain: Rea-l Time optimally adapting meshes [C]//Proceedings of the 8th Conference on Visualization 97. IEEE Computer Society Press, 1997: 81-88.

[136] EdgeTech company. EdgeTech Discover 4200FS user's manual [OL]. Http://www. edgetech. com.

[137] Fernandez-Diaz J, Glennie C, Carter W, et al. Early results of simultaneous terrain and shallow water bathymetry mapping using a single_ wavelength airborne LiDAR sensor[J]. IEEE Journal of Selected Topics in Applied Earth Observations and Remote Sensing, 2014, 7(2): 623-633.

[138] Fonseca L, Brown C, Calder B, et al. Angular range analysis of acoustic themes from Stanton Banks Ireland: A link between visual interpretation and multibeam echosounder angular signatures[J]. Applied Acoustics, 2009, 70(10): 1298 -1304.

[139] Geng Xue-yi, Zielinski A. Precise multibeam acoustic bathymetry [J]. Marine Geodesy, 1999, 22(3): 157-167.

[140] Gill B, Prosenjit B. Optimizing a constrained convex polygonal annulus [J]. Journal of Discrete Algorithms (S1570-8667), 2005, 3(1): 1-26.

[141] Goff J, Olson H, Duncan C. Correlation of side-scan backscatter intensity with grain-size distribution of shelf sediments [J]. New Jersey Margin. Geo-Marine Letters, 2000, 20 (1): 43-49.

[142] Gonidec Y, Lamarche G, Wright I. Inhomogeneous substrate analysis using EM300 backscatter imagery [J]. Marine Geophysical Researches, 2003, 24(3): 311-327.

[143] Guenther G, Brooks M, Larocuqe P. New capability of the "SHOALS" airborne LiDAR bathymeter [J]. Remote Sensing of Environment, 2000, 73(2): 247-255.

[144] Guilford J. Multiple applications of bathymetric LIDAR[C]. Proceedings of the Canadian

Hydrographic Conference and National Surveyors Conference, Canada, 2008.

［145］Hammerstad E. Backscattering and seabed image reflectivity［R］. Collected paper from Kongsberg EM Technical Note, 2000.

［146］Hellequin L. Statistical Characterization of multibeam echosounder data［C］. Oceans'98, IEEE, Nice, France, 1998.

［147］Hellequin L, Boucher J, Lurton X. Processing of high-frequency multibeam echo sounder data for seafloor characterization［J］. IEEE Journal of Oceanic Engineering, 2003, 28 (1): 78-89.

［148］Hu G, Khoo H, Goh P, Law C. Development and assessment of GPS virtual reference stations for RTK positioning［J］. Journal of Geodesy, 2003, 77(5): 292-302.

［149］Hughes-Clarke J E, Lamplugh M, Czotter K. Multibeam water column imaging: improved wreck least-depth determination［C］. Canadian Hydrographic Conference, Halifax, Canada, 2006.

［150］IGS Central Bureau. IGS Products［OL］. http://igsws. unavco. org/components/prods. html.

［151］International Federation of Surveyors. FIG Guide on the Development of a Vertical Reference Surface for Hydrography［R］. FIG Special Publication No. 37, New York, 2006.

［152］International Hydrographic Organization. Manual on Hydrography［M］. Monaco: International Hydrographic Bureau, 2005.

［153］Irish J, Lillycrop W. Scanning laser mapping of the coastal zone: the SHOALS System［J］. Journal of Photogrammetry & Remote Sensing, 1999, 54(2): 123-129.

［154］Jackson D, Richardson M. High-frequency seafloor acoustics［M］. Springer-Verlag New York Inc, 2010.

［155］Johnson A, Hebert M. Seafloor map generation for autonomous underwater vehicle navigation［J］. Autonomous Robots, 1996, 3(2-3): 145-168.

［156］Johnson D. Side Scan Sonar Imagery Analysis Techniques［J］. Reviews of Geophysics, 1991, 28(4): 357-380.

［157］Kammerer E, Hughes Clarke J E. New method for the removal of refraction artifacts in multibeam echosounder systems［C］. Proceedings of Canadian Hydrographic Conference, Montreal, P. Q. , Canada, 2000.

［158］Kuus P, Clarke J, Brucker S. SHOALS3000 surveying above dense fields of aquatic vegetation-quantifying and identifying bottom tracking issues［C］. Proceedings of the Canadian Hydrographic Conference and National Surveyors Conference, Canada, 2008.

［159］Landau H, Vollath U, Chen X. Virtual reference station system［J］. Journal of Global Positioning Systems, 2002, 1(2): 137-143.

［160］Lingsch S, Robinson C. Processing, presentation, and data basing of acoustic imagery ［C］. Oceans'95, IEEE, SanDiego, USA, 1995.

[161] Losasso F, Hoppe H. Geometry Clipmaps: Terrain Rendering Using Nested Regular Grids. Computer Graphics Proceedings, Annual Conference Series, ACM SIGGRAPH, Los Angeles, 2004. New York, ACM: 769-776.

[162] Martin C, Kleinrock M. Overview of sidescan sonar systems and processing [C]. Oceans'91, IEEE, Honolulu, USA, 1991.

[163] Mitchell N, Somers M. Quantitative backscatter measurements with a long-range side scan sonar[J]. IEEE Journal of Oceanic Engnieering, 1989, 14(4): 368-374.

[164] Niemeyer J, Kogut T. Airborne laser bathymetry for monitoring the German Baltic Sea coast[J]. Dgpf De. 2014, 23(3): 1-10.

[165] Optech CZMIL. Airborne bathymetric LiDAR summary specification sheet[R]. Teledyne Optech Incorporated. 2014.

[166] Optech Incorporated. AQUARIUS Summary Specification Sheet [EB/OL]. http://www. optech. ca/pdf/aquarius_ specsheet_ 2PG_ WEB. pdf.

[167] RIEGL Laser Measurement Systems GmbH. Data sheet RIEGL VQ_ 820_ G[EB/OL]. http://www. riegl. com/uploads/tx pxpriegl_ downloads/10 DataSheet VQ_ 820_ G pdf.

[168] RIEGL Laser Measurement Systems GmbH. Data sheet RIEGL VQ_ 880_ G[EB/OL]. http://www. riegl. com/uploads/tx pxpriegl_ downloads/10 DataSheet VQ_ 880_ G pdf.

[169] Stanic S, Goodman R. Shallow-water bottom reverberation measurements [J]. IEEE Journal of Oceanic Engineering, 1998, 23(3): 203-210.

[170] Steven P, Jacques P. Recommended operating guidelines (ROG) for LiDAR surveys [R]. Mapping European Seabed Habitats, 2007.

[171] Teledyne Benthos. C3D-LPM 系统手册[EB/OL]. Http://www. benthos. com.

[172] Teledyne Benthos. SIS-1600 侧扫声呐手册[EB/OL]. Http://www. benthos. com.

[173] Ulrich T. Chunked lod: Rendering massive terrains using chunked level of detail control [C]. Proceedings of the 24th annual conferenceon Computer graphics and interactive techniques Notes. ACM Press, 2002.

[174] Vickery K. Acoustic positioning systems. New concepts-the future [C]. Workshop on Autonomous Underwater Vehicles, Cambridge, MA, USA, August 1998: 103-110.

[175] Vondrák J, Čepek A. Combined smoothing method and its use in combining Earth parameters measured by space techniques[J]. Astronomy & Astrophysics Supplement, 2000, 147(2): 347-359.

[176] Wang C, Philpot W. Using airborne bathymetric LiDAR to detect bottom type variation in shallow waters [J]. Remote Sensing of Environment, 2007, 106(1): 123-130.